普通高等院校"十三五"规划教材
普通高等院校"十二五"规划教材
普通高等院校机械类精品教材

编审委员会

河南省"十二五"普通高等教育规划教材
普通高等院校"十三五"规划教材
普通高等院校"十二五"规划教材
普通高等院校机械类精品教材

顾 问 杨叔子 李培根

JIDIAN CHUANDONG KONGZHI

机电传动控制

（第三版）

主 编 郝用兴 苗满香 罗小燕

副主编 杨 杰 邓大立 王才东

华中科技大学出版社
http://www.hustp.com
中国·武汉

图书在版编目(CIP)数据

机电传动控制/郝用兴,苗满香,罗小燕主编. —3版. —武汉:华中科技大学出版社,2016.8(2022.1重印)
普通高等院校"十一五"规划教材　普通高等院校机械类精品教材
ISBN 978-7-5680-2104-3

Ⅰ.①机…　Ⅱ.①郝…　②苗…　③罗…　Ⅲ.①电力传动控制设备-高等学校-教材　Ⅳ.①TM921.5

中国版本图书馆 CIP 数据核字(2016)第 185987 号

机电传动控制(第三版)　　　　　　　　　　　　　郝用兴　苗满香　罗小燕　主编

Jidian Chuandong Kongzhi(Disan Ban)

策划编辑：俞道凯
责任编辑：刘　勤
封面设计：原色设计
责任校对：李　琴
责任监印：周治超
出版发行：华中科技大学出版社(中国·武汉)　　　电话：(027)81321913
　　　　　武汉市东湖新技术开发区华工科技园　　　邮编：430223
录　　排：华中科技大学惠友文印中心
印　　刷：武汉中科兴业印务有限公司
开　　本：787mm×960mm　1/16
印　　张：16.75　插页:2
字　　数：357 千字
版　　次：2013 年 6 月第 2 版　2022 年 1 月第 3 版第 7 次印刷
定　　价：42.80 元

内容简介

　　机电一体化技术的水平是反映一个国家当代工业技术水平的重要标志之一。机电传动控制课程融合了电力拖动、自动控制原理、计算机技术、继电器-接触器控制、电力电子技术等相关知识,是机电一体化技术的重要课程。

　　本书是根据机械设计制造及其自动化专业"机电传动控制"课程教学大纲编写的。全书共分11章,内容包括:绪论、机电传动系统的静态与动态特性、直流电机的工作原理及特性、交流电动机的工作原理及特性、控制电机与特种电机、机电传动控制系统中电动机的选择、继电器-接触器控制系统、电动机的计算机控制技术、电力电子技术、直流调速控制系统、交流调速控制系统等。本书除绪论外的其他各章均附有思考题与习题,书末附有部分思考题与习题的参考答案,以便于读者自学。为了方便教学,本书还配有免费电子教案,如有需要,可以和华中科技大学出版社联系(QQ:3366872603)。

　　本书是机械设计制造及其自动化专业、机械电子工程专业的本科生教材,并可作为高职、电大、函大等学校大学生的教材,或者作为其他机械类、机电类,以及相近专业本科生或研究生教材,也可供其他从事机电一体化工作的工程技术人员参考。

  "爆竹一声除旧,桃符万户更新。"在新年伊始,春节伊始,"十一五规划"伊始,来为"普通高等院校机械类精品教材"这套丛书写这个"序",我感到很有意义。

  近十年来,我国高等教育取得了历史性的突破,实现了跨越式的发展,毛入学率由低于 10% 达到了高于 20%,高等教育由精英教育而跨入了大众化教育。显然,教育观念必须与时俱进而更新,教育质量观也必须与时俱进而改变,从而教育模式也必须与时俱进而多样化。

  以国家需求与社会发展为导向,走多样化人才培养之路是今后高等教育教学改革的一项重要任务。在前几年,教育部高等学校机械学科教学指导委员会对全国高校机械专业提出了机械专业人才培养模式的多样化原则,各有关高校的机械专业都在积极探索适应国家需求与社会发展的办学途径,有的已制定了新的人才培养计划,有的正在考虑深刻变革的培养方案,人才培养模式已呈现百花齐放、各得其所的繁荣局面。精英教育时代规划教材、一致模式、雷同要求的一统天下的局面,显然无法适应大众化教育形势的发展。事实上,多年来许多普通院校采用规划教材就十分勉强,而又苦于无合适教材可用。

  "百年大计,教育为本;教育大计,教师为本;教师大计,教学为本;教学大计,教材为本。"有好的教材,就有章可循,有规可依,有鉴可借,有道可走。师资、设备、资料(首先是教材)是高校的三大教学基本建设。

  "山不在高,有仙则名。水不在深,有龙则灵。"教材不在厚薄,内容不在深浅,能切合学生培养目标,能抓住学生应掌握的要言,能做到彼此呼应、相互配套，就行，此即教材要精、课程要精，能精则名、能精则灵、能精则行。

　　华中科技大学出版社主动邀请了一大批专家，联合了全国几十个应用型机械专业，在全国高校机械学科教学指导委员会的指导下，保证了当前形势下机械学科教学改革的发展方向，交流了各校的教改经验与教材建设计划，确定了一批面向普通高等院校机械学科精品课程的教材编写计划。特别要提出的是，教育质量观、教材质量观必须随高等教育大众化而更新。大众化、多样化决不是降低质量，而是要面向、适应与满足人才市场的多样化需求，面向、符合、激活学生个性与能力的多样化特点。"和而不同"，才能生动活泼地繁荣与发展。脱离市场实际的、脱离学生实际的一刀切的质量不仅不是"万应灵丹"，而更是"千篇一律"的桎梏。正因为如此，为了真正确保高等教育大众化时代的教学质量，教育主管部门正在对高校进行教学质量评估，各高校正在积极进行教材建设、特别是精品课程、精品教材建设。也因为如此，华中科技大学出版社组织出版普通高等院校应用型机械学科的精品教材，可谓正得其时。

　　我感谢参与这批精品教材编写的专家们！我感谢出版这批精品教材的华中科技大学出版社的有关同志！我感谢关心、支持与帮助这批精品教材编写与出版的单位与同志们！我深信编写者与出版者一定会同使用者沟通，听取他们的意见与建议，不断提高教材的水平！

　　特为之序。

中国科学院院士

教育部高等学校机械学科指导委员会主任

杨叔子

2006.1

第三版前言

本教材第二版于 2013 年 7 月出版以来，承蒙华中科技大学出版社的支持与广大师生的厚爱，在全国几十所院校得到使用，获得了较好的评价。在教材使用过程中，有关教师在教学实践的基础上给我们提出了许多宝贵的意见，使我们获得了极大的教益，在此表示衷心的感谢。同时对华中科技大学出版社的支持与帮助表示诚挚敬意。

本书体现了机电结合、理论先导、理论联系实际、精练实用的原则。对理论问题抓住本质，阐述要点；对核心内容结合应用，讲清讲透；深化学生对问题的理解，并且适当引入新技术成果的介绍。全书内容实用、全面、由浅入深、重点突出。

特别是，经过第一、二版教材的使用，本教材内容日益完善，通过了河南省第二批"十二五"普通高等教育规划教材立项，在此表示衷心的感谢。

根据大家提出的宝贵意见与建议，在总结教学实践经验的基础上，我们对第二版教材又进行了修订。

参加本书修订工作的有：华北水利水电大学郝用兴（第 1 章、第 2 章、第 3 章、第 4 章、第 6 章及第 10 章、第 11 章部分内容）、江西理工大学罗小燕（第 2 章、第 3 章）、华北水利水电大学杨杰（第 7 章）、中原工学院邓大立（第 5 章、第 8 章）、华北水利水电大学梁德成（第 9 章）、郑州航空工业管理学院苗满香（第 10 章、第 11 章部分内容）。郑州轻工业学院王才东对教材提出了部分修改意见，同时负责本书数字配套资源的核校。

本书由郝用兴、苗满香、罗小燕担任主编，杨杰、邓大立、王才东担任副主编。

限于编者的水平，书中难免有错误和不妥之处，敬请各位读者批评指正。

联系方式：392741383@qq.com

编　者
2019.6

第二版前言

本教材自 2010 年 1 月出版以来,在华中科技大学出版社和广大教师、学生的支持下,经过全国几十所院校有关专业使用,获得了较好的评价,短短两年多已四次印刷,在这几年教材使用过程中,有关教师在教学实践的基础上,给我们提出了许多宝贵的意见,使我们获得了极大的教益,在此表示衷心的感谢。同时对华中科技大学出版社的支持与帮助表示诚挚谢意。

根据大家提出的宝贵意见与建议,以及在我们的教学实践和在总结经验的基础上,对第一版进行了修订。第 2 章、第 3 章、第 4 章是本次修订的重点。同时,对其他章节的部分内容也进行了少量修订。

参加本书修订工作的有:华北水利水电大学郝用兴(第 1 章、第 2 章、第 3 章、第 4 章、第 6 章、附录)、江西理工大学罗小燕(第 2 章、第 3 章)、中原工学院邓大立(第 5 章、第 8 章)、华北水利水电大学杨杰(第 7 章)、华北水利水电大学梁德成(第 9 章)、郑州航空工业管理学院苗满香(第 10 章、第 11 章)。全书由郝用兴、苗满香、罗小燕担任主编,杨杰、邓大立、梁德成担任副主编。

本书修订后较之第一版有较大的改进与提高,但是,与教学改革形势发展的要求肯定还有差距,敬请各位读者批评指正。

编　者

2012.12

第一版前言

"机电传动控制"课程是全国高等学校机械工程类专业教学指导委员会确定的机械设计制造及其自动化、机械电子工程等专业必修的主干课程,是机械工程、机电一体化人才知识框架构建主体的重要组成部分。本书是根据 2008 年 7 月在呼和浩特召开的机械工程教学指导委员会年会上颁布的《中国机械工程学科教程》中"机电传动及控制工程"课程规范的规定而编写的。

本课程的任务是使机械设计制造及其自动化、机械电子工程等非电类专业学生了解机电传动的一般知识;掌握机电传动控制静态和动态特性;掌握直流电机和交流电机的工作原理、特性及其应用;了解控制电机与特种电机的工作原理、机械特性及应用知识;了解典型生产机械常用的低压电器,掌握继电器-接触器控制的基本线路,学会分析常见典型生产机械控制线路的方法,掌握电动机控制线路的设计方法及元器件的选择原则;了解电动机的计算机控制技术;掌握现代电力电子技术在机电传动中的应用;掌握交流和直流电机调速与伺服控制的主要内容。

在编写本书时,注意体现以下基本思路:

(1)加强基础——注重学生对机电传动系统中涉及的有关基本概念、基本原理、基本方法的学习;

(2)重视系统——关注机电传动系统中各部分、各器件的作用及工作原理的讲述,使学生建立机电传动系统各部分之间的系统的有机联系;

(3)应用导向——强化理论与实际的结合,使学生在掌握理论的基础上,能够根据实际要求与各种元器件的特点正确应用;

(4)点面结合——在保证课程要求的核心知识讲述的同时,努力扩大学生对新的技术、方法、理论的了解。

本课程的先修课程是电子技术基础、电工技术基础、理论力学、控制工程基础等。

本书是机械设计制造及其自动化专业、机械电子工程专业的本科生教材,并可作为高职、电大、函大等大学生的相关课程教材,或者作为其他机械类、机电类及相近专业本科生或研究生教材;也可供其他从事机电一体化工作的工程技术人员参考。

参加本书编写工作的有:华北水利水电学院郝用兴(第 1 章、第 6 章)、江西理工大学罗小燕(第 2 章、第 3 章)、石家庄铁道学院李申山(第 4 章)、中原工学院邓大立(第 5 章、第 8 章)、华北水利水电学院杨杰(第 7 章)、黑龙江科技学院陈焕林(第 9 章)、郑州航空工业管理学院苗满香(第 10 章、第 11 章)。湖北工业大学王海涛参加了本书编写大纲的拟定,并对全书的编写提出了宝贵意见。全书由郝用兴、苗满香、罗小燕担任主编,杨杰、陈焕林、邓大立、李申山、王海涛担任副主编。

限于编者的水平,书中难免有错误和不妥之处,敬请各位读者批评指正。

编　者

2009 年 11 月

目　　录

第1章 绪 论

本章要求了解机电传动控制技术的发展,了解本课程的性质与任务等。

现代生产机械一般由工作机构、传动机构、原动机及控制系统等几部分组成。当原动机为电动机时,即由电动机通过传动机构带动工作机构进行工作时,这种传动方式称为机电传动。本章主要介绍机电传动控制技术的发展以及本课程的性质与任务。

1.1 机电传动控制技术的发展

一般说来,机电传动系统包括电动机、电气控制电路及将电动机和运动部件相互联系起来的传动机构。可以把电动机及传动机构合并在一起称为"机电传动"部分;把满足加工工艺要求,使电动机启动、制动、反向、调速、快速定位等的电气控制和电气操作部分视为"机电传动控制"部分。随着现代化进程的加快,人们对机电传动控制提出了越来越高的要求。在工业方面:专用加工设备、数控机床的控制有很高的精度要求;重型数控机床要求很高的调速范围;可逆式轧机拖动系统要求正反转换向频繁;现代大型生产线、柔性制造系统要求各拖动系统的相互协调。在军事和航天方面:对火炮瞄准、惯性导航、卫星姿态的控制,不但要求精度高,而且要求稳定性能好。在民用方面:电梯拖动系统,要求启动、制动快速平稳,停车位置准确可靠;计算机外围设备和办公设备中的控制、音像设备和家用电器中的控制,要求结构精巧、功能全、成本低等。

无论是工农业生产、交通运输、国防、航空航天、医疗卫生、商务与办公设备,还是日常生活中的家用电器设备,都大量地使用着各种各样的电动机。据资料统计,现在工业生产企业有90%以上的动力源来自电动机,我国生产的电能大约有60%用于电动机,电动机在现代化生产和生活中起着十分重要的作用。

机电传动系统是随着社会生产的发展而不断发展的。其发展历程大体经历了成组拖动、单电动机拖动和多电动机拖动三个阶段。成组拖动就是由一台电动机拖动一根天轴,然后再由天轴通过传动带和带轮分别拖动各生产机械。机电传动技术发展的初期,由于电动机成本较高,机械设备常采用这种拖动形式。这种拖动方式生产效率低、劳动条件差,一旦电动机发生故障,将造成成组的生产机械停车。单电动机拖动,就是由一台电动机拖动一台生产机械,20世纪40、50年代的老式切削机床常采用这种拖动形式,至今中小型通用机床仍有采用这种拖动形式的。但是当一台机械的运动部件较多时,机械传动机构会十分复杂。多电动机拖动是指一台生产机械的每一运动部件分别由一台专门的电动机拖动,例如,龙门刨床的工作台、左右垂直刀架、侧刀架、横梁、横梁夹紧机构,均分别由一台电动机拖动。起重机的提升机构、行走机构等均由单独的电动机拖动。数控车床的主轴、横向进给机构、纵向进给机构、冷却系统等也都是分别由不同的电动机拖动的。这种拖动方式不仅大大简化了生产机械的传动机构,而且控制灵活,为生产机械的自动化提供了极为有利的条件,所以,随着电动机制造技术的不断提高、成本的不断降低,现代机电传动系统基本上都采用了这种拖动形式。

机电传动控制系统的发展是随着微电子技术、电力电子技术、传感器技术、永磁材料技术、自动控制技术、计算机应用技术的发展而逐步发展的。最早的机电传动控制系统出现在 20 世纪初期,能够实现电动机的简单控制,即对电动机进行启动、制动、正反转控制、顺序控制以及有级调速,其控制器件主要是接触器、继电器、按钮、行程开关等,其特点是结构简单、价格低廉、维护方便、抗干扰性强,因此广泛应用在各类机械设备上。采用它不仅可以方便地实现生产过程自动化,而且还可以实现集中控制和远距离控制。目前,继电器-接触器控制仍然是最基本的电气控制形式之一。但由于该控制形式采用的是固定接线,通用性和灵活性差;又由于是利用有触点的开关动作来实现控制的,工作频率低,触点易损坏,可靠性差。20 世纪 60 年代末出现的可编程控制器(PLC)是由大规模集成电路、电子开关、功率输出器件等组成的专用微型电子计算机,可代替大量的继电器,且功耗小、体积小,在机电传动控制上具有广阔的应用前景。

直流发电机-直流电动机调速的出现,以及电磁放大器、大功率可控水银整流器调速控制系统的应用,使控制系统从断续控制阶段发展到连续控制阶段,实现了电气无级调速。由于直流电动机具有良好的启动、制动和调速性能,可以能很方便地在宽范围内实现平滑无级调速,电气无级调速具有可灵活选择速度和极大简化机械传动结构的优点,所以20 世纪 30 年代以后,直流调速系统在重型和精密机床上得到了广泛应用。20 世纪 60 年代以后,由于大功率整流技术和大功率晶体管的发展,直流电动机晶闸管无级调速系统和采用脉宽调制技术的直流调速系统获得了广泛应用。

交流调速有许多优点。交流电动机单机容量和转速可大大高于直流电动机;交流电动机无电刷与换向器,易于维护,可靠性高,能用于带有腐蚀性、易爆性、含尘气体等的特殊环境中;与直流电动机相比,交流电动机还具有体积小、重量轻、制造简单、坚固耐用等优点。20 世纪 70 年代以后,由于半导体交流技术的发展,先后出现了几种有自关断能力的全控型功率器件,如门极可关断晶闸管(GTO)、电力功率晶体管(GTR)等。其后又出现了功率场效应管(P-MOSFET)、绝缘栅双极晶体管(IGBT)、MOS 控制晶闸管(IGCT)等第三代功率器件。这些全控型功率器件取代了普通晶闸管,提高了工作频率,简化了电路结构,提高了效率和可靠性。交流电动机的控制技术也从相控变流转变到了脉宽调制和变频控制,交流电动机调速系统进入了实用阶段。

最新出现的功率集成电路将半导体功率器件与驱动电路、逻辑控制电路、检测和诊断电路、保护电路集成在一块芯片上，使功率器件具备了某种智能功能。功率集成电路是电力电子技术与微电子技术相结合的产物，使电力电子控制技术获得了更加强大的生命力。交流调速已突破关键性技术，从实用阶段进入了扩大应用、系列化的新阶段。

计算机技术的发展为电动机控制技术的发展增添了新的活力。电动机的控制部分已由模拟控制逐渐转向以单片机为主的微处理器控制，实现了数字与模拟混合控制系统和纯数字控制系统的应用，并正向全数字控制方向快速发展。微处理器取代模拟电路作为电动机的控制器具有很多优点，如使电路更简单、可以实现较复杂的控制、无零点漂移、控制精度高、可提供人机界面、能多机联网工作等。

数字信号处理器（digital signal processor，DSP）属于微处理器的一种，出现在 20 世纪 80 年代，随着微处理器销售价格的下降开始逐渐进入电动机控制领域。DSP 芯片不但具有高速信号处理能力和数字控制功能，而且还有面向电动机控制应用的专用外围功能，易于实现电动机的全数字调速控制。在电动机控制系统中采用电动机专用的 DSP 不但可以实现如矢量控制、直接转矩控制等控制的算法，而且也有条件实现现代控制理论或智能控制理论如自适应控制理论、神经网络理论等中的一些复杂算法，这是单片机所不及的。

伺服系统是使物体的位置、方位、状态等输出被控量能够跟随输入目标值（或给定值）任意变化的自动控制系统。它是具有反馈的闭环自动控制系统，由信号输入部分、信号检测部分、误差放大运算部分、执行部分及被控对象等组成。伺服系统的发展经历了由机械伺服系统到液压伺服系统、电气伺服系统的过程。电气伺服系统根据驱动电动机类型分为直流（DC）伺服系统和交流（AC）伺服系统。目前，交流变频调速器、矢量控制伺服单元及交流伺服电动机在工业中的应用已日益广泛。随着微处理技术、大功率电力电子技术的成熟和电动机永磁材料的发展和成本降低，交流伺服系统得到了长足发展。正弦波交流伺服系统综合了伺服电动机、角速度和角位移传感器的最新成就，与采用新型电力电子器件、专用集成电路和专用控制算法的交流伺服驱动器相匹配，组成了新型高性能机电一体化产品，这是当今世界伺服驱动发展的主流。采用嵌入式控制器的电动机数字交流伺服系统的出现，使机电传动控制技术进入了信息化时代。在嵌入式操作系统的软件平台上工作，控制系统具有局域网甚至互联网的上网功能，这样就为远程监控、远程故障诊断和维护提供了方便。

总之，以电力半导体变流器件为基础，以电动机为被控对象，以自动控制理论为指导，以电子技术、微处理器控制和计算机辅助设计为手段，与检测技术和数据通信技术相结合的机电传动控制技术正在进入一个崭新的发展阶段，在现代生产与生活中，它正在发挥着越来越重要的作用。

1.2　"机电传动控制"课程的性质和任务

机电一体化技术水平是衡量一个国家工业技术水平的重要标准之一。指导学生学习并掌握机、电、液、计算机等综合控制系统的技术,成为基础扎实、知识面宽,具有创新精神和实践能力的"机电复合型"人才,是 21 世纪社会主义现代化建设的需要。"机电传动控制"课程融合了电力拖动、自动控制原理、计算机技术、继电器-接触器控制、电力电子技术、交流伺服系统技术、直流伺服系统技术等相关技术,是机械设计制造及其自动化专业、机械电子工程专业学生学习机电一体化技术的重要课程之一。

机电传动控制课程教学以驱动系统为主导,以控制为主线,将元器件与控制系统进行了有机结合,即把机电一体化技术所需的强电控制知识都集中在了这一门课程中。这不仅避免了不必要的重复,节省了学时,加强了系统性,而且理论联系实际,便于学以致用,可使学生对机电一体化技术中的强电控制部分有一个全面、系统的了解。

考虑到大部分学校都开设有与信号检测元件相关的课程,为了避免课程内容重复,本教材未将相关内容列入编写范围。可编程控制器技术与本课程具有密切关系,考虑到许多院校已经单独设置该课程,特别是不同学校所使用的可编程控制器的型号差别较大,编程指令差别也大,所以,本书仅仅在第 8 章中对可编程控制器做了简要介绍。

1.3　课程内容安排

本书除本章绪论外还有 10 章。基于分析机电传动控制系统的静态与动态性能的需要,第 2 章重点介绍了机电传动系统运动方程、过渡过程、系统稳定运行的条件等。电动机既是机电传动的动力,又是机电传动控制的对象,故第 3 章、第 4 章分别介绍了直流电动机和交流电动机的工作原理及其特性。控制电动机和特种电动机作为重要的检测、控制元件用得越来越多,故第 5 章介绍了各类常用控制电动机的结构特点、工作原理、性能和应用。第 6 章介绍了电动机的选择。由于继电器-接触器控制系统目前还广泛应用在生产实际中,未来很长时间内它仍然将起到重要的作用,故第 7 章介绍了继电器-接触器控制系统中的常用电器和基本控制线路,典型的应用实例,以及继电器-接触器控制线路设计方法等。由于集成电路、微处理器、计算机等技术飞速发展,计算机控制技术将越来越多地应用于电动机控制,第 8 章重点介绍了计算机控制技术,以及计算机控制技术在电动机控制中的应用。基于学习电动机调速控制的需要,第 9 章介绍了晶闸管和全控开关元件等电力电子器件及其驱动电路、可控整流电路、晶闸管调压电路、逆变器、脉宽调制控制等电力电子技术知识。调速系统是机电传动控制系统重要的组成部分,因此,第 10、11章分别介绍了各类常用直、交流电动机调速控制系统。

　　本教材是按照课程学时数为 64 而编写的。教师可以根据各学校的具体情况和课程教学的实际需要,灵活地安排部分内容由学生自学完成,或补充部分内容。

　　实践环节是本课程的重要内容,各校可以根据各自教学大纲的实际要求,选择安排交流电动机继电器-接触器控制实验、他励直流电动机脉宽调制调速控制实验、三相交流电动机变频控制实验、直流电动机伺服控制实验、交流电动机伺服控制实验等实验项目的部分或全部,并安排典型案例分析、大型作业等。

　　本书第 2～11 章后面均附有思考题与习题,书末附有部分思考题与习题的参考答案或提示。

第 2 章　机电传动系统的静态与动态特性

本章要求在了解静态和动态特性的基础上掌握机电传动系统的动力学方程及其含义,熟悉几种典型生产机械的负载特性,了解多轴传动系统中负载转矩、转动惯量、飞轮转矩的折算原则和方法,掌握加快过渡过程的方法以及机电传动系统稳定运行的条件。

机电传动系统有静态(稳态)和动态(暂态)两种运行状态。静态是指系统以恒速运转的状态,其动态转矩为零;动态是指系统的速度处于变化之中的状态,存在动态转矩。本章主要讨论机电传动系统的静态与动态特性,在分析机电传动系统动力学方程的基础上,进行过渡过程分析。

2.1　研究机电传动系统静态与动态特性的意义

机电传动系统的静态特性是指机电传动系统稳态运行时,电动机的电磁转矩和生产机械速度之间的关系。

通过研究静态特性,可以了解当负载转矩一定时,机电传动系统中各电气参数(如电源电压、励磁磁通、电枢电阻等)对转速的影响。

当机电传动系统处于启动、制动、反转、调速或负载转矩发生变化等运转状态时,电磁转矩和转速就要随之变化,即系统处在动态运行中。所以,只研究系统的静态特性是不够的,还必须研究其动态特性,即动态的过渡过程。机电传动系统的动态特性是指在系统从一种稳定状态变化到另一种稳定状态的过渡过程中,电动机的电磁转矩和生产机械速度之间的关系。

通过研究机电传动系统的动态特性,可以分析如何缩短过渡过程所经历的时间,从而提高生产率,还可以研究如何改善机电传动系统的运行情况,使设备安全运行。这些问题对某些生产机械具有更为重要的意义,比如:龙门刨床的工作台、可逆式轧钢机、起重机等在工作中需要频繁地启动、制动、反转和调速,负载还可能有很大变化,过渡过程经历的时间在整个工作时间中占很大的比重,因此,更需要研究过渡过程的有关问题;对升降机、载人电梯、地铁、机床、电车等机械,要求启动、制动过程尽量平稳,加、减速度不能过大,以保证安全和舒适。因此,必须研究过渡过程的基本规律(如转速、转矩、电流等对时间的变化规律等),以便正确选择机电传动装置,为控制系统提供控制原则,设计出完善的启动、制动等控制线路,满足各种工作要求,进而改善产品质量、提高生产效率和减轻劳动强度。

2.2　机电传动系统的动力学方程

机电传动系统是一个由电动机拖动、通过传动机构带动生产机械运转的整体。机电传动系统可以用动力学方程来描述。

2.2.1　单轴机电传动系统的动力学方程

图 2-1 所示为一个单轴机电传动系统,在该系统中,由电动机 M 产生电磁转矩 T_M,克服负载转矩 T_L,带动生产机械运动。

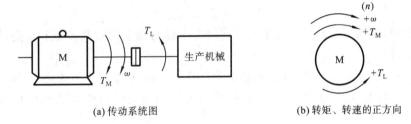

(a) 传动系统图   (b) 转矩、转速的正方向

图 2-1　单轴机电传动系统

速度变化的大小与传动系统的转动惯量 J 有关,单轴机电传动系统的动力学方程为

$$T_M - T_L = J\frac{\mathrm{d}\omega}{\mathrm{d}t} \tag{2-1}$$

式中:T_M 为电动机产生的电磁转矩(N·m);T_L 为生产机械产生的负载转矩(N·m);J 为单轴机电传动系统的转动惯量(kg·m²);ω 为单轴机电传动系统的角速度(rad/s);t 为时间(s)。

2.2.2　单轴机电传动系统的实用动力学方程

在实际工程计算中,常用速度 n 代替角速度 ω,用飞轮转矩(飞轮惯量)GD^2 代替转动惯量 J。由于 $J = m\rho^2 = \dfrac{mD^2}{4}$,其中,$\rho$ 和 D 分别定义为转动部分的惯性半径和惯性直径,而质量 m 和重力 G 的关系是 $G = mg$,g 为重力加速度,所以 J 与 GD^2 的关系是 $J = \dfrac{1}{4}\dfrac{GD^2}{g}$,而且可知 $\omega = \dfrac{2\pi}{60}n$,$g = 9.81$ m/s²。这样可得动力学方程的实用表达式为

$$T_M - T_L = \frac{GD^2}{375}\frac{\mathrm{d}n}{\mathrm{d}t} \tag{2-2}$$

式中:$375 = 4g \times \dfrac{60}{2\pi}$ 是含有加速度量纲的常数(m/s²);飞轮转矩 GD^2 是一个整体物理

量,量纲为 $N \cdot m^2$。

2.2.3　动态转矩

动力学方程是研究机电传动系统最基本的方程,它决定着系统的运动特征。当 $T_M > T_L$ 时,加速度 $a = \dfrac{dn}{dt}$ 为正,传动系统加速运动;当 $T_M < T_L$ 时,加速度 $a = \dfrac{dn}{dt}$ 为负,传动系统减速运动。系统加速或减速时的运动状态称为动态。处于动态时,系统中必然存在一个动态转矩 $T_D = \dfrac{GD^2}{375} \dfrac{dn}{dt}$,它使系统的运动状态发生变化。这样,可写出系统的转矩平衡方程,即 $T_D = T_M - T_L$,亦即

$$T_M = T_L + T_D \tag{2-3}$$

也就是说,电动机所产生的转矩在任何情况下都与轴上的负载转矩和动态转矩之和平衡。

当 $T_M = T_L$ 时,$T_D = 0$,这表示系统中没有动态转矩,系统做恒速运动,即系统处于稳态。稳态运行时,电动机所产生的电磁转矩等于电动机所带动的生产机械即负载的转矩。

2.2.4　动力学方程中符号的约定

设电动机某一转动方向的转速 n 为正,则在动力学方程中做如下约定:电动机电磁转矩 T_M 与转速 n 的方向一致时为正;负载转矩 T_L 与转速 n 的方向相反时为正。

根据上述约定,就可以根据转矩与转速的符号来判定 T_M 与 T_L 的性质。

若电磁转矩 T_M 与转速 n 符号相同(同为正或同为负),则表示电磁转矩 T_M 的作用方向与转速 n 相同,电磁转矩 T_M 为拖动转矩;若电磁转矩 T_M 与转速 n 符号相反,则表示电磁转矩 T_M 的作用方向与转速 n 相反,电磁转矩 T_M 为制动转矩。

若负载转矩 T_L 与转速 n 符号相同(同为正或同为负),则表示负载转矩 T_L 的作用方向与转速 n 相反,负载转矩 T_L 为制动转矩;若负载转矩 T_L 与转速 n 符号相反,则表示负载转矩 T_L 的作用方向与转速 n 相同,负载转矩 T_L 为拖动转矩。

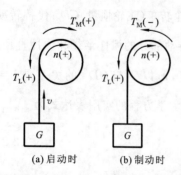

图 2-2　起重机提升重物时符号的判定

例 2-1　图 2-2 所示为起重机在提升重物,试判断起重机在启动和制动时电动机转矩和负载转矩的符号。设重物提升时电动机旋转的方向为正方向。

如图 2-2(a)所示,起重机启动时:电动机拖动重物上升,系统加速运行,n 为正,T_M 与 n 方向一致,T_M 取正号;重物产生的转矩向下,T_L 与 n 方向相反,T_L

也取正号。这时的动力学方程是 $(+)T_M - (+)T_L = \dfrac{GD^2}{375}\dfrac{dn}{dt}$。因为要能提升重物，必须使 $T_M > T_L$，即动态转矩 T_D 和加速度 $a = \dfrac{dn}{dt}$ 均为正。

如图 2-2(b)所示，起重机制动时：电动机仍是拖动重物上升，系统减速运行，n 为正，但电动机要制止系统运动，所以 T_M 与 n 方向相反，T_M 取负号；重物产生的转矩永远向下，T_L 与 n 方向相反，T_L 取正号。这时的动力学方程是 $(-)T_M - (+)T_L = \dfrac{GD^2}{375}\dfrac{dn}{dt}$。可见动态转矩 T_D 和加速度 $a = \dfrac{dn}{dt}$ 均为负。

2.3 典型生产机械的负载特性

一般将机电传动系统生产机械运转的负载转矩和转速之间的函数关系称为生产机械的机械特性，也称负载特性，即 $n = f(T_L)$。生产机械的负载特性是由生产机械的性质所决定的，根据生产机械在运动中受阻力的性质不同，可归纳为以下几种典型的负载特性。

2.3.1 恒转矩型负载特性

恒转矩型负载的负载转矩为常数，负载转矩与转速无关。根据负载转矩与运动方向的关系，可以将恒转矩型的负载转矩分为反抗转矩和位能转矩。

1. 反抗转矩负载

反抗转矩也称摩擦转矩，是因摩擦，非弹性体的压缩、拉伸与扭转等作用所产生的。这类负载的转矩大小不变，但方向恒与运动方向相反，总是阻碍系统的运动。其机械特性曲线如图 2-3(a)所示，n 为正时 T_L 为正，特性曲线在第一象限，n 为负时 T_L 为负，特性曲线在第三象限。所以在转矩平衡方程(2-3)中，反抗转矩 T_L 的符号总是正的。

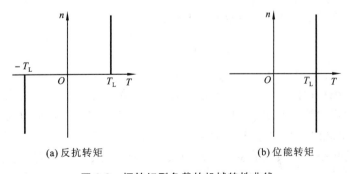

(a) 反抗转矩　　　　　　　　　　　　　(b) 位能转矩

图 2-3 恒转矩型负载的机械特性曲线

属于这一类的生产机械有提升机的行走机构、带式运输机、轧钢机、某些金属切削机床的平移机构等。

2. 位能转矩负载

位能转矩负载的大小不变,作用方向与运动方向无关,是因物体的重力、弹性体的压缩、拉伸与扭转等作用所产生的。其机械特性曲线如图2-3(b)所示;不管 n 为正向还是负向,T_L 方向都不变,特性曲线在第一、第四象限。所以在转矩平衡方程(2-3)中,位能转矩 T_L 的符号有时为正,有时为负。

属于这一类的生产机械有起重机的提升机构、矿井提升机构等。

2.3.2　通风机型负载特性

通风机型负载转矩的大小与速度的二次方成正比,即

$$T_L = Cn^2$$

式中:C 为比例常数。

通风机型负载特性曲线如图2-4所示。属于这类的生产机械有离心式鼓风机、离心式水泵等。

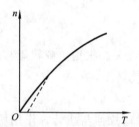

图 2-4　离心机型负载特性曲线

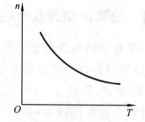

图 2-5　恒功率型负载特性曲线

2.3.3　恒功率型负载特性

恒功率型负载转矩的大小与转速成反比,即

$$T_L = \frac{K}{n}$$

式中:K 为常数,或 $K = T_L n$。

恒功率型负载特性曲线如图2-5所示。属于这一类的生产机械有机床的主轴机构和轧钢机的主传动机构等。例如:车床加工,粗加工时切削量大,负载阻力大,开低速;精加工时切削量小,负载阻力小,开高速。这样加工时切削功率基本不变。

以上介绍的只是几种典型的生产机械的负载特性,在实际中还有一些生产机械具有其他性质的负载转矩。另外,实际的负载转矩可能是单一类型的,也可能是几种典型的负载转矩的综合,或其他特殊的负载转矩。

2.4　负载转矩、转动惯量和飞轮转矩的折算方法

在实际应用中,很多生产机械都是采用的多轴机电传动系统,如图 2-6 所示。这是因为许多生产机械为满足其工艺要求需要低速运行,而电动机一般具有较高的额定转速。这样,电动机与生产机械之间就必须装减速机构,如减速齿轮箱或蜗杆机构、V 带机构等减速装置。在这种情况下为了列出系统的动力学方程,必须先将各传动部分的转矩和转动惯量或飞轮转矩都折算到同一转轴上来,一般都是将它们折算到电动机轴上,从而将一个实际的多轴系统等效为单轴系统,即把传动机构和工作机构等效成一个负载,折算的基本原则是折算前后系统能量守恒或功率守恒。

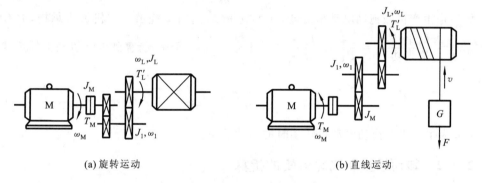

(a) 旋转运动　　　　　　　　　　　　　　　　　(b) 直线运动

图 2-6　多轴机电传动系统

2.4.1　负载转矩的折算

由于负载转矩是静态转矩,可以根据功率守恒原则进行折算。

1. 旋转运动

两级传动系统的旋转运动如图 2-6(a)所示,假设 T'_L 和 ω_L 分别为生产机械的负载转矩和旋转角速度。当系统匀速运动时,生产机械的负载功率为 $P'_L = T'_L \cdot \omega_L$。假设 T'_L 折算到电动机轴上的负载转矩为 T_L,电动机转轴的旋转角速度为 ω_M,则电动机轴上的负载功率为 $P_M = T_L \cdot \omega_M$。考虑到传动系统的损耗,故有传动效率 $\eta_c = \dfrac{\text{输出功率}}{\text{输入功率}} = \dfrac{P'_L}{P_M} = \dfrac{T'_L \cdot \omega_L}{T_L \cdot \omega_M}$。于是,折算到电动机轴上的负载转矩为

$$T_L = \frac{T'_L \cdot \omega_L}{\eta_c \cdot \omega_M} = \frac{T'_L}{\eta_c \cdot j} \tag{2-4}$$

式中: T'_L 为生产机械的负载转矩; j 为传动机构的速比, $j = \dfrac{\omega_M}{\omega_L}$; η_c 为电动机拖动生产机

械运动时的传动效率。

2. 直线运动

两级传动系统的直线运动如图 2-6(b)所示,假设直线运动速度为 v,生产机械直线运动部件的负载力为 F,负载力 F 在电动机轴上产生的负载转矩为 T_L,则所需的机械功率为 $P'_L = F \cdot v$,电动机轴上的机械功率为 $P_M = T_L \cdot \omega_M$。

如果是电动机拖动生产机械移动,如提升重物,则损耗由电动机来承担,故有传动效率 $\eta_c = \dfrac{\text{输出功率}}{\text{输入功率}} = \dfrac{P'_L}{P_M} = \dfrac{F \cdot v}{T_L \cdot \omega_M}$,将 $\omega = \dfrac{2\pi}{60}n$ 代入该式中,于是,折算到电动机轴上的负载转矩为

$$T_L = 9.55 \frac{F \cdot v}{\eta_c \cdot n} \tag{2-5}$$

如果是生产机械拖动电动机旋转,如下放重物,这时损耗由生产机械来承担,故有传动效率 $\eta'_c = \dfrac{\text{输出功率}}{\text{输入功率}} = \dfrac{P_M}{P'_L} = \dfrac{T_L \cdot \omega_M}{F \cdot v}$,且 $\omega = \dfrac{2\pi}{60}n$,于是,折算到电动机轴上的负载转矩为

$$T_L = 9.55 \frac{F \cdot v \cdot \eta'_c}{n} \tag{2-6}$$

式中:η'_c 为生产机械拖动电动机转动时的传动效率。

2.4.2 转动惯量和飞轮转矩的折算

由于转动惯量和飞轮转矩与运动系统的动能有关,因此,可以根据动能守恒原则进行折算。

1. 旋转运动

如图 2-6(a)所示的拖动系统,有

$$\frac{1}{2}J_Z\omega_M^2 = \frac{1}{2}J_M\omega_M^2 + \frac{1}{2}J_1\omega_1^2 + \frac{1}{2}J_L\omega_L^2$$

折算到电动机轴上的总的转动惯量为

$$J_Z = J_M + \frac{J_1}{j_1^2} + \frac{J_L}{j_L^2} \tag{2-7}$$

式中:J_M、J_1、J_L 分别为电动机轴、中间传动轴、生产机械轴上的转动惯量;$j_1 = \dfrac{\omega_M}{\omega_1}$ 为电动机轴与中间传动轴的速比;$j_L = \omega_M/\omega_L$ 为电动机轴与生产机械轴的速比;ω_M、ω_1、ω_L 分别为电动机轴、中间传动轴、生产机械轴上的角速度。

同理,折算到电动机轴上的总的飞轮转矩为

$$GD_Z^2 = GD_M^2 + \frac{GD_1^2}{j_1^2} + \frac{GD_L^2}{j_L^2} \tag{2-8}$$

式中：GD_M^2、GD_1^2、GD_L^2 分别为电动机轴、中间传动轴、生产机械轴上的飞轮转矩。

在实际工程中为了计算方便，多用适当加大电动机轴上的转动惯量 J_M 或飞轮转矩 GD_M^2 的方法来考虑中间传动机构的转动惯量或飞轮转矩的影响，于是有

$$J_Z = \delta J_M + \frac{J_L}{j_L^2} \tag{2-9}$$

$$GD_Z^2 = \delta GD_M^2 + \frac{GD_L^2}{j_L^2} \tag{2-10}$$

式中：$\delta = 1.1 \sim 1.25$。

2. 直线运动

如图 2-6(b)所示的拖动系统，假设直线运动部件的质量为 m，折算到电动机轴上的总转动惯量或总飞轮转矩分别为

$$J_Z = J_M + \frac{J_1}{j_1^2} + \frac{J_L}{j_L^2} + m \frac{v^2}{\omega_M^2} \tag{2-11}$$

$$GD_Z^2 = GD_M^2 + \frac{GD_1^2}{j_1^2} + \frac{GD_L^2}{j_L^2} + 365 \frac{Gv^2}{n^2} \tag{2-12}$$

依照上述方法，把多轴传动系统折算成等效的单轴传动系统，将所求的负载转矩和飞轮转矩代入式(2-2)就可得到多轴拖动系统的动力学方程：

$$T_M - T_L = \frac{GD_Z^2}{375} \frac{dn}{dt} \tag{2-13}$$

由此可以研究机电传动系统的运动规律。

2.5 机电传动系统的过渡过程

当机电传动系统中电动机的电磁转矩或负载转矩发生变化时，系统就要从一个稳定的运转状态变化到另一个稳定的运转状态，这个变化过程称为过渡过程。电动机在启动、制动、反转、调速或负载突变等情况下，都将经历过渡过程。

本节即以机电传动系统动力学方程为基础，研究机电传动系统的过渡过程。

2.5.1 机电传动系统的过渡过程时间

将动力学方程 $T_M - T_L = \frac{GD_Z^2}{375} \frac{dn}{dt}$ 写成 $dt = \frac{GD_Z^2}{375} \frac{dn}{T_M - T_L}$，对之两边积分，可得过渡过程时间 t 的表达式：$t = \int \frac{GD_Z^2}{375} \frac{dn}{T_M - T_L} = \int \frac{GD_Z^2}{375} \frac{dn}{T_D}$。如果在转速从起始转速 n_1 变化到稳定转速 n_s 的过渡过程中始终保持动态转矩 T_D 不变，系统做匀加速或匀减速运动，则过渡过程时间 t 为

$$t = \int_{n_1}^{n_s} \frac{GD_Z^2}{375} \frac{\mathrm{d}n}{T_D} = \frac{GD_Z^2}{375 T_D}(n_s - n_1) \tag{2-14}$$

由式(2-14)可知,机电传动系统的过渡过程时间 t 与飞轮转矩 GD_Z^2 和动态转矩 T_D 有关。

2.5.2　机电传动系统中的惯性

以系统启动时的过渡过程(见图 2-7)为例,系统的变化规律可通过下列三个式子来表示,即

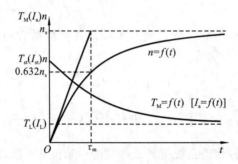

图 2-7　机电传动系统启动时的过渡过程曲线

$$n = n_s + (n_{st} - n_s)\mathrm{e}^{-t/\tau_m} \tag{2-15}$$

$$I_a = I_L + (I_{st} - I_L)\mathrm{e}^{-t/\tau_m} \tag{2-16}$$

$$T_M = T_L + (T_{st} - T_L)\mathrm{e}^{-t/\tau_m} \tag{2-17}$$

式中: n_s 、 I_L 和 T_L 分别为系统稳定运行(T_L 为恒定值)时的转速、电枢电流和电磁转矩; n_{st} 、 I_{st} 和 T_{st} 分别为系统启动($t = 0$)时的转速、电枢电流和电磁转矩; τ_m 为机电时间常数,对于直流他励电动机,有

$$\tau_m = \frac{GD^2 R}{375 K_e K_m \Phi_N^2} \tag{2-18}$$

式中: R 为电枢回路的总电阻; Φ_N 为电枢回路的总磁通量; K_e 为电动势常数,与电动机结构有关; K_m 为转矩常数,也与电动机结构有关。

可见,转速、电枢电流、转矩都是按指数规律变化的。而机电时间常数与转动惯量、电动机结构、电枢回路电阻及磁通等物理量有关。

机电传动系统之所以产生过渡过程,是因为存在以下各种惯性。

(1)机械惯性　它反映在转动惯量和飞轮转矩上,使转速 n 不能突变。

(2)电磁惯性　它反映在电感上,分别使电枢电流和励磁磁通不能突变。

(3)热惯性　它反映在温度上,使温度不能突变。

在整个机电过渡过程中,这三种惯性在系统中虽然会互相影响,如电动机发热时,电

阻会变化,从而引起电流和磁通的变化,但是由于热惯性较大,温度变化较转速电流等参量的变化要慢得多,一般可不予考虑;在有些情况下,电动机中不串接电感,电磁惯性影响也不大。因此,机电传动系统中只需考虑机械惯性,即在过渡过程中只有转速是不能突变的,而电枢电流和转矩都可以突变。

2.5.3　加快过渡过程的方法

从式(2-14)和式(2-18)可以看出,机电传动系统的过渡过程时间 t 与机电时间常数 τ_m 有关。τ_m 越大,过渡过程进行得越慢;τ_m 越小,过渡过程进行得越快。所以,为加快系统的过渡过程,缩短过渡过程时间,应设法减小机电时间常数 τ_m。由于机电传动系统的过渡过程时间与系统的飞轮转矩和速度变化成正比,而与动态转矩成反比,所以,要有效地缩短过渡过程时间,应设法减小飞轮转矩 GD_Z^2 和加大动态转矩 T_D。

1. 减小飞轮转矩 GD_Z^2

由式(2-10)可知,系统的飞轮转矩 GD_Z^2 中大部分是电动机转子的 GD_M^2,因此,减小电动机转子的 GD_M^2 就成了加快过渡过程的重要措施。例如,龙门刨床的刨台采用两台电动机同轴驱动,有的采用小惯量直流电动机,就是为了减小 GD_M^2。GD_M^2 越小,过渡过程的时间越短,系统的快速响应能力越强。

2. 加大动态转矩 T_D

从电动机方面考虑,采用大惯量直流电动机,电动机的直径与长度比 D/L 较大,虽然 GD^2 较大,但最大转矩 T_{max} 也很大,因此,动态转矩 $T_D = T_{max} - T_L$ 很大。

从控制方面考虑,动态转矩越大,系统的加速度也越大,过渡过程的时间就越短。因此可以在控制系统中要求系统在过渡过程中获得最佳的转矩波形(或电流波形),使电动机产生最大的电磁转矩,从而使电动机在最短的时间内达到所需要的转速。

2.6　机电传动系统稳定运行的条件

在机电传动系统中,电动机与生产机械连成一体,对机电一体的系统最基本的要求是系统能稳定运行。

系统稳定运行包含两重含义:一是系统能以一定的速度匀速运转;二是系统受到某种外部干扰(如电压波动、负载转矩波动等)后,速度稍有变化,会离开平衡位置,但在新的条件下可达到新平衡,或者在干扰消除后系统能恢复到原来的运行速度。

如图2-8所示的是异步电动机拖动某一恒转矩负载时,在负载波动时的情况,曲线1为异步电动机的机械特性,直线2为恒转矩型负载的机械特性,两特性曲线有交点 a、b。哪一个交点是系统的稳定运行点呢?

假设系统原来工作在平衡点 a,此时 $T_M = T_L$。若负载突然增大了 ΔT_L,即 $T_L' =$

$T_L + \Delta T_L$，而电动机来不及反应，其转矩仍为 T_M，于是 $T_M < T_L'$。由机电传动系统的动力学方程可知，系统要减速，即 n 要由 n_a 下降到 n_a'，电动机的工作点转移到 a'，此时 $T_M' = T_M + \Delta T_M$。当干扰消除后，$\Delta T_L = 0$，必有 $T_M' > T_L$，这样就迫使系统加速。随着转速的上升，电动机转矩又要减小，直到 $\Delta n = 0$，$T_M = T_L$，系统回到原来的运行点 a。所以，点 a 是系统的稳定运行点。

而在点 b，若负载突然增大，转速下降，由电动机的机械特性曲线可知，电动机的电磁转矩减小，使转速进一步下降，直至为零，电动机停转，所以点 b 不是系统的稳定运行点。

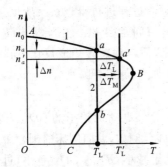

图 2-8　稳定工作点的判定(一)

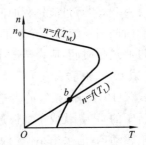

图 2-9　稳定工作点的判定(二)

同理，图 2-9 中交点 b 是系统的稳定运行点。

从以上分析，判断系统稳定运行点的条件如下。

(1) 电动机的机械特性曲线与生产机械的机械特性曲线有交点，即电动机轴上的拖动转矩和折算到电动机轴上的负载转矩大小相等，方向相反，相互平衡。

(2) 当转速大于平衡点对应的转速时，有 $T_M < T_L$；当转速小于平衡点对应的转速时，有 $T_M > T_L$。

只有满足上述两个条件的平衡点，才是拖动系统的稳定平衡点，即只有这样的特性配合，系统在受到外界干扰后，才具有恢复到原来平衡状态的能力而进行稳定的运行。在一般负载情况下，只要电动机的机械特性是下降的，整个系统就能够稳定运行。

思考题与习题

2-1　从动力学方程中怎样看出系统是处于加速的、减速的、稳定的还是静止的工作状态？

2-2　试说明机电传动系统动力学方程中的拖动转矩、制动转矩、静态转矩和动态转矩的概念。

2-3　试列出如图 2-10 所示几种情况下系统的动力学方程,并说明系统的运行状态是加速、减速还是匀速(图中箭头方向表示转矩的实际作用方向)。

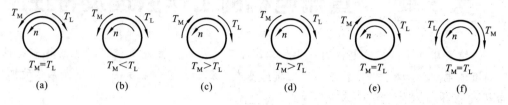

$$T_M=T_L \qquad T_M<T_L \qquad T_M>T_L \qquad T_M>T_L \qquad T_M=T_L \qquad T_M=T_L$$

(a)　　　　　(b)　　　　　(c)　　　　　(d)　　　　　(e)　　　　　(f)

图 2-10　题 2-3 图

2-4　某传动系统如图 2-11 所示。电动机轴上的转动惯量 $J_M=5$ kg·m^2,转速 $n_M=900$ r/min;中间传动轴的转动惯量 $J_1=2$ kg·m^2,转速 $n_1=300$ r/min;生产机械轴的转动惯量 $J_L=15$ kg·m^2,转速 $n_L=100$ r/min。试求折算到电动机轴上的等效转动惯量 J。

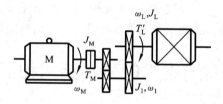

图 2-11　题 2-4 图

2-5　一般生产机械按其在运动中受阻力的性质不同来分类可以有哪几种类型的负载特性?

2-6　在图 2-12 中,曲线 1 和 2 分别为电动机和负载的机械特性,试判断图中哪些点是系统的稳定平衡点,哪些不是。

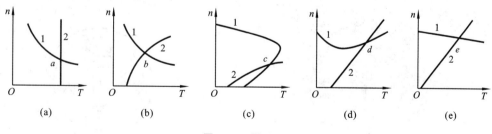

(a)　　　　　(b)　　　　　(c)　　　　　(d)　　　　　(e)

图 2-12　题 2-6 图

第3章 直流电机的工作原理及特性

本章要求在了解直流电机的结构和工作原理的基础上熟悉直流电动机的机械特性；了解直流电机的励磁方式，熟悉直流电机的基本方程和能量转换关系，掌握直流电动机的启动、调速和制动的方法及应用场合。

电机有直流电机和交流电机两大类。直流电机是机械能和直流电能互相转换的旋转机械装置。直流电机既可作为电动机，将电能转换为机械能，也可作为发电机，将机械能转换为电能。直流电动机主要用于速度调节要求高，正、反转和启、制动频繁的生产机械，例如，龙门刨床、镗床、轧钢机等。直流发电机主要用做直流电源，例如，作为直流电动机、汽车、船舶上的用电、电镀、电焊设备等的直流电源。本章主要讨论直流电机的基本工作原理及其特性，特别是直流电动机的机械特性及启动、调速、制动的基本原理和基本方法。

3.1 直流电机的基本结构和工作原理

3.1.1 直流电机的基本结构

直流电机包括定子和转子两部分。定子和转子之间由空气隙分开。图 3-1 所示为直流电机的装配结构图，图 3-2 所示为两极直流电机的剖面图，图 3-3 所示为电机转子结构图。

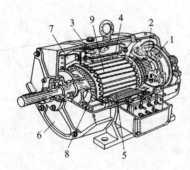

扫一扫 **图 3-1 直流电机装配结构图**

1—换向器；2—电刷装置；3—机座；4—主磁极；
5—换向极；6—端盖；7—风扇；8—电枢绕组；9—电枢铁芯

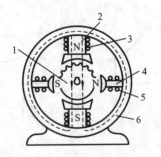

图 3-2 两极直流电机的剖面图

1—电枢；2—主磁极；3—励磁绕组；
4—换向器；5—换向器绕组；6—机座

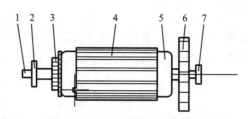

图 3-3 电机转子结构图

1—转轴;2—轴承;3—换向器;4—电枢绕组;5—电枢铁芯;6—风扇;7—轴承

1. 定子部分

直流电机的定子主要由主磁极、换向
极、机座和电刷装置等部分组成,其作用是产生主磁场和在机械上支承电机。

1）主磁极

主磁极由主磁极铁芯和套在上面的励磁绕组组成,其作用是在气隙空间里产生恒定的主磁场。主磁极的铁芯用 $1\sim1.5$ mm 厚的钢板冲片叠压紧固而成,励磁绕组用绝缘铜线绕成,整个主磁极再用螺钉固定在机座的内表面上。

2）换向极

换向极由铁芯和绕组组成,用螺杆固定在定子的主磁极中间,其作用是改善直流电机的换向性能。

3）机座

一般直流电机都用整体机座,同时起两方面的作用:一方面起导磁的作用,因此多用导磁效果较好的铸钢或是钢板制成;另一方面起机械支承的作用,主磁极、换向极和端盖都固定在电机的机座上。

4）电刷装置

电刷装置由电刷和刷架组成,固定在定子上,与换向器保持滑动接触,其作用是使转子绕组与外电路接通,将直流电流引入或引出。电刷组数目一般等于主磁极的数目。

2. 转子部分

直流电机的转子主要由电枢铁芯、电枢绕组、换向器、转轴和风扇等部分组成。其作用是产生感应电动势或电磁转矩,实现能量的转换。

1）电枢铁芯

电枢铁芯的作用有两个:一个是作为主磁路;另一个是嵌放电枢绕组。

由于电枢铁芯和主磁场之间的相对运动,会在铁芯中引起涡流损耗和磁滞损耗(这两部分损耗合在一起称为铁芯损耗,简称铁耗),为了减少损耗,电枢铁芯通常用 0.5 mm 厚的涂有绝缘漆的硅钢冲片叠压而成,固定在转轴上。电枢铁芯表面冲槽,槽内嵌入电枢绕组。

2）电枢绕组

电枢绕组是通过电流和产生感应电动势及电磁转矩来实现机电能量转换的关键性部件。电枢绕组由许多带绝缘的铜线圈绕成,嵌入电枢铁芯的槽中,各线圈元件按一定规律连接在相应的换向片上。

3）换向器

在直流发电机中,它的作用是将绕组内的交变电动势转换为电刷端上的直流电动势;在直流电动机中,它将电刷上所通过的直流电流转换为绕组内的交变电流。换向器安装在转轴上,由许多彼此绝缘的铜制换向片组合而成,每个换向片均与对应的电枢绕组线圈连接。

3.1.2 直流电机的工作原理

直流电机的工作原理是基于电磁感应定律和电磁力定律的。为了说明直流电机的工作原理,将复杂的直流电机结构图简化为如图 3-4 和图 3-5 所示的工作原理图。假设电机只具有一对磁极(N 和 S),两磁极间放着可以绕轴转动的铁芯,铁芯上固定着的一个线圈 abcd 即电枢绕组,线圈两端分别连在两个换向片上,换向片上压着电刷 A 和 B。

1. 直流发电机的工作原理

直流电机作为发电机运行时,电路如图 3-4 所示,在原动机拖动下,电枢逆时针方向旋转,将在电枢线圈中感应出电动势 e,当导体 ab、cd 分别正对 N 和 S 磁极时,如图 3-4(a)所示,根据右手定则可知,导体 ab 中感应电动势的方向为 b→a,导体 cd 中感应电动势的方向为 d→c,因此,负载电流方向为由电刷 A 流向电刷 B。

电枢绕组中的感应电动势称为电枢电动势,用公式表示为

$$E = K_e \Phi n \tag{3-1}$$

式中:E 为电枢电动势(V);K_e 为直流电机与电动势相关的结构常数;Φ 为主磁极磁通(Wb);n 为电枢转速(r/min)。

当线圈转过 180°,导体 ab、cd 分别正对 S 和 N 磁极时,如图 3-4(b)所示,根据右手定则可知,导体 ab 中感应电动势的方向变为 a→b,导体 cd 中感应电动势的方向为 c→d。由于换向器与电刷滑动接触,此时,电枢导体 a 端与电刷 B 连接,d 端与电刷 A 连接,因此,负载电流方向仍为由电刷 A 流向电刷 B,方向不变。

可见,直流发电机工作时,电枢绕组内产生的电动势是交变的,由于电刷和换向器的作用,输出到负载上的电流方向是固定的,故直流发电机可以供给直流电能。

2. 直流电动机的工作原理

直流电机作为电动机运行时,其电路如图 3-5 所示,将直流电源接在电刷 A、B 之间,线圈 abcd 中有电流流过,如图 3-5(a)所示,导体 ab 正对 N 极,其电流方向为 a→b;导体 cd 正对 S 极,其电流方向为 c→d。根据左手定则,电流与磁通相互作用产生电磁力和电磁转矩,使电枢逆时针旋转。电磁转矩用公式表示为

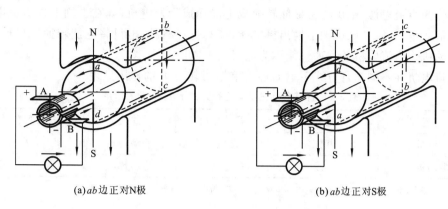

(a)ab边正对N极　　　　　　　　　　　　(b)ab边正对S极

图 3-4　直流发电机的工作原理

$$T = K_m \Phi I_a \tag{3-2}$$

式中：T 为电磁转矩($\mathrm{N \cdot m}$)；K_m 为直流电机与转矩相关的结构常数，$K_m = 9.55K_e$；I_a为电枢电流(A)。

当电枢逆时针转过 $180°$ 时，导体 ab 正对 S 极，如图 3-5(b)所示，其电流方向变为 $b\rightarrow a$；导体 cd 正对 N 极，其电流方向为 $d\rightarrow c$。由于电刷与换向器滑动接触，电磁转矩仍为逆时针方向转矩，故电枢逆时针继续旋转。

可见，由于电刷和换向器的作用，直流电动机能实现电枢电流的换向，从而产生方向不变的电磁转矩，确保电动机朝确定的方向连续旋转。

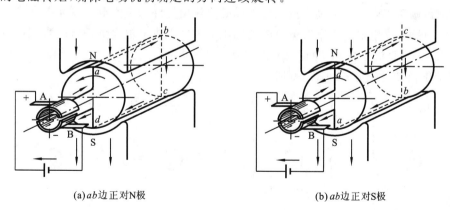

(a)ab边正对N极　　　　　　　　　　　　(b)ab边正对S极

图 3-5　直流电动机的工作原理

3.1.3　直流电机的可逆性

一台直流电机究竟是作为发电机运行还是作为电动机运行，关键在于外加的条件，也就是输入功率的形式。如用原动机拖动直流电机的电枢旋转，则从电刷端可以引出直流电动势作为直流电源,电机将机械能转换成电能而成为发电机;如在电刷上加直流电压,将电能输入电枢,则从电机轴上输出机械能,拖动生产机械,电机将电能转换成机械能而成为电动机。直流电机的这种性能称为电机的可逆性。

直流电机在不同运行方式下电动势 E 和电磁转矩 T 的作用见表 3-1。

表 3-1　直流电机在不同运行方式下 E 和 T 的作用

电机运行方式	E 与 I_a 的方向	E 的作用	T 的性质	转矩之间的关系
发电机	相同	电源电动势	制动转矩	$T_1 = T + T_0$
电动机	相反	反电动势	拖动转矩	$T = T_L + T_0$

注:T_1 为原动机的驱动转矩;T 为电机的电磁转矩;T_0 为空载损耗转矩;T_L 为负载转矩。

3.2　直流发电机和电动机的基本方程

本节在分析直流电机的励磁方式的基础上,确定他励直流电机的电压方程、转矩方程和功率方程,进而了解直流电机的能量关系。

3.2.1　直流电机的励磁方式

直流电机根据励磁绕组的励磁方式来分类,可分为他励直流电机和自励直流电机两类。

(1) 他励直流电机　他励直流电机的励磁电流由另外的直流电源单独提供。

(2) 自励直流电机　自励直流电机的励磁电流由电机电枢提供。自励直流电机又可分为三类:并励直流电机、串励直流电机和复励直流电机。

直流电机的励磁方式如图 3-6 所示。

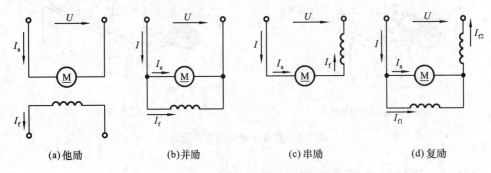

(a)他励　　　　(b)并励　　　　(c)串励　　　　(d)复励

图 3-6　直流电机的励磁方式

图 3-6(a)所示为他励方式。在这种直流电机中,励磁绕组与电枢绕组无连接关系,由其他电源对励磁绕组供电。

图 3-6(b)所示为并励方式。在这种直流电机中,励磁绕组与电枢绕组并联。

图 3-6(c)所示为串励方式。在这种直流电机中,励磁绕组与电枢绕组串联后,再接直流电源,这种直流电机的励磁电流就是电枢电流。

图 3-6(d)所示为复励方式。在这种直流电机中,有并励和串励的两种励磁绕组。若串励绕组产生的磁通势与并励绕组产生的磁通势方向相同,称为积复励;若两个磁通势方向相反,则称为差复励。实际中常用积复励方式。

3.2.2　直流发电机的基本方程

直流他励发电机的原理电路如图 3-7 所示。图中:R 为负载电阻;I 为负载电流;R'_f 为励磁调节电阻;R_a 为电枢电阻;I_a 为电枢电流;E 和 U 分别为发电机的电动势和端电压。

1. 电压平衡方程

$$U = E - I_a R_a \tag{3-3}$$

空载时 $I_a = 0$,发电机电枢电动势等于空载时电枢的端电压 U_0,即

$$U_0 = E = K_e \Phi n \tag{3-4}$$

在式(3-4)中,磁通 Φ 的大小取决于励磁电流 I_f,而励磁电流 I_f 可以通过改变励磁调节电阻 R'_f 来调节。

2. 转矩平衡方程

直流发电机运行时,原动机的转矩必须与电磁转矩和空载损耗转矩相平衡。转矩平衡方程为

$$T_1 = T + T_0 \tag{3-5}$$

式中:T_1 为原动机的驱动转矩;T 为发电机的电磁转矩;T_0 为空载损耗转矩。

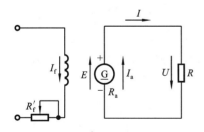

图 3-7　他励发电机原理电路

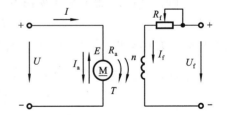

图 3-8　他励电动机原理电路

3.2.3　直流电动机的基本方程

直流他励电动机的原理电路如图 3-8 所示,图中 I_a 为电枢电流,E 和 U 分别为电动机的电动势和端电压。

1. 电压平衡方程

由图 3-8 可得电枢回路中的电压平衡方程为

$$U = E + I_a R_a \tag{3-6}$$

2. 转矩平衡方程

当直流电动机稳定运行时,电动机的电磁转矩必须与负载转矩和空载损耗转矩相平衡,即

$$T = T_L + T_0 \tag{3-7}$$

式中:T 为电动机的电磁转矩;T_0 为空载损耗转矩;T_L 为负载转矩。

当电动机稳定运行时,轴上输出的转矩 T_2 将与负载转矩 T_L 相平衡,即 $T_2 = T_L$。所以又有

$$T = T_0 + T_2 \tag{3-8}$$

3. 功率平衡方程

将式(3-6)两边同乘以电枢电流 I_a,则有

$$UI_a = EI_a + I_a^2 R_a \tag{3-9}$$

式中:UI_a 为电源输入功率,用 P_1 表示;EI_a 为电枢因反电动势从电源吸收的电功率,即电磁功率,用 P_e 表示;$I_a^2 R_a$ 为电枢铜耗,用 P_{Cu} 表示,则有

$$P_1 = P_e + P_{Cu} \tag{3-10}$$

将式(3-8)两边同乘以 ω,得

$$T\omega = T_0\omega + T_2\omega \tag{3-11}$$

即

$$P_e = P_0 + P_2 \tag{3-12}$$

式(3-12)说明,电磁功率 P_e 中扣除空载损耗功率 P_0 后才得到电动机的输出功率 P_2。其中空载损耗功率 P_0 为机械损耗 P_m(如轴承摩擦、电刷摩擦损耗等)与铁耗 P_{Fe}(电枢铁芯在磁场中旋转时产生的磁滞和涡流损耗等)之和,即

$$P_0 = P_m + P_{Fe} \tag{3-13}$$

所以,电动机的总损耗 $\sum \Delta P$ 为空载损耗 P_0 和电枢铜耗 P_{Cu} 之和。而输入电功率 P_1 与输出机械功率 P_2 之间存在的关系为

$$P_1 = \sum \Delta P + P_2 \tag{3-14}$$

3.3　直流电动机的机械特性

直流电动机的机械特性是指电动机在一定的电枢电压和励磁电压下,转速与输出转矩之间的函数关系:$n = f(T)$。机械特性曲线的形状基本上决定了电动机的应用范围,机械特性曲线是分析传动系统的一个重要工具。

3.3.1　机械特性的一般表达式

对于他励电动机、并励电动机,其电压平衡方程为

$$U = E + I_a R_a$$

又因为

$$E = K_e \Phi n$$

所以

$$n = \frac{E}{K_e \Phi}$$

这样可得到直流电动机的转速特性方程 $n = f(I_a)$,即

$$n = \frac{U}{K_e \Phi} - \frac{R_a}{K_e \Phi} I_a \qquad (3\text{-}15)$$

由式(3-2)得

$$I_a = \frac{T}{K_m \Phi}$$

代入式(3-15),得到直流电动机机械特性的一般表达式:

$$n = \frac{U}{K_e \Phi} - \frac{R_a}{K_e K_m \Phi^2} T = n_0 - \Delta n \qquad (3\text{-}16)$$

$T = 0$ 时的转速 $n_0 = \dfrac{U}{K_e \Phi}$ 称为理想空载转速,由于电动机在运行时必然存在空载转矩 T_0,靠电动机本身不可能使转速上升到 n_0,故称为理想空载转速;$T = T_N$(额定转矩)时的转速 n_N 称为额定转速。Δn 称为转速降落,它反映了电枢电阻在运行时消耗能量的大小及运行过程中电动机转速相对稳定的程度。

3.3.2　电机的铭牌数据

直流电机在国家标准规定的运行条件和运行状态下工作,称为电机的额定运行。电机的主要额定值一般都标在铭牌上,它是正确选择和合理使用电机的依据。

(1) 额定功率 P_N　它表示在温升和换向等条件限制下电机输出的功率。对发电机而言,是指其出线端输出的电功率,即 $P_N = U_N I_N \times 10^{-3}$;对电动机而言,是指轴上输出的机械功率,即 $P_N = U_N I_N \eta_N \times 10^{-3}$,单位为 kW。

(2) 额定电压 U_N　它是指电机正常工作时出线端的电压值,单位为 V。

(3) 额定电流 I_N　它是指对应于额定电压和额定功率的电枢电流,单位为 A。

(4) 额定转速 n_N　它是指电压、电流和输出功率都为额定值时的转速,单位为 r/min。

(5) 额定转矩 T_N　它是指在额定运行条件下的输出转矩,单位为 N·m。

此外,还有一些额定值,如额定效率。对于直流发电机,它是指输出电功率与输入机械功率(单位为 kW)之比,即

$$\eta = \frac{P_2}{P_1} = \frac{U_N I_N}{P_1} \times 10^{-3} \tag{3-17}$$

对于直流电动机,它是指输出机械功率与输入电功率之比,即

$$\eta = \frac{P_2}{P_1} = \frac{P_N}{U_N I_N \times 10^{-3}} \tag{3-18}$$

电机在实际运行时,并不总是处于额定状态。如果电机的实际工作电流小于额定电流,称为欠载运行;如果电机的实际工作电流大于额定电流,称为过载运行。若电机长期欠载运行,则运行效率低,浪费能量;若电机长期过载运行,容易因过热而烧坏电机。电机在额定状态运行时,其工作性能、经济性能和安全性能都较好。

3.3.3　机械特性的计算

电动机的机械特性有固有机械特性和人为机械特性之分。固有机械特性又称自然特性,是指在额定条件(U_N、Φ_N)下,电枢电路内不外接电阻时转速与输出转矩之间的关系。由式(3-16)可知,直流电动机的固有机械特性方程为

$$n = \frac{U_N}{K_e \Phi_N} - \frac{R_a}{K_e K_m \Phi_N^2} T \tag{3-19}$$

由于直流电动机的机械特性为一条直线,只要确定两点就能画出这条直线。所以求出 n_0、T_N、n_N 后,即可用理想空载点 $(0, n_0)$ 与额定运行点 (T_N, n_N) 两点连成直线。

1. 固有机械特性

固有机械特性的计算步骤如下(以直流他励电动机为例)。

1）估算电枢电阻 R_a

通常电动机在额定负载下的铜耗 $I_a^2 R_a$ 占总损耗 $\sum \Delta P_N$ 的 50%～75%,即

$$I_a^2 R_a = (0.5 \sim 0.75) \sum \Delta P_N$$

而总损耗＝输入功率－输出功率,即

$$\sum \Delta P_N = U_N I_N - \eta_N U_N I_N = (1 - \eta_N) U_N I_N$$

额定运行时 $I_a = I_N$,故得

$$R_a = (0.5 \sim 0.75) \left(1 - \frac{P_N}{U_N I_N}\right) \frac{U_N}{I_N} \tag{3-20}$$

2）求反电动势 E

直流电动机额定运行时的反电动势 $E_N = K_e \Phi_N n_N = U_N - I_N R_a$,故

$$K_e \Phi_N = \frac{U_N - I_N R_a}{n_N} \tag{3-21}$$

3）求理想空载转速 n_0

$$n_0 = \frac{U_N}{K_e \Phi_N} \tag{3-22}$$

4）求额定转矩 T_N

$$T_N = \frac{P_N}{\omega} \times 10^{-3} = \frac{P_N \times 10^{-3}}{\frac{2\pi n_N}{60}} = 9\,550\,\frac{P_N}{n_N} \tag{3-23}$$

5）绘出机械特性曲线

他励电动机正转时的固有机械特性曲线如图 3-9 所示；他励电动机正反转时的固有机械特性曲线如图 3-10 所示。

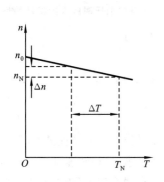

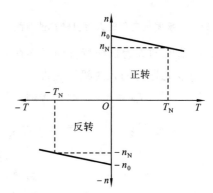

图 3-9　他励电动机正转时的固有　　　　　图 3-10　他励电动机正反转时的
　　　　机械特性曲线　　　　　　　　　　　　　　固有机械特性曲线

2. 人为机械特性

1）电枢回路中串接附加电阻时的人为机械特性

当 $U = U_N$、$\Phi = \Phi_N$、电枢回路中串接附加电阻 R_{ad} 时，以 $R_{ad} + R_a$ 代替式(3-19)中的 R_a，就可得人为机械特性方程，即

$$n = \frac{U_N}{K_e \Phi_N} - \frac{R_a + R_{ad}}{K_e K_m \Phi_N^2} T = n_0 - \Delta n \tag{3-24}$$

将式(3-24)与固有机械特性方程即式(3-19)比较可以看出，两种机械特性下的理想空载转速 n_0 是相同的，而转速降落 Δn 却变大了，即人为机械特性较软。R_{ad} 越大，人为机械特性越软，在采用不同的 R_{ad} 时可得一簇由同一点 $(0, n_0)$ 出发的人为特性曲线，如图3-11所示。

2）改变电枢电压时的人为机械特性

当 $\Phi = \Phi_N$，$R_{ad} = 0$ 时，改变电枢电压 U 可得人为机械特性方程，即

$$n = \frac{U}{K_e \Phi_N} - \frac{R_a}{K_e K_m \Phi_N^2} T = n_0 - \Delta n \tag{3-25}$$

将式(3-25)与固有机械特性方程式(3-19)比较可以看出，理想空载转速 n_0 要随 U 的变化而变化，而转速降落 Δn 不变，即机械特性硬度不变。在采用不同的 U 值时可得一簇平行于固有机械特性曲线的人为机械特性曲线，如图3-12所示。

由于电动机绝缘耐压强度的限制，电枢电压只允许在其额定电压以下调节，所以采用

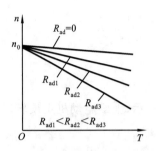

图 3-11 串接附加电阻的人为机械特性曲线

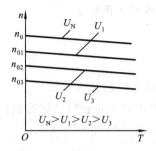

图 3-12 改变电枢电压时的人为机械特性曲线

不同的 U 值时的人为机械特性曲线均在固有机械特性曲线之下。

3) 改变磁通时的人为机械特性

当 $U=U_N$，$R_{ad}=0$ 时，改变磁通 Φ 可得人为机械特性方程，即

$$n = \frac{U_N}{K_e\Phi} - \frac{R_a}{K_eK_m\Phi^2}T = n_0 - \Delta n \tag{3-26}$$

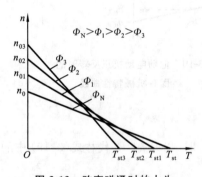

图 3-13 改变磁通时的人为
机械特性曲线

将式(3-26)与固有机械特性方程式(3-19)相比较可以看出，理想空载转速 n_0 和转速降落 Δn 都要随磁通 Φ 而变化，由于励磁线圈发热和电动机磁路饱和的限制，电动机的励磁电流和它对应的磁通只能在低于额定值的范围内调节，所以，随着磁通的降低，理想空载转速和转速降落都要增大。由 $U=E+I_aR_a$ 和 $E=K_en$ 可得，启动电流 $I_{st}=U/R_a$ 为常数，$T_{st}=K_m\Phi I_{st}$ 随 Φ 的降低而减小。不同磁通下的人为机械特性曲线如图 3-13 所示。

需要注意的是：过分削弱磁通(简称弱磁) Φ，如果负载转矩不变，电动机的电流将会大大增加，从而产生严重过载。当 $\Phi \to 0$ 时，理论上电动机的转速也将趋于无穷大，造成飞车现象。因此，直流他励电动机在启动前必须先加励磁电流，在运转过程中不允许励磁电路断开或励磁电流为零，应设有失磁保护装置。

例 3-1 有一台他励直流电动机，其额定值为 $P_N=30\ kW$，$U_N=220\ V$，$I_N=158.5\ A$，$R_a=0.1\ \Omega$，$n_N=1\ 000\ r/min$，当电动机端电压保持不变，磁通减弱为额定值一半的瞬时，电磁转矩增大到弱磁前的多少倍？若负载转矩保持不变，则电动机转速将逐步提高到多少？

解 (1) $K_e\Phi_N = \dfrac{U_N-I_NR_a}{n_N} = \dfrac{220-158.5\times0.1}{1\ 000}\ V\cdot(r/min)^{-1}$

$$= 0.204\ 2\ V\cdot(r/min)^{-1}$$

弱磁前，$\qquad\qquad T_1 = K_m\Phi_NI_N = 9.55K_e\Phi_NI_N$

弱磁后，转速不能突变，电动势和电流发生突变：

$$E = K_e \Phi n_N = 0.5 K_e \Phi_N n_N = 0.5 \times 0.204\,2 \times 1\,000 \text{ V} = 102.1 \text{ V}$$

$$I = \frac{U_N - E}{R_a} = \frac{220 - 102.1}{0.1} \text{ A} = 1\,179 \text{ A}$$

则转矩变化为 $\qquad T_2 = K_m \Phi I = 9.55 K_e \Phi I$

其中 $\qquad\qquad\qquad\qquad \Phi = 0.5 \Phi_N$

故 $\qquad \dfrac{T_2}{T_1} = \dfrac{9.55 K_e \Phi I}{9.55 K_e \Phi_N I_N} = \dfrac{0.5 I}{I_N} = \dfrac{0.5 \times 1\,179}{158.5} = 3.72$

（2）稳态下， $\qquad\qquad T_2 = T_L = T_N$

所以， $\qquad\qquad 9.55 K_e \Phi I = 9.55 K_e \Phi_N I_N$

又 $\Phi = 0.5 \Phi_N$ ，所以

$$I = 2 I_N = 2 \times 158.5 \text{ A} = 317 \text{ A}$$

$$U_N = K_e 0.5 \Phi_N n + I R_a$$

$$n = \frac{U_N - I R_a}{0.5 K_e \Phi_N} = \frac{220 - 317 \times 0.1}{0.5 \times 0.204\,2} \text{ r/min} = 1\,844 \text{ r/min}$$

3.4 直流他励电动机的启动特性

直流电动机从静止状态加速到某一稳定转速的运行过程称为启动过程。在启动时，一般不能将直流电动机直接接入电网并施加额定电压，这是因为若在静止的电枢绕组上直接加上额定电压，其启动电流将很大。通常将 $R_N = \dfrac{U_N}{I_N}$ 称为额定电阻，一般 $R_a = (0.05 \sim 0.1) R_N$ ，即电枢内阻很小。启动时由于 $n = 0$ 、 $E = 0$ ，所以启动电流 $I_{st} = \dfrac{U_N}{R_a} = \dfrac{U_N}{(0.05 \sim 0.1) R_N} = (10 \sim 20) I_N$ ，即启动电流为额定电流的 $10 \sim 20$ 倍，这样大的启动电流不仅会烧坏绕组，其产生的过大的启动转矩还会损坏机械传动部件，因此直流电动机只能在容量很小且有一定余量时才可以直接启动。

为了限制直流电动机的启动电流，同时又满足生产工艺对加速度的要求，直流他励电动机一般采用两种启动方法：降低电枢电压启动和电枢回路串接电阻启动。

1. 降低电枢电压启动

在启动前，降低电枢电压 U （一般通过晶闸管整流得到合适的 U ），将启动电流限制在允许的范围内，即要求启动电流为额定值的 $1.8 \sim 2.5$ 倍。一般取启动电流

$$I_{st} = \frac{U}{R_a + R_{SCR}} \leqslant 2 I_N$$

式中：R_{SCR} 为晶闸管整流装置的内阻。启动后逐步提高电枢电压，最后达到额定电压 U_N ，电动机在所需的转速上稳定运行。

这种启动方式启动性能较好,可以使电枢电流保持在允许的最大值上,使电动机的加速度最大,但要求有单独可调的直流电源 U,初期投资较大,运行费用较高。

2. 电枢回路串电阻启动

为减少初期投资,可采用逐级切除电阻的启动方法。启动时在电枢回路中串接一个合适的启动电阻,将启动电流限制在允许的范围内,一般取启动电流

$$I_{st} = \frac{U_N}{R_a + R_{st}} \leqslant 2I_N$$

式中: R_{st} 为启动电阻。随着启动过程的进行,逐级切除启动电阻,最后电动机在所需的转速下稳定运行。

采用一级启动(启动电阻 R_{st} 一次全部切除)时,则冲击电流仍然很大;采用多级启动(启动电阻 R_{st} 分多次切除)时,则启动快而平稳,启动级数一般取 3~4。采用这种启动方式时有能量损耗,但会使初期投资减少。

具有一级启动电阻的他励电动机的原理如图 3-14 所示。具有三级启动电阻的他励电动机的原理如图 3-15 所示。

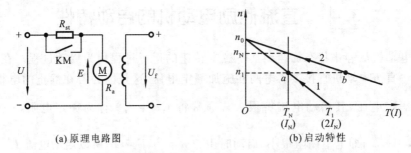

(a) 原理电路图　　　　　　　　　(b) 启动特性

图 3-14　具有一级启动电阻的他励电动机的原理

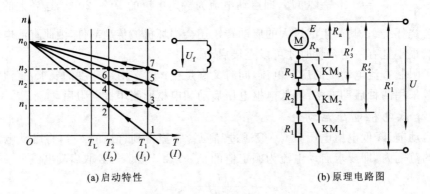

(a) 启动特性　　　　　　　　　(b) 原理电路图

图 3-15　具有三级启动电阻的他励电动机的原理

在图 3-15 中,电枢回路外接三级电阻 R_1、R_2、R_3。在启动瞬间,为了限制启动电流,

而又能保证系统有较高的加速度,应将所有电阻串入,即启动电阻为 $R_1' = R_1 + R_2 + R_3 + R_a$,启动过程中,接触器依次将外接电阻 R_1、R_2、R_3 短接,则启动电阻依次变为 $R_2' = R_2 + R_3 + R_a$,$R_3' = R_3 + R_a$,最后只剩下内阻 R_a,电动机可沿固有机械特性曲线加速到稳定的运行速度,启动过程结束。

3.5 直流他励电动机的调速特性

电动机调速是生产机械所要求的,不同的生产机械要求传动系统以不同的速度运行。直流他励电动机的调速就是在一定的负载条件下,人为改变电动机的电路参数,以改变电动机的稳定转速。对应三种人为机械特性有三种基本的调速方法。

3.5.1 改变电枢回路串接附加电阻的调速方法

根据他励电动机串接附加电阻的人为机械特性可以看出,在一定的负载转矩下,若保持电源电压和额定磁通不变,串入不同的电阻可以得到不同的转速,如图 3-16 所示。比如,原来电动机在固有特性点 a 上运行,某瞬间串入电阻 R_3,则 $R_3' = R_3 + R_a$,系统将跳到点 b 运行,对应的转矩 $T_b < T_a$,因此系统减速到点 c 稳速运行。若再次增加电阻,则稳定转速进一步降低,即串入的电阻越大,电动机的转速越低。

这种调速方法的特点是简单。其缺点是机械特性较软,速度的稳定性差;空载或轻载时调速范围不大;调速电阻耗能多。因此这种调速方法目前应用很少,仅在起重机、卷扬机等低速运转时间不长的传动系统中使用。

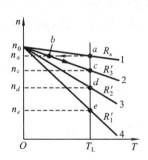

图 3-16 电枢回路串接附加电阻的调速特性

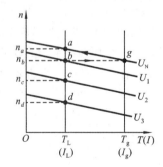

图 3-17 改变电枢电压的调速特性

3.5.2 改变电动机电枢电压的调速方法

根据他励电动机改变供电电压的人为特性可以看出,在一定的负载转矩下,若保持额定磁通及电枢电阻不变,加入不同的电压可以得到不同的转速。如图 3-17 所示,设电源

电压为 U_1 时,系统在点 b 稳定运行,若在某瞬间将电源电压升至额定电压 U_N,则电枢电流增大,系统将跳到点 g 运行,对应的转矩 $T_L < T_g$,因此系统加速到点 a 稳定运行。

调速时,只改变电源电压大小只会影响电动机的稳定转速,而不会改变稳定运转电枢的电流。电枢电流的大小只取决于负载转矩的大小。故电动机的转矩 $T = K_m \Phi_N I_a$ 为常数,因此该方法适合于对恒转矩负载进行调压调速。

这种调速方法的特点是可实现无级调速,由于机械特性硬度不变,所以调速的稳定性好,调速范围较大,是直流传动系统中应用最广泛的调速方法。但受电枢材料绝缘性能的限制,电枢电压必须在低于额定电压范围内变化,故采用该调速方法时只能在额定转速以下调节电动机转速。

3.5.3　改变电动机主磁通的调速方法

根据他励电动机改变主磁通的人为机械特性可以看出,在一定的负载功率下,若保持

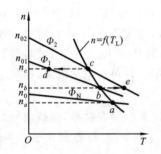

图 3-18　改变主磁通的调速特性

电枢电压为额定值,对应不同的主磁通可以得到不同的转速。如图 3-18 所示,降速时电动机沿着 $c—d—b$ 运行,升速时沿着 $b—e—c$ 运行。

改变主磁通调速时维持电枢电压和电枢电流不变,即功率 $P = U_N I_a$ 不变,因此该方法适合于对恒功率负载进行调磁调速。

这种调速方法的特点是:可实现无级调速,但只能采用弱磁升速的方法,即在额定转速以上调节。由于调速特性较软,且受电动机换向条件和机械强度的限制,最高转速不得超过额定转速的 1.2 倍,所以调速范围不大。一般与调压调速配合使用,即在额定转速以下,采用降压调速,而在额定转速以上,则采用弱磁调速。

例 3-2　有一台 Z3-31 型直流他励电动机,其额定值为 $P_N = 1.5$ kW,$U_N = 110$ V,$I_N = 17.5$ A,$n_N = 1\,500$ r/min,$R_a = 0.5$ Ω,采用可控硅整流装置进行降压启动,假设整流装置的内阻 $R_{rec} = 0.1$ Ω,试问:

(1) 若启动时最大电流限制在 $2I_N$,启动时允许晶闸管整流装置输出多大的直流电压 U_1?

(2) 为得到 1 000 r/min 的转速,直流电压 U_2 应调到多大?

解　(1) 采用降压启动,最大电流限制在 $I_{st} = 2I_N = 2 \times 17.5$ A $= 35$ A,得

$$U_1 = I_{st} \times (R_a + R_{rec}) = 35 \times (0.5 + 0.1) \text{ V} = 21 \text{ V}$$

(2) 由转速特性方程 $n = \dfrac{U}{K_e \Phi} - \dfrac{R_a}{K_e \Phi} I_a$ 可知 $n = \dfrac{U_2}{K_e \Phi_N} - \dfrac{R_a + R_{rec}}{K_e \Phi_N} I_N$,得

$$U_2 = K_e \Phi_N n + I_N (R_a + R_{rec})$$

由电压平衡方程 $E_N = K_e\Phi_N n_N = U_N - I_N R_a$，有

$$K_e\Phi_N = \frac{U_N - I_N R_a}{n_N} = \frac{110 - 17.5 \times 0.5}{1\,500} \text{ V} \cdot (\text{r/min})^{-1} = 0.067\,5 \text{ V} \cdot (\text{r/min})^{-1}$$

得　　　　　　　$U_2 = [0.067\,5 \times 1\,000 + 17.5 \times (0.5 + 0.1)] \text{ V} = 78 \text{ V}$

例 3-3　有一台直流他励电动机，其额定值为 $P_N = 22$ kW，$U_N = 220$ V，$I_N = 115$ A，$n_N = 1\,500$ r/min，$R_a = 0.1$ Ω，忽略整流装置的内阻，电动机拖动恒转矩额定负载运行。

(1) 要求得到 1 100 r/min 的运行转速，采用串电阻调速方式，电枢回路应串入多大的电阻？

(2) 要求得到 900 r/min 的运行转速，采用降压调速方式，电枢电压应降为多少？

(3) 要求得到 1 800 r/min 的运行转速，采用弱磁调速方式，弱磁后磁通为额定磁通的多少？

解　　$K_e\Phi_N = \dfrac{U_N - I_N R_a}{n_N} = \dfrac{220 - 115 \times 0.1}{1\,500} \text{ V} \cdot (\text{r/min})^{-1} = 0.139 \text{ V} \cdot (\text{r/min})^{-1}$

(1) 采用串电阻调速方式，由 $n = \dfrac{U_N}{K_e\Phi_N} - \dfrac{R_a + R_{ad}}{K_e\Phi_N} I_N$，有

$$U_N - (R_a + R_{ad}) I_N = K_e\Phi_N n$$

得　　　$R_{ad} = \dfrac{U_N - K_e\Phi_N n}{I_N} - R_a = \left(\dfrac{220 - 0.139 \times 1\,100}{115} - 0.1 \right) \text{ Ω} = 0.48 \text{ Ω}$

(2) 采用降压调速方式，忽略整流装置内阻时有

$$U = K_e\Phi_N n + I_N R_a$$

得　　　　　　　$U = (0.139 \times 900 + 115 \times 0.1) \text{ V} = 136.6 \text{ V}$

(3) 采用弱磁调速方式，设弱磁后磁通为额定磁通的 x 倍，由

$$n = \dfrac{U_N}{x K_e\Phi_N} - \dfrac{R_a}{x K_e\Phi_N} I_N$$

有　　　　　　　$\dfrac{220}{0.139x} - \dfrac{0.1}{0.139x} \times 115 = 1\,800$

得　　　　　　　　　　$x = 0.83$

3.6　直流他励电动机的制动特性

就能量转换而言，电动机有两种运行状态，即电动状态和制动状态。

电动状态的特点是电动机输出的转矩 T 与转速 n 的方向相同。如图 3-19(a) 所示，起重机提升重物时，电动机将电能转换为机械能，使重物稳速上升。

如图 3-19(b) 所示，起重机下放重物时，为了使其平稳下放，电动机必须输出与转速方向

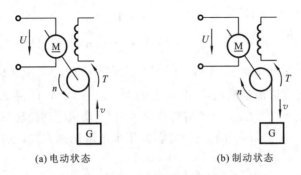

(a) 电动状态   (b) 制动状态

图 3-19　直流他励电动机的工作状态

相反的转矩,以消耗重物的机械位能,否则,重物由于重力作用,其下降速度将越来越快。

从上述分析可知,电动机的制动状态有两种。

(1) 稳定制动状态　如卷扬机、起重机下放重物,维持重物的匀速下降。

(2) 过渡制动状态　如生产机械由高速旋转迅速降速或停车,速度发生变化。

这两种制动状态的根本区别在于转速是否变化,其共同点是,电动机输出的转矩与转速方向相反,电动机处于发电运行状态,电动机吸收或消耗位能或动能并将其转化为电能。

根据直流他励电动机处于制动状态时的外部条件和能量传递情况,它的制动状态分为回馈制动、反接制动和能耗制动三种。

3.6.1　回馈制动

1. 回馈制动的定义

当电动机在外部条件作用下,实际转速大于理想空载转速时,感应电动势大于电源电压,使电枢电流反向,电磁转矩也反向,变为制动转矩,此时,电动机变为发电机,将机械能变为电能向电网馈送,故称回馈制动或再生发电制动。

2. 回馈制动产生的原因

1) 电车下坡

电车下坡时的回馈制动过程如图 3-20 所示。电车在走平路时,电动机工作在电动状态(点 a),电磁转矩 T 克服摩擦性负载转矩 T_L 并以 n_a 的转速稳定运行。

电车下坡时,电车的位能性负载转矩 T_p 使电车加速,当转速 n 超过理想空载转速 n_0 时,感应电动势 E 大于电源电压 U,故电枢电流 I_a 反向,电磁转矩 T 也反向,变为制动转矩,直到 $T_p = T + T_L$,电动机以 n_b 的稳定速度控制电车下坡(见图 3-20 中的点 b)。

2) 卷扬机下放重物

要使卷扬机下放重物(强力下降,属于反接制动),必须使电动机反转(见图 3-21 中的点 a),其理想空载转速为 $-n_0$,电磁转矩 T 为负值。在电动机电磁转矩 T 与位能性负载

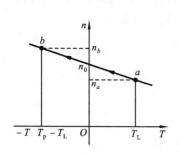　　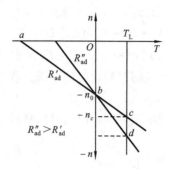

图 3-20　电车下坡时电动机的回馈制动特性曲线　图 3-21　下放重物时电动机的回馈制动特性曲线

转矩 T_L 的共同作用下,重物迅速下降,且速度越来越快。传动系统状态由点 a 向点 b 移动,一直到 $n=-n_0$、$T=0$ 时仍不会停止,重物在重力作用下继续加速下降。当 $|n|>|-n_0|$ 时,感应电动势 E 大于电源电压 U,故电枢电流 I_a 反向,电磁转矩 T 变为正值(与 T_L 相反),这时电动机进入回馈制动状态。在 T_L 作用下,传动系统状态由点 b 继续向点 c 移动,T 随着 n 的上升而增大,直到 $n=-n_c$、$T=T_L$ 时(见图 3-21 中的点 c),电动机以 $n=-n_c$ 的转速使重物稳定下放。改变电枢电阻 R_{ad} 的大小可以调节回馈制动下电动机的转速(见图 3-21 中的点 d)。

3)电枢电压突然下降

当电枢电压突然由 U_1 下降为 U_2 时,电流由 I_A 变为 I_B 。$I_A=\dfrac{U_1-E}{R_a+R_{ad}}$,$I_B=\dfrac{U_2-E}{R_a+R_{ad}}$。当 $I_B<0$ 时,$T<0$,电动机进入制动状态,如图 3-22(a)所示,状态由 $A\to B\to C$,直到 $T=T_L$,电动机以 $n=n_C$ 的速度运行。

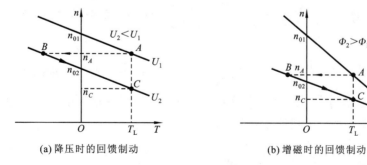

(a) 降压时的回馈制动　　　　　　　　(b) 增磁时的回馈制动

图 3-22　过渡过程中的回馈制动

4)弱磁时突然增磁

当电动机在弱磁状态 Φ_1 下磁通增加为 Φ_2 时,$n_{01}=\dfrac{U_N}{K_e\Phi_1}$,$n_{02}=\dfrac{U_N}{K_e\Phi_2}$。当 $n_A>n_{02}$

时，$E = K_e \Phi_2 n > U$，电流反向，$I_B < 0, T < 0$，电动机进入制动状态，如图 3-22(b)所示，状态由 $A \to B \to C$，直到 $T = T_L$，电动机以 $n = n_C$ 的速度运行。

3. 回馈制动时的电压方程和机械特性方程

电动机回馈制动时的电压方程为

$$U = E + I(R_a + R_{ad}) \tag{3-27}$$

电动机回馈制动时的机械特性方程为

$$n = \frac{U}{K_e \Phi} - \frac{R_a + R_{ad}}{K_e K_m \Phi^2} T \tag{3-28}$$

其中，$I < 0, T < 0$，所以有 $n > n_0$，即回馈制动发生在电动机转速 $n > n_0$ 的条件下。

4. 回馈制动的应用和能量关系

将式(3-27)两边同时乘以 I 得 $UI = EI + I^2(R_a + R_{ad})$，即

$$-EI = -UI + I^2(R_a + R_{ad}), \quad I < 0 \tag{3-29}$$

由式(3-29)知，电动机将轴上多余的机械能变为电能，一部分消耗在电阻上，一部分回馈给了电网，故这种制动方式是一种较为节能的制动方式。

例 3-4　一台电车在下坡时，电动机处于回馈制动状态，下坡时位能负载转矩 $T_p = 1.1$ N·m，摩擦阻转矩 $T_r = 0.1$ N·m，电动机的铭牌数据为：$P_N = 1.75$ kW，$U_N = 110$ V，$I_N = 17.5$ A，$n_N = 1\,500$ r/min。求电车下坡时稳速制动的转速 n。

解　(1) 制动状态下的电磁转矩为

$$T = T_r - T_p = (0.1 - 1.1) \text{ N·m} = -1 \text{ N·m}$$

(2) 估算内阻

$$R_a = (0.5 \sim 0.75)\left(1 - \frac{P_N}{U_N I_N}\right)\frac{U_N}{I_N}$$

$$= (0.5 \sim 0.75)\left(1 - \frac{1\,750}{110 \times 17.5}\right)\frac{110}{17.5} \text{ Ω} = (0.286 \sim 0.429) \text{ Ω}$$

取 $R_a = 0.4$ Ω。

(3) $K_e \Phi_N = \dfrac{U_N - I_N R_a}{n_N} = \dfrac{110 - 17.5 \times 0.4}{1\,500}$ V·(r/min)$^{-1}$ = 0.068 7 V·(r/min)$^{-1}$

$K_m \Phi_N = 9.55 K_e \Phi_N = 9.55 \times 0.068\,7$ V·(r/min)$^{-1}$ = 0.656 V·(r/min)$^{-1}$

(4) 由回馈制动的机械特性方程得

$$n = \frac{U_N}{K_e \Phi_N} - \frac{R_a}{K_e K_m \Phi_N^2} T$$

$$= \left[\frac{110}{0.068\,7} - \frac{0.4}{0.068\,7 \times 0.656} \times (-1)\right] \text{ r/min}$$

$$= (1\,601 + 9) \text{ r/min} = 1\,610 \text{ r/min}$$

可以看出，在回馈制动状态下，有 $n > n_0$。

3.6.2 反接制动

反接制动是指电动机的电枢电压或电枢反电动势中的任何一个在外部条件的作用下,改变方向,即两者由方向相反变为顺极性串联的制动方式。

1. 电源反接制动

1) 电源反接制动过程

若电动机原稳速运行在电动状态(对应图 3-23(a)中的点 a),电动机电枢电压的极性如图 3-23(b)中的虚线箭头所示,电动势 E、电枢电流 I_a 的方向为电动状态下假定的方向。

若电源的极性突然反接成如图 3-23(b)中实线箭头所示,同时要在电枢电路中串入一个制动电阻 R_{ad} ,此时电枢电流 I_a 反向,电磁转矩 T 反向,而电动机的转速和由它决定的电枢电动势不能突变,此时系统的状态由直线 1 的点 a 变到直线 2 的点 b,电动机在 $T + T_L$ 的共同作用下转速降低直至为零,制动结束(对应图 3-23(a)中的点 c)。这时若不断开电源电压,电动机将反向启动,转速上升,直至 $T = T_L$,此时电动机以一定的速度稳定运行(对应图 3-23(a)中的点 f)。

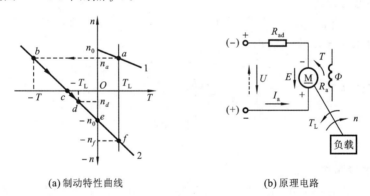

(a) 制动特性曲线　　　　　　　(b) 原理电路

图 3-23　电源反接时的反接制动过程

2) 电源反接制动时的电压方程式和机械特性方程

电动机电源反接制动时的电压方程为

$$-U = E + I(R_a + R_{ad}) \qquad (3\text{-}30)$$

电动机电源反接制动时的机械特性方程为

$$n = \frac{-U_N}{K_e \Phi_N} - \frac{R_a + R_{ad}}{K_e K_m \Phi_N^2} T = -n_0 - \alpha T \qquad (3\text{-}31)$$

式中: $I < 0$, $T < 0$ 。此时电动机的机械特性曲线为一过点 $(0, -n_0)$ 的直线。制动强度由所串联电阻的大小所决定。

3）电源反接制动的应用和能量关系

采用电源反接制动方式可以使生产机械迅速减速、停车或反向。

将式(3-30)两边同时乘以 I 得 $-UI = EI + I^2(R_a + R_{ad})$，$I < 0$，即

$$-UI - EI = I^2(R_a + R_{ad}) \tag{3-32}$$

由式(3-32)可知，在制动阶段电动机从电网吸收电功率 UI，同时又将轴上多余的机械能变为电能，两部分电能一起消耗在电阻上，因此，该制动方式可产生较强的制动效果。

例 3-5 一台直流电动机铭牌数据为：$P_N = 28$ kW，$U_N = 220$ V，$I_N = 140$ A。电动机稳定运行于额定状态，当进行电源反接制动时，最大制动转矩限制为 $2.2T_N$，试求反接制动电阻 R_{ad}。

解 （1）估算内阻。

$$R_a = (0.5 \sim 0.75)\left(1 - \frac{P_N}{U_N I_N}\right)\frac{U_N}{I_N}$$

$$R_a = (0.5 \sim 0.75) \times \left(1 - \frac{28\,000}{220 \times 140}\right) \times \frac{220}{140} \ \Omega = 0.072 \sim 0.107 \ \Omega$$

取 $R_a = 0.1 \ \Omega$。

（2）求反电动势。

$$E_N = U_N - I_N R_a = (220 - 140 \times 0.1) \text{ V} = 206 \text{ V}$$

（3）因为 $T = -2.2T_N$，所以

$$I = -2.2I_N = -2.2 \times 140 \text{ A} = -308 \text{ A}$$

（4）电源反接制动时，$-U_N = E + I(R_a + R_{ad})$，有

$$-220 = 206 + (-308) \times (0.1 + R_{ad})$$

得

$$R_{ad} = 1.28 \ \Omega$$

2. 倒拉反接制动

1）倒拉反接制动过程

电动机原工作在提升重物的正向电动状态(对应图 3-24(a)所示点 a)，若在电枢回路中串入一个较大的电阻 R_{ad}，如图 3-24(b)所示，电枢电流 $I = \dfrac{U - E}{R_a + R_{ad}}$ 将减小，电磁转矩也将减小，系统沿着由 R_{ad} 决定的人为机械特性曲线减速。当速度降至零时，在位能负载转矩 T_L 作用下电动机被迫反转并加速，则 $n < 0$，$E = K_e \Phi_N n < 0$。电动势方向变为与电源电压同向，而电枢电流 $I = \dfrac{U - (-E)}{R_a + R_{ad}} > 0$，方向不变，电磁转矩方向也不变，但随着反向转速的升高而增加，至点 b 时 $T_L = T_N$，系统进入稳定运行。由于这时 U 与 E 同极性串联，电磁转矩方向与实际旋转方向相反，故称为反接制动。

2）倒拉反接制动时的电压方程和机械特性方程

电动机倒拉反接制动时的电压方程为

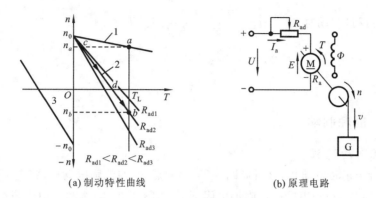

(a) 制动特性曲线   (b) 原理电路

图 3-24 倒拉反接制动过程

$$U = E + I(R_a + R_{ad}) \tag{3-33}$$

电动机倒拉反接制动时的机械特性方程为

$$n = \frac{U_N}{K_e \Phi_N} - \frac{R_a + R_{ad}}{K_e K_m \Phi_N^2} T_L \tag{3-34}$$

式中：$n < 0$，$E = K_e \Phi_N n < 0$，$T_L > 0$。

3）倒拉反接制动的应用和能量关系

采用倒拉反接制动可以控制位能性负载的下放速度，选择不同的电阻 R_{ad} 可得到不同的下放速度，且电阻越小，转速越小。

这种制动方式弥补了回馈制动的不足，可以得到极低的下放速度，保证生产的安全，其缺点是受负载的影响大，速度的稳定性差。

将式(3-33)两边同乘以 I，可得

$$UI = EI + I^2(R_a + R_{ad})，E < 0$$

即

$$UI - EI = I^2(R_a + R_{ad})，E < 0 \tag{3-35}$$

由式(3-35)可知，倒拉反接制动的能量关系与电源反接制动不同，电网供给的能量一方面用于克服位能性转矩负载，另一方面消耗于电阻上。

例 3-6 一台直流电动机铭牌数据为：$P_N = 8.8$ kW，$U_N = 220$ V，$I_N = 44$ A，$n_N = 910$ r/min，$R_a = 0.43$ Ω。该电动机用在吊车的提升装置上，今以 200 r/min 的速度下放某重物，其负载转矩 $T_L = 0.9 T_N$，试求串接在电枢回路中的电阻 R_{ad}。

解 （1）$K_e \Phi_N = \dfrac{U_N - I_N R_a}{n_N} = \dfrac{220 - 44 \times 0.43}{910}$ V·(r/min)$^{-1}$ = 0.22 V·(r/min)$^{-1}$

$K_m \Phi_N = 9.55 \times 0.22$ V·(r/min)$^{-1}$ = 2.1 V·(r/min)$^{-1}$

（2）
$$T_N = K_m \Phi_N I_N = 2.1 \times 44 \text{ N·m} \approx 92 \text{ N·m}$$

$$T_L = 0.9 T_N = 0.9 \times 92 \text{ N·m} \approx 83 \text{ N·m}$$

（3）倒拉反接制动时，有 $\quad n = \dfrac{U_N}{K_e \Phi_N} - \dfrac{R_a + R_{ad}}{K_e K_m \Phi_N^2} T_L$

即 $\qquad -200 = \dfrac{220}{0.22} - \dfrac{0.43 + R_{ad}}{0.22 \times 2.1} \times 83$

解得 $\qquad\qquad R_{ad} = 6.23\ \Omega$

3.6.3 能耗制动

1. 能耗制动过程

一台运行于正转电动状态（对应图 3-25(a) 中点 a ）的他励电动机，将电枢电路从电源中脱离（由 KM 控制）并串接一个附加电阻 R_{ad} ，如图 3-25(b) 所示。由于机械惯性，电动机旋转方向不变，电枢电动势 E 也不变，电动势在电枢和电阻 R_{ad} 形成的回路内产生电流反向，即 $I = \dfrac{0 - E}{R_a + R_{ad}}, I < 0$ ，则电磁转矩 T 也反向，成为制动转矩，系统状态由点 a 移动到点 b 。

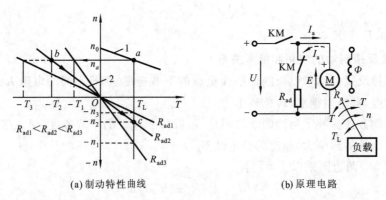

(a) 制动特性曲线 　　　　　 (b) 原理电路

图 3-25　能耗制动过程

如果电动机带动的是反抗性负载，当转速下降至零后，由于 $E = 0$ ，则电流为零，制动结束（对应图 3-25(a) 中的点 O ）。

如果电动机带动的是位能性负载，当转速下降至零后，重物将拖动电动机反转，速度增大至 $T = T_L$ 时，使重物匀速下放（对应图 3-25(a) 中的点 c ）。

2. 能耗制动时的电压方程和机械特性方程

$$U = E + I(R_a + R_{ad}) = 0 \qquad\qquad (3-36)$$

$$n = 0 - \dfrac{R_a + R_{ad}}{K_e K_m \Phi_N^2} T \qquad\qquad (3-37)$$

式中：$I < 0, T < 0, n > 0$ 。

3. 能耗制动的应用和能量关系

能耗制动时电动机的特性曲线是过零点的一条直线。采用能耗制动可以使惯性负载迅速准确地停车,或控制位能性负载的下降速度。改变附加电阻的大小可以调节停车的快慢或重物下降的速度。但需注意 R_{ad} 的最小值应使制动电流不能超过电动机的最大允许电流。

将式(3-36)写成 $E = -I(R_a + R_{ad})$，$I < 0$。两边同乘以 $-I$，即

$$-EI = I^2(R_a + R_{ad}), \quad I < 0 \tag{3-38}$$

由式(3-38)可知,电动机会将动能转变为电能消耗在电阻上。

综上所述可知直流电动机的制动形式及其优缺点和适用场合,如表 3-2 所示。

表 3-2　电流电动机的制动形式及其优缺点和适用场合

制动形式	优　点	缺　点	适用场合
回馈制动	(1)不需要改接线路电动机即可从电动状态自行转换到回馈制动状态； (2)电能可以回馈电网,较经济	当 $E < U_N$ 即 $n < n_0$ 时,制动不能实现	可应用于位能性负载稳速下放的场合
反接制动	(1)制动过程中制动转矩较稳定,制动效果较强烈； (2)在电动机停转时也存在制动转矩	(1)制动过程有中大量的能量损耗； (2)制动到转速为零时如不切断电源,电动机会自行反向启动	可应用于位能性负载低速稳定下放及要求迅速反转、制动的场合
能耗制动	(1)制动减速平稳、可靠； (2)控制线路简单； (3)便于实现准确停车	(1)制动转矩随转速成比例地减小； (2)制动效果不如反接制动效果好	可应用于不要求反转、减速要求平稳的场合

从以上分析可知,电动机有电动和制动两种运转状态,各种制动方法又各有特点,应根据生产实际需求来选择合适的制动方法。

例 3-7　一台他励直流电动机铭牌数据为：$P_N = 100$ kW，$U_N = 220$ V，$I_N = 475$ A，$n_N = 475$ r/min，$R_a = 0.01$ Ω。若电动机在额定转速下进行能耗制动并且最大制动电流限制为 $I = 2I_N$，试求其制动电阻 R_{ad}。

解　(1)　$E_N = U_N - I_N R_a$，$E_N = (220 - 475 \times 0.01)$ V $= 215$ V

(2)　　　　　　　$I = -2I_N = -2 \times 475$ A $= -950$ A

(3)　　　　　　　$U = E_N + I(R_a + R_{ad}) = 0$

　　　　　　　　　$215 - 950 \times (0.01 + R_{ad}) = 0$

解得 $\qquad\qquad\qquad\qquad\qquad R_{ad} = 0.216\ \Omega$

例 3-8 一台他励直流电动机铭牌数据为：$P_N = 1.75\ kW, U_N = 110\ V, I_N = 20\ A, n_N = 1\ 450\ r/min, R_a = 0.57\ \Omega$。该电动机用在起吊和下放重物的起重机上。

(1) 在额定负载下，电枢电路中分别串接有 $50\%\,R_N$ 和 $150\%\,R_N$ 电阻时，计算电动机稳定运转的速度。

(2) 在快速下放重物时，如果采用电枢加反向额定电压，负载为 30% 额定负载时，计算电动机下放重物的速度。此时电动机处于何种状态？

(3) 在额定负载下，若电枢无外加电压，电枢附加电阻为 $0.5R_N$，计算电动机的稳定转速。此时电动机处于何种状态？

解
$$R_N = \frac{U_N}{I_N} = \frac{110}{20}\ \Omega = 5.5\ \Omega$$

$$K_e\Phi_N = \frac{U_N - I_N R_a}{n_N} = \frac{110 - 20 \times 0.57}{1\ 450}\ V \cdot (r/min)^{-1} = 0.068\ V \cdot (r/min)^{-1}$$

$$n_0 = \frac{U_N}{K_e\Phi_N} = \frac{110}{0.068}\ r/min \approx 1\ 620\ r/min$$

(1) 在额定负载下，$I_N = I_a$。

由转速特性方程 $n = \dfrac{U}{K_e\Phi} - \dfrac{R_a}{K_e\Phi}I_a$ 可知，

$$n = \frac{U}{K_e\Phi} - \frac{R_a + R_{ad}}{K_e\Phi}I_a$$

当 $R_{ad} = 0.5R_N$ 时，

$$n \approx \left(1\ 620 - \frac{0.57 + 0.5 \times 5.5}{0.068} \times 20\right)\ r/min = 644\ r/min$$

此时，电动机处于电动状态，起吊重物。

当 $R_{ad} = 1.5R_N$ 时，

$$n \approx \left(1\ 620 - \frac{0.57 + 1.5 \times 5.5}{0.068} \times 20\right)\ r/min = -974\ r/min$$

此时，电动机处于转速反向的倒拉反接制动状态，下放重物。

(2) 当 $U = -110\ V$、$T_L = 0.3T_N$ 时，$I_a = 0.3I_N = 0.3 \times 20\ A = 6\ A$

$$n \approx \left(-1\ 620 - \frac{0.57}{0.068} \times 6\right)\ r/min = -1\ 670\ r/min$$

此时，电动机处于电源反接制动状态，下放重物。

(3) 当 $U = 0\ V$、$R_{ad} = 0.5R_N = 0.5 \times 5.5\ \Omega = 2.75\ \Omega$ 时，有

$$n = \left(0 - \frac{0.57 + 2.75}{0.068} \times 20\right)\ r/min = -976\ r/min$$

此时，电动机处于能耗制动状态，下放重物。

思考题与习题

3-1　直流电机结构的主要部件有哪些？各有什么作用？

3-2　如何判断直流电机是运行于发电机状态还是电动机状态？在两种状态下它的能量转换关系有何不同？

3-3　直流电动机有哪几种励磁方式？在不同的励磁方式下,负载电流、电枢电流和励磁电流三者之间的关系如何？

3-4　一台他励直流电动机带动恒转矩负载运行,在励磁不变的情况下,若电枢电压或电枢附加电阻改变,其稳定运行状态下电枢电流的大小是否改变？

3-5　一台他励直流电动机带动恒转矩负载运行,如果增加它的励磁电流,试说明电动势、电枢电流、电磁转矩和转速将如何变化。

3-6　一台直流发电机铭牌数据如下: $P_N = 180$ kW, $U_N = 220$ V, $R_a = 0.1$ Ω, $n_N = 1\ 450$ r/min, $\eta_N = 90\%$。试求该发电机的额定电流 I_N 和电枢电动势 E_N。

3-7　一台他励直流电动机的铭牌数据为: $P_N = 10$ kW, $\eta_N = 90\%$, $n_N = 1\ 500$ r/min, $U_N = 220$ V,试求该电机的额定电流和额定转矩。

3-8　一台他励直流电动机的技术数据为: $P_N = 7.5$ kW, $U_N = 110$ V, $I_N = 82$ A, $n_N = 1\ 500$ r/min, $R_a = 0.1$ Ω。试计算此电动机的如下特性,并绘出电动机在这些特性下正转时的特性曲线。

(1) 固有机械特性；

(2) 电枢附加电阻 R_{ad} 分别为 3 Ω 和 5 Ω 时的人为机械特性；

(3) 电枢电压 $U = \dfrac{U_N}{2}$ 时的人为机械特性；

(4) 磁通 $\Phi = 0.5\Phi_N$ 时的人为机械特性。

3-9　为什么直流电动机一般不允许直接启动？他励直流电动机是如何实现启动的？

3-10　直流他励电动机启动时,为什么一定要先把励磁电流加上？当电动机运行在额定转速下时突然将励磁绕组断开,将出现什么情况？

3-11　有哪些方法可对直流电动机进行调速？它们的特点是什么？

3-12　一台他励直流电动机的额定数据为 $U_N = 110$ V, $E_N = 90$ V, $R_a = 20$ Ω, $n_N = 3\ 000$ r/min。为了提高转速,将磁通减少 10％,如果负载转矩不变,转速将变为多少？

3-13　一台他励直流电动机的额定数据为: $P_N = 7.5$ kW, $U_N = 220$ V, $I_N = 41$ A, $R_a = 0.38$ Ω, $n_N = 1\ 500$ r/min,设励磁电流保持不变,拖动恒转矩负载运行,且 $T_L = T_N$,

现将电源电压降到 $U=150$ V，电动机的速度变为多少？

3-14　直流他励电动机有哪几种制动方法？试比较各种制动方法的优缺点。

3-15　一台直流他励电动机的额定数据为 $P_N=40$ kW，$I_N=210$ A，$U_N=220$ V，$R_a=0.07$ Ω，$n_N=1\ 000$ r/min，带动 $T_L=\dfrac{1}{2}T_N$ 的位能性负载下放重物。

（1）当电动机在固有机械特性下做回馈制动时，求其稳定后的转速。

（2）若采用反接制动停车，限制最大制动转矩为 $T_M=1.9T_N$，电枢回路应该串入多大的电阻？

（3）采用能耗制动停车时，限制最大制动转矩为 $T_M=1.9T_N$，电枢回路应该串入多大的电阻？

3-16　一台并励直流电动机在带动某负载时的转速 $n=1\ 000$ r/min，电枢电流 $I_a=40$ A，电枢回路电阻 $R_a=0.045$ Ω，电网电压 $U_N=110$ V，如果将负载转矩增大到原来的 4 倍，电枢电流 I 和转速 n 将变为多少？

3-17　一台并励直流电动机在额定电压 $U_N=220$ V 和额定电流 $I_N=80$ A 下运行，电枢回路总电阻 $R_a=0.08$ Ω，励磁回路总电阻 $R_f=88.8$ Ω，额定负载时的效率 $\eta_N=85\%$，试求：

（1）额定输入功率 P_1；

（2）额定输出功率 P_N；

（3）电枢回路铜耗 P_{Cu}；

（4）空载损耗 P_0；

（5）总损耗 $\sum\Delta P$。

第4章 交流电动机的工作原理及特性

本章要求在了解三相异步电动机结构及工作原理的基础上,熟悉三相异步电动机的机械特性,掌握三相异步电动机的启动、调速和制动的方法及应用场合,同时掌握单相异步电动机的工作原理及特性。

交流电动机分为异步电动机和同步电动机。异步电动机结构简单,维护容易、运行可靠、制造成本较低,具有较好的稳态和动态特性,而且交流电源的获得方便,因此交流异步电动机是工业中使用得最为广泛的一种电动机。

4.1 三相异步电动机的结构和工作原理

4.1.1 三相异步电动机的结构

三相异步电动机的基本结构均可分为定子和转子两大部分。

1. 三相异步电动机的定子部分

三相异步电动机的定子由定子铁芯、定子绕组与机座三部分组成。

1) 定子铁芯

定子铁芯一般由 0.5 mm 厚的硅钢片叠压而成,是一个圆筒形的铁芯,固定于机座上。硅钢片内圆冲有凹槽,槽中安放定子绕组,如图 4-1 所示。

2) 定子绕组

定子绕组嵌放在定子铁芯的内圆凹槽内。由三个完全相同的绕组 AX、BY、CZ 组成,对外一般有六个出线端(U1、U2、V1、V2、W1、W2),接于机座外部的接线盒内。

3) 机座

机座用于固定与支承定子铁芯和定子绕组,并通过两侧的端盖和轴承来支承转子。

2. 三相异步电动机的转子部分

三相异步电动机的转子由转子铁芯、转子绕组和转轴三部分组成。

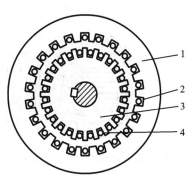

图 4-1 定子和转子的钢片

1—定子铁芯硅钢片;2—定子绕组;
3—转子铁芯硅钢片;4—转子绕组

1）转子铁芯

如图 4-2、图 4-3 所示，转子铁芯压装在转轴上，是电动机磁路的一部分，转子铁芯、气隙与定子铁芯构成电动机的完整磁路。

2）转子绕组

三相异步电动机的转子绕组按照结构形式分为鼠笼式转子绕组和线绕式转子绕组两种。

鼠笼式转子绕组是在转子铁芯槽里插入铜条，再将全部铜条两端焊在两个铜端环上，形成一个自身闭合的多相对称短路绕组，如图 4-2 所示。整个转子绕组犹如一个"笼子"，小型鼠笼式转子绕组多用铝离心浇铸而成。

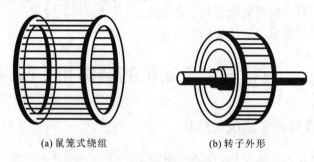

(a) 鼠笼式绕组　　　　　　(b) 转子外形

图 4-2　鼠笼式转子

线绕式转子绕组一般是连接成星形的三相绕组，线绕式转子通过轴上的滑环和电刷引出，这样可以把外接电阻或其他装置串联到转子回路里，目的是实现调速。图 4-3 所示为三相绕线式异步电动机的转子外形，图 4-4 所示为三相线绕式异步电动机的转子接线。

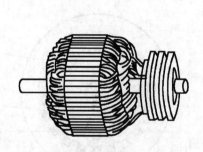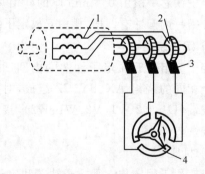

图 4-3　三相线绕式异步电动机的转子外形　　　图 4-4　三相线绕式异步电动机的转子接线

1—转子绕组；2—滑环；3—电刷；4—三相可变电阻器

3. 定子绕组的接线方式

三相异步电动机定子绕组的首端和末端通常都接在电动机接线盒内的接线柱上，一般按图 4-5 所示的方法排列,这样很方便地就可以接成星形(见图 4-6)或三角形(见图 4-7)。星形常用 Y 表示,三角形常用△表示。

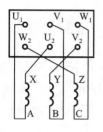 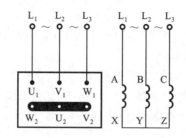 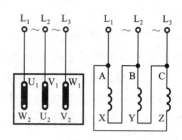

图 4-5　出线端排列　　　　图 4-6　定子星形接法　　　　图 4-7　定子三角形接法

4.三相异步电动机的铭牌

表 4-1 所示为某三相异步电动机的铭牌数据。

表 4-1　三相异步电动机的铭牌数据

型　　号	Y200M-2	额定功率/kW	45	额定频率/Hz	50
额定电压/V	380	额定电流/A	84.4	接法	△
额定转速/(r/min)	2 952	绝缘等级	B	工作方式	连续

(1) 型号:包括产品代号、设计序号、规格代号及特殊环境代号等。如:Y200M-2 的"Y"为产品代号,代表异步电动机;"200"代表机座中心高为 200 mm;"M"为机座长度代号(S、M、L 分别表示短、中、长机座);"2"代表磁极数为 2。

(2) 额定功率:在额定运行情况下,电动机轴上输出的机械功率。

(3) 额定频率:在额定运行情况下,定子外加电压的频率($f=50$ Hz)。

(4) 接线方式:在额定运行情况下,电动机定子三相绕组的接法。

(5) 额定电压:在额定运行情况下,定子绕组端所加的线电压值。

通常我国 4 kW 以上电动机的铭牌上标有"△接法"、"额定电压为 380 V"等说明,即用在电源线电压 380 V 的电网环境中的定子绕线应接成三角形。4 kW 及以下电动机的铭牌上标有"△/Y 接法"、"额定电压为 220/380 V"等说明,前者表示定子绕组的接法,后者表示对应于不同接法时应加的额定线电压值,即用在电源线电压为 380 V 的电网环境中定子绕线应接成星形,用在电源线电压为 220 V 的电网环境中定子绕线应接成三角形。

(6) 额定电流:在额定频率、额定电压下、轴上输出额定功率时,定子的线电流值。若标有两种电流值(如 10.35/5.9A),则对应于定子绕组为△/Y 连接的线电流值。

(7) 额定转速:在额定频率、额定电压和电动机轴上输出额定功率时电动机的转速。

(8) 绝缘等级:电动机所采用的绝缘材料的耐热能力等级,表明三相电动机允许的最高温升。

（9）工作方式：电动机的运行方式。一般分为"连续"、"短时"、"断续"，代号分别为 S1、S2、S3。

（10）额定功率因数 $\cos\varphi_N$：在额定频率、额定电压下，电动机轴上输出额定功率时，定子相电流与相电压之间相位差的余弦。

（11）防护等级：电动机外壳上防护等级的标志，是以字母"IP"及两位数字表示的。IP 后面第一位数字代表对固体的防护等级，共分 0～6 七个等级，数字越大防护能力越强。IP 后面第二位数字代表对液体的防护等级，共分 0～8 九个等级，数字越大防护能力越强。

4.1.2　三相异步电动机的工作原理

三相异步电动机是利用磁场与转子导体中的电流相互作用产生电磁力，进而输出电磁转矩的。该磁场是定子绕组内三相电流所产生的合成磁场，且以电动机转轴为中心在空间旋转，称为旋转磁场。

1．旋转磁场

1）旋转磁场的产生

三相异步电动机的定子绕组中的每一相结构相同，彼此独立。为了分析简便，假设每相绕组只有一个线匝，六条边分别均匀嵌放在定子内圆周的 6 个槽之中，如图 4-8（a）所示，图中 A、B、C 和 X、Y、Z 分别代表各相绕组的首端与末端。三相绕组在空间彼此相隔 $2\pi/3$。

三相绕组的连接既可以为三角形也可以为星形。以星形连接为例分析，将 X、Y、Z 三个末端连在一起，将 A、B、C 端接至三相对称交流电源上，如图 4-8（b）所示。

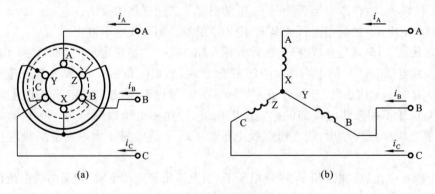

(a)　　　　　　　　　　　　　(b)

图 4-8　定子三相绕组

定子绕组中，流过电流的正方向规定为由各相绕组的首端到它的末端，并取流过 A

相绕组的电流 i_A 作为参考正弦量,即 i_A 的初相位为零,则各相电流的瞬时值可表示为

$$i_A = I_m \sin \omega t \tag{4-1}$$

$$i_B = I_m \sin \left(\omega t - \frac{2\pi}{3} \right) \tag{4-2}$$

$$i_C = I_m \sin \left(\omega t + \frac{2\pi}{3} \right) \tag{4-3}$$

图 4-9 所示为三相电流随时间变化的曲线图。

下面分析不同时刻旋转磁场在定子内部空间的分布情况。

在 $t=0$ 时:$i_A=0$;i_B 为负,电流实际方向与规定正方向相反,即电流从 Y 端流到 B 端;i_C 为正,电流实际方向与规定正方向一致,即电流从 C 端到 Z 端。按右手螺旋法则确定三相电流产生的合成磁场,如图 4-10(a)中的箭头所示。

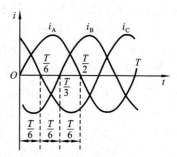

图 4-9　三相电源的电流波形图

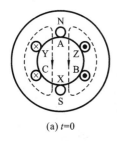 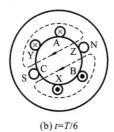 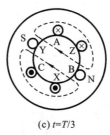 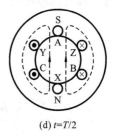

(a) $t=0$　　　　(b) $t=T/6$　　　　(c) $t=T/3$　　　　(d) $t=T/2$

图 4-10　两极旋转磁场

在 $t = \dfrac{T}{6}$ 时,$\omega t = \dfrac{\omega T}{6} = \dfrac{\pi}{3}$,$i_A$ 为正(电流从 A 端流到 X 端),i_B 为负(电流从 Y 端流到 B 端),$i_C = 0$。此时的合成磁场如图 4-10(b)所示,由图分析可知,合成磁场的位置已从 $t=0$ 瞬间所在的位置顺时针方向旋转了 $\pi/3$。

在 $t = \dfrac{T}{3}$ 时,$\omega t = \dfrac{\omega T}{3} = \dfrac{2\pi}{3}$,$i_A$ 为正(电流从 A 端流到 X 端),$i_B = 0$,i_C 为负(电流从 Z 端流到 C 端)。此时的合成磁场如图 4-10(c)所示,合成磁场已从 $t=0$ 瞬间所在的位置顺时针方向旋转了 $2\pi/3$。

在 $t = \dfrac{T}{2}$ 时,$\omega t = \dfrac{\omega T}{2} = \pi$,$i_A = 0$,$i_B$ 为正(电流从 B 端流到 Y 端),i_C 为负(电流从 Z 端流到 C 端)。此时的合成磁场如图 4-10(d)所示。合成磁场从 $t=0$ 瞬间所在位置顺时针方向旋转了 π。

由此可知,三相定子绕组分别通入三相对称交流电流 i_A、i_B、i_C,就能产生一个沿电动

机转轴不断旋转变化的磁场。

2）旋转磁场的旋转方向

由以上分析结果可以看出，当通入 A→B→C 三相绕组中的三相电流相序为 A→B→C(见图 4-11(a))，即 A 相绕组内的电流超前于 B 相绕组内的电流 $2\pi/3$，而 B 相绕组内的电流又超前于 C 相绕组内的电流 $2\pi/3$ 时，旋转磁场的旋转方向也是沿 A→B→C 方向，即顺时针方向，如图 4-11(a)所示。所以，旋转磁场的旋转方向与三相电流的相序一致。

如果将三相定子绕组的三相电源的任意两根对调，假设将 B、C 两根线对调，如图 4-11(b)所示，即通入三相绕组中的三相电流相序变为 A→C→B，如图 4-12 所示。分析可知，旋转磁场的旋转方向也将变为逆时针方向。同样，将 A、B 两根线对调或将 A、C 两根线对调，也可得出相同的结果。

由此可得出结论：在三相异步电动机三相定子绕组空间排序不变的情况下，三相定子绕组中通入三相电流的相序决定了旋转磁场的旋转方向，即从电流超前相序向电流滞后相序旋转。因此，要改变旋转磁场的旋转方向，只需把定子绕组接到电源的三根导线中的任意两根对调即可。

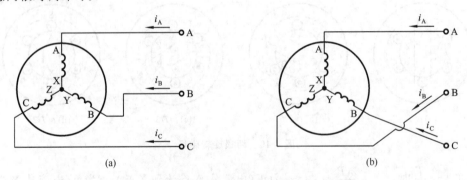

图 4-11　对调 B、C 两相改变绕组中的电流相序

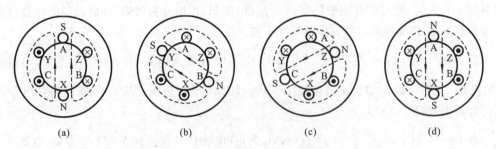

图 4-12　反向旋转的两极旋转磁场

3）旋转磁场的旋转速度

以上在讨论旋转磁场时，三相异步电动机三相定子绕组每相只有一个线圈，三相绕组

的首端与首端之间在空间上相差 $2\pi/3$，所产生的旋转磁场具有一对磁极（磁极对数用 p 表示），即 $p=1$。当电流变化一个周期（2π 电角度）时，旋转磁场在空间也旋转一转（2π 机械角度），若电流的频率为 f，旋转磁场每分钟将旋转 $60f$ 转，旋转磁场的转速称为同步转速，以 n_0 表示，即

$$n_0 = 60f$$

如果把定子铁芯的槽数增加 1 倍（12 个槽），制成如图 4-13 所示的三相绕组，其中每相绕组由两个串联的线圈组成，即 A 相绕组为 A-X 与 A′-X′ 串联，B 相绕组为 B-Y 与 B′-Y′ 串联，C 相绕组为 C-Z 与 C′-Z′ 串联，每相绕组有四个有效边，嵌放在定子铁芯的四个槽内，嵌放时使三相绕组所对应的首端与首端之间或末端与末端之间在空间相差 $\pi/3$。再将这三相绕组通入对称三相电流（见图 4-9），由分析可知，会产生具有两对磁极的旋转磁场（$p=2$）。从图 4-14 可以看出，对应于不同时刻，旋转磁场在空间处于不同位置，这时电流变化半个周期，旋转磁场在空间只转过 $\pi/2$，即 1/4 转。电流变化两个周期，旋转磁场在空间才能旋转 1 转。

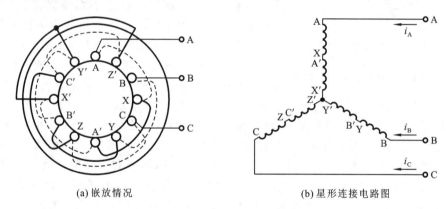

(a) 嵌放情况　　　　　　　　　　　(b) 星形连接电路图

图 4-13　四极三相定子绕组

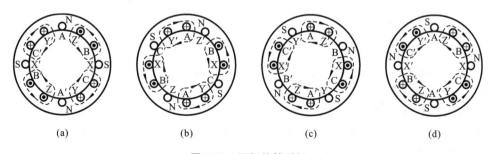

(a)　　　　　　　(b)　　　　　　　(c)　　　　　　　(d)

图 4-14　四极旋转磁场

由此可见，当定子绕组的绕制结构使得旋转磁场具有两对磁极（$p=2$）时，旋转磁场的转速仅为一对磁极时的 1/2，即每分钟 $60f/2$ 转。依此类推，当有 p 对磁极时，其转速为

$$n_0 = 60f/p \tag{4-4}$$

所以,旋转磁场的旋转速度(即同步转速)n_0 与定子绕组电流的频率成正比,而与旋转磁场的磁极对数成反比。我国交流电标准频率(即电流频率)为 50 Hz,因此,当 $p=1、2、3、4、5$ 时,同步转速分别为 3 000 r/min、1 500 r/min、1 000 r/min、750 r/min、600 r/min。

2. 三相异步电动机的工作原理

三相异步电动机是基于定子旋转磁场和转子绕组电流的相互作用而工作的。

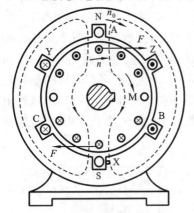

图 4-15 三相异步电动机的工作原理

如图 4-15 所示,当三相异步电动机的三相定子绕组接到三相电源上时,绕组内将通过对称三相电流,并在空间中产生以电动机转轴为中心的旋转磁场。图中假设旋转磁场的极对数 $p=1$,且假设旋转磁场以同步转速 n_0 沿顺时针方向旋转。当旋转磁场旋转时,转子绕组的导体切割旋转磁场的磁力线,将产生感应电动势 e_2,由于旋转磁场沿顺时针方向旋转,则相当于转子导体沿逆时针方向旋转切割磁力线,根据右手定则,在 N 极下转子导体中感应电动势的方向由内指向外,而在 S 极下转子导体中感应电动势方向则由外指向内。

由于电动势 e_2 的存在,且转子导体自成闭环回路,转子绕组中将产生转子电流 i_2。转子电流与旋转磁场相互作用产生电磁力 F,其方向由左手定则确定,如图 4-15 所示(这里假设 i_2 和 e_2 同相),该力在转子的轴上形成电磁转矩,且转矩的作用方向与旋转磁场的旋转方向相同,转子受此转矩作用,将沿旋转磁场的旋转方向旋转。但是,转子的旋转速度 n(即电动机的转速)恒比旋转磁场的旋转速度 n_0 小,因为如果两种转速相等,转子和旋转磁场就没有相对运动,转子导体内的感应电动势 e_2、电流 i_2 和电磁转矩都将不存在,转子将不会继续旋转。

因此,转子的转速和旋转磁场的转速之间要有差值,这是电动机工作的前提,正因如此,这种电动机称为异步电动机。在异步电动机中常用转差率(用 s 表示)来表示转子转速 n 与旋转磁场的转速 n_0 相差的程度,即

$$s = \frac{n_0 - n}{n_0} \tag{4-5}$$

转差率 s 是分析异步电动机运行情况的主要参数。通常异步电动机在额定负载下,n 接近于 n_0,转差率 s 很小,为 $0.015 \sim 0.060$。

综上分析可知,三相异步电动机的工作原理如下。

(1)三相定子绕组中通入对称三相电流,产生旋转磁场。

(2)转子导体切割旋转磁场,产生感应电动势和电流。

(3)转子载流导体在磁场中受电磁力的作用,从而形成电磁转矩,进而驱动电动机转子旋转。

4.2 三相异步电动机的定子电路和转子电路

当定子绕组接上三相电源电压（相电压为 u_1）时，有三相电流通过（相电流为 i_1），定子三相电流产生旋转磁场，其磁力线通过定子、气隙和转子铁芯而闭合，这种磁场在定子每相绕组和转子每相绕组中分别感应出电动势 e_1 和 e_2。这种电磁关系同三相变压器类似，定子绕组相当于变压器的原绕组，转子绕组（一般是短接的）相当于副绕组。定子和转子每相绕组的匝数分别为 N_1 和 N_2，三相异步电动机的一相电路如图 4-16 所示。

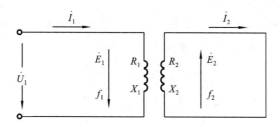

图 4-16 三相异步电动机的一相电路

4.2.1 定子电路

1. 定子每相绕组的感应电动势 E_1

旋转磁场的磁感应强度沿气隙是近似地按正弦规律分布的，因此，当其旋转时，通过定子每相绕组的磁通也是随时间按正弦规律变化的，定子每相绕组中产生的感应电动势为 $e_1 = -N_1 \dfrac{\mathrm{d}\phi}{\mathrm{d}t}$ 是正弦量，其有效值为

$$E_1 = 4.44 f_1 N_1 k_{dp1} \Phi \approx 4.44 f_1 N_1 \Phi \tag{4-6}$$

式中：f_1 为定子感应电动势的频率；k_{dp1} 为定子绕组系数，$k_{dp1} \approx 1$；Φ 为每相绕组的气隙磁通量。

定子电流除产生旋转主磁通外，还会产生很小的漏磁通。加在定子每相绕组上的电压分成三个分量：定子绕组感应电动势、定子绕组漏磁电动势、定子绕组电阻压降。与感应电动势 E_1 相比，漏磁电动势和定子绕组电阻压降很小，常可忽略，于是 $U_1 \approx E_1$。

2. 感应电动势的频率 f_1

因为极对数为 p 的旋转磁场每转一转，穿过定子绕组的磁通按正弦规律交变 p 次，而旋转磁场和定子间的相对转速为 n_0，所以

$$f_1 = \frac{pn_0}{60} \tag{4-7}$$

它等于定子电流的频率。

4.2.2 转子电路

1. 转子感应电动势 E_2

定子接上电源后,旋转磁场在转子绕组中产生感应电动势,从而产生转子电流。转子感应电动势就是转子电路的电源,其表达式为 $e_2 = -N_2 \dfrac{\mathrm{d}\phi}{\mathrm{d}t}$,其有效值为

$$E_2 = 4.44 f_2 N_2 k_{\mathrm{dp2}} \Phi \approx 4.44 f_2 N_2 \Phi \tag{4-8}$$

式中: f_2 为转子电动势 e_2 或转子电流 i_2 的频率; k_{dp2} 为转子绕组系数, $k_{\mathrm{dp2}} \approx 1$ 。

2. 转子电动势的频率 f_2

因为旋转磁场和转子间的相对转速为 $n_0 - n$,转子绕组切割主磁通在转子回路中每秒交变的次数,即转子感应电动势的频率为

$$f_2 = \frac{p(n_0 - n)}{60} = \frac{n_0 - n}{n_0} \frac{pn_0}{60} = sf_1 \tag{4-9}$$

可见转子频率 f_2 与转差率 s 有关,也就是与转速 n 有关。

3. 转子绕组的漏磁感抗 X_2

转子的感应电动势产生转子电流,而转子电流也会产生漏磁通,漏磁通会使转子每相绕组中产生漏磁感抗,从而使转子每相绕组中产生漏磁电动势。其表达式为 $e_{\mathrm{L2}} = -L_{\mathrm{L2}} \dfrac{\mathrm{d}i_2}{\mathrm{d}t}$ 。因此,对于转子每相电路,转子感应电动势的表达式为

$$\dot{E}_2 = \dot{I}_2 R_2 + (-\dot{E}_{\mathrm{L2}}) = \dot{I}_2 R_2 + \mathrm{j}\dot{I}X_2 \tag{4-10}$$

式中: R_2 和 X_2 为转子每相绕组的电阻和漏磁感抗。

由于感抗与转子频率成正比,漏磁感抗 X_2 的表达式为

$$X_2 = 2\pi f_2 L_{\mathrm{L2}} = 2\pi sf_1 L_{\mathrm{L2}} \tag{4-11}$$

式中: L_{L2} 为转子绕组的漏电感。

在电动机启动瞬间 $n=0$,即 $s=1$ 时,转子每相绕组的漏磁感抗为

$$X_{20} = 2\pi f_1 L_{\mathrm{L2}} \tag{4-12}$$

这时 $f_2 = f_1$,感抗最大。

由式(4-11)和式(4-12)得出

$$X_2 = sX_{20} \tag{4-13}$$

可见转子感抗 X_2 与转差率 s 有关。

转子每相绕组的阻抗为

$$Z_2 = R_2 + \mathrm{j}X_2 = R_2 + \mathrm{j}sX_{20}$$

4. 转子绕组的电流 I_2

由式(4-8)、式(4-9)、式(4-10)、式(4-13)得到,转子绕组正常运行时处于短路状态,转

子电流的表达式为

$$I_2 = \frac{E_2}{\sqrt{R_2^2 + X_2^2}} = \frac{sE_{20}}{\sqrt{R_2^2 + (sX_{20})^2}} \qquad (4-14)$$

式中：$E_{20} = 4.44f_1N_2\Phi$，为电动机启动瞬间 $s=1$ 的情况下，转子感应电动势的有效值。

可见转子电流 I_2 也与转差率有关。当 s 增大，即转速 n 降低时，转子与旋转磁场间的相对转速 $n_0 - n$ 增加，转子导体被磁力线切割的速度提高，于是 E_2 增加，I_2 也增加。当 $s=0$，即 $n_0 - n = 0$ 时，$I_2 = 0$；当 s 很小时，$R_2 \gg sX_{20}$，$I_2 \approx sE_{20}/R_2$，即与 s 近似地成正比；当 s 接近 1 时，$sX_{20} \gg R_2$，$I_2 \approx E_{20}/X_{20} =$ 常数，如图 4-17 所示。

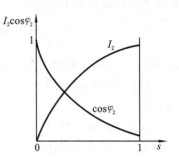

图 4-17　转子电流与功率因数

5. 转子电路的功率因数

由于转子有漏磁通，相应的感抗为 X_2，因此，X_2 使 I_2 滞后 E_2 一定角度，因此转子电路的功率因数为

$$\cos\varphi_2 = \frac{R_2}{\sqrt{R_2^2 + X_2^2}} = \frac{R_2}{\sqrt{R_2^2 + (sX_{20})^2}} \qquad (4-15)$$

可见，功率因数也与转差率 s 有关。当转速很高，s 很小时，$R_2 \gg sX_{20}$，$\cos\varphi_2 \approx 1$；当转速降低，s 增大时，X_2 也增大，于是 $\cos\varphi_2$ 减小，当 s 接近 1 时，$\cos\varphi_2 \approx R_2/(sX_{20})$。

由上述可知，转子电路的各个物理量，如电动势、电流、频率、感抗及功率因数等都与转差率有关。因此转差率是异步电动机的一个重要参数。

4.3　三相异步电动机的转矩与机械特性

三相异步电动机是一种将电能转化为机械能的装置，电磁转矩和转速是三相异步电动机非常重要的物理量，研究影响电动机电磁转矩的因素，研究电磁转矩和转速的相互关系（即机械特性）具有重要意义。

4.3.1　三相异步电动机的电磁转矩

三相异步电动机的电磁转矩是由旋转磁场的每极磁通 Φ 与转子电流 I_2 相互作用而产生的，它与 Φ 和 I_2 的乘积成正比，此外，它还与转子电路的功率因数 $\cos\varphi_2$ 有关，从能量的观点来分析，与有功功率成正比的转矩只取决于转子电流 I_2 的有功分量 $I_2\cos\varphi_2$。故三相异步电动机的电磁转矩为

$$T = K_t\Phi I_2\cos\varphi_2 \qquad (4-16)$$

式中：K_t 为仅与电动机结构有关的常数。

由式(4-6)得

$$\Phi = \frac{E_1}{4.44 f_1 N_1} \tag{4-17}$$

将式(4-14)、式(4-15)和式(4-17)代入式(4-16)，取 $K = K_t \dfrac{N_2}{4.44 f_1 N_1^2}$，考虑到 $U_1 \approx E_1$，则得出转矩的表示式

$$T = K \frac{s R_2 U_1^2}{R_2^2 + (s X_{20})^2} = K \frac{s R_2 U^2}{R_2^2 + (s X_{20})^2} \tag{4-18}$$

式中：K 为与电动机结构参数、电源频率有关的一个常数，$K \propto 1/f_1$；U_1 为定子绕组相电压；采用 Y 接法时 U 为电源相电压，采用△接法时，U 为电源线电压；R_2 为转子每相绕组的电阻。

可见，异步电动机的电磁转矩 T 也与转差率 s 有关。

式(4-18)表示当电源电压 U、电源频率 f_1 及转子电阻 R_2 为一定值时，三相异步电动机的电磁转矩 T 随转差率 s 的变化规律即 $T\text{-}s$ 关系。

4.3.2 三相异步电动机的机械特性

由于 $n = (1-s) n_0$，则由 $T\text{-}s$ 曲线就可得出 $n\text{-}T$ 曲线，也就是三相异步电动机的机械特性 $n = f(T)$ 曲线。与直流电动机不同的是，异步电动机的机械特性曲线不是直线，而是曲线。

三相异步电动机的机械特性也分为固有机械特性和人为机械特性。

1. 固有机械特性

三相异步电动机的固有机械特性是指电动机在额定电压和额定频率下，按照规定的接线方式，定子和转子电路中不串联任何电阻或电抗时的机械特性，也称为自然机械特性，根据式(4-18)和式(4-5)可得到三相异步电动机的固有机械特性曲线。图 4-18 所示为三相异步电动机处于第一象限电动运行状态时的固有机械特性曲线。曲线中有四个特殊点值得关注，这四个特殊点基本确定了机械特性曲线的形状。

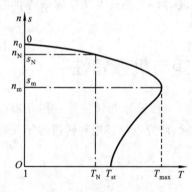

图 4-18 三相异步电动机的固有机械特性曲线

1）理想空载转速点（同步转速点）

$T=0$，$n=n_0$ 的点称为电动机的理想空载点，此时 $s=0$，转子电流 $I_2=0$，电动机此时不进行能量的转换。显然，如果没有外界转矩的作用，异步电动机本身不可能达到该点。

2）额定运行点

$T=T_N$，$n=n_N$ 的点称为电动机的额定工作点，此时 $s=s_N$，$I_1=I_N$。电动机运行在额

定工作点上时,转差率很小,电动机的额定转速 n_N 略小于同步转速 n_0 ,这说明固有机械特性额定工作点附近的近似线性段硬度较大。机械特性曲线上的额定转矩是指电动机的额定电磁转矩,如忽略损耗,也可近似认为是电动机的额定输出转矩。因此额定转矩和额定转差率分别为

$$T_N = 9.55 \frac{P_N}{n_N} \tag{4-19}$$

$$s_N = \frac{n_0 - n_N}{n_0} \tag{4-20}$$

式中: P_N 为电动机的额定功率; n_N 为电动机的额定转速,一般 $n_N = (0.94 \sim 0.985) n_0$; s_N 为电动机的额定转差率,一般 $s_N = 0.06 \sim 0.015$; T_N 为电动机的额定转矩。

3) 临界工作点(最大转矩点)

$T = T_{max}, n = n_m (s = s_m)$ 的点称为临界工作点,是特性曲线中线性段与非线性段的分界点。一般情况下,电动机在线性段工作时是稳定的,电动机在非线性段工作时是不稳定的,故线性段与分线性段的分界点称为临界工作点。在此点电动机能提供最大转矩,故又称为最大转矩点。欲求转矩的最大值,令 $dT/ds = 0$,由式(4-20)得临界转差率

$$s_m = R_2 / X_{20} \tag{4-21}$$

再将 s_m 代入式(4-18)即可得

$$T_{max} = K \frac{U^2}{2X_{20}} \tag{4-22}$$

从式(4-21)和式(4-22)可看出:最大转矩 T_{max} 的大小与定子每相绕组上所加电压 U 的二次方成正比,这说明最大转矩 T_{max} 对电源电压的波动很敏感,如果电源电压过低,使最大转矩 T_{max} 明显下降,甚至小于负载转矩,就会造成电动机停转。最大转矩 T_{max} 的大小与转子电阻 R_2 的大小无关,临界转差率 s_m 与电源电压及频率无关,对绕线异步电动机而言,在转子电路中串接附加电阻,可使 s_m 增大,而 T_{max} 不变。

最大转矩 T_{max} 的大小反映了异步电动机的过载能力。异步电动机在运行中经常会遇到短时冲击负载,如果冲击负载转矩小于最大电磁转矩,电动机仍然能够运行,而电动机短时过载也不会引起剧烈发热。

通常把固有机械特性下的最大电磁转矩与额定转矩之比

$$\lambda_m = T_{max} / T_N \tag{4-23}$$

称为电动机的过载能力系数,它表征了电动机能够承受冲击负载的能力大小,是电动机的又一个重要运行参数。一般普通的 Y 系列笼型异步电动机的过载能力系数为 $2.0 \sim 2.2$,供起重机械和冶金机械用的 YZ 和 YZR 型绕线异步电动机过载能力系数为 $2.5 \sim 3.0$ 。

4) 启动工作点

$n = 0, T = T_{st}$ 的点称为启动工作点,此时 $s = 1$,电动机的电磁转矩为启动转矩 T_{st} 。

将 $s=1$ 代入式(4-18)可得

$$T_{st} = K \frac{R_2 U^2}{R_2^2 + X_{20}^2} \qquad (4\text{-}24)$$

可见,异步电动机的启动转矩 T_{st} 与电源电压 U、转子回路的 R_2 及 X_{20} 有关:启动转矩与定子每相绕组上的电压 U 的二次方成正比,电压 U 下降,启动转矩会明显减小;在一定的范围内,当转子电阻适当增大时,启动转矩会增大;若增大转子电抗则会使启动转矩大为减小。只有当启动转矩 T_{st} 大于负载转矩 T_L 时,电动机才能启动。

通常把在固有机械特性下启动转矩与额定转矩之比 $\lambda_{st} = T_{st}/T_N$ 称为电动机的启动能力系数,它是衡量异步电动机启动能力的一个重要参数,可在电动机的常用数据中查得。一般启动能力系数在 $1.0 \sim 1.2$ 范围内。

确定了以上四点,三相异步电动机的固有机械特性曲线就可大致绘出。

2. 人为机械特性

由式(4-18)知,人为地改变电动机的参数或外加电源电压、电源频率,异步电动机的机械特性将发生变化,这时得到的机械特性称为异步电动机的人为机械特性。通过改变定子电压 U、定子电源频率 f,在定子电路中串入电阻或电抗,在转子电路串入电阻或电抗等,都可得到异步电动机的人为机械特性。

三相异步电动机在启动、调速和制动等过程中的人为机械特性介绍如下。

1)降低电动机定子电压时的人为机械特性

只降低电动机的定子电压而电动机的其他参数不变,这时得到电动机的人为机械特性如图4-19所示,与电动机的固有机械特性进行比较分析可看出:

(1)电动机的理想空载转速 n_0 和临界转差率 s_m 与电动机定子电压 U 的变化无关;

(2)降低电动机的定子电压后,电动机的启动转矩 T_{st} 与最大转矩 T_{max} 均与电压降低倍数成二次方关系下降。

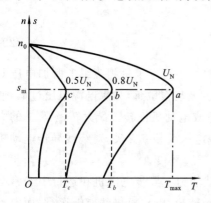

图 4-19 改变定子电压时的人为机械特性

综上所述,异步电动机定子电压越低,人为特性曲线越往左移。由于异步电动机的转矩与定子电压的二次方成正比,电动机在运行时,如电压降低过多,会大大降低它的过载能力与启动转矩,甚至使电动机带不动负载或者根本不能启动。此外,电网电压下降,在负载转矩不变的条件下,将使电动机转速下降,转差率 s 增大,电流增加,这就是异步电动机在电网电压下降时会过热,甚至烧坏的原因。

2）改变定子电源频率时的人为机械特性

由于 $U_1 \approx E_1 = 4.44 f_1 N_1 k_{dp1} \Phi$，当 f_1 减小时，磁通将增大（而电动机的额定磁通一般接近饱和），会导致电流急剧增加，电动机就会过热，进而大大缩短电动机的使用寿命。因此，在改变频率 f 的同时，对电源电压 U 也要做相应的改变，使 $U/f =$ 常数，即在降低频率的同时同比例降低电源电压，这实质上是使电动机气隙磁通保持不变。减小定子电源频率时异步电动机的人为机械特性如图 4-20 所示。由于 $U/f =$ 常数、$n_0 \propto f$、$s_m \propto 1/f$、$T_{st} \propto 1/f$、T_{max} 不变，因此，随着频率的降低，理想空载转速 n_0 减小，临界转差率增大，启动转矩增大，而最大转矩基本维持不变。

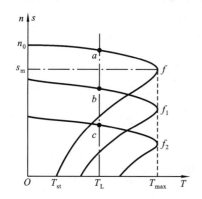

图 4-20　改变定子电源频率时的人为
　　　　　机械特性曲线

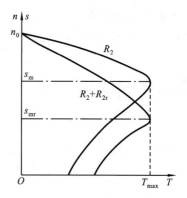

图 4-21　改变转子电阻时的人为
　　　　　机械特性曲线

3）转子电路串接电阻时的人为机械特性

对于绕线式异步电动机，如果保持其他条件不变，仅在转子回路中串接三相对称电阻，所得到的人为机械特性即为异步电动机转子电路串电阻时的人为机械特性。改变异步电动机转子电路串电阻时的人为机械特性如图 4-21 所示，其特点如下：

同步转速 n_0 保持不变，最大转矩 T_{max} 保持不变，而临界转差率 s_m 随着转子回路总电阻的增大而成正比例增大。

在转子回路中串入电阻，启动转矩 T_{st} 将增大。但串入的电阻不应过大，若串入的电阻过大使 $s_m > 1$，此时启动转矩 T_{st} 反而会降低。

例 4-1　一台三相异步电动机，额定功率 $P_N = 55$ kW，电网频率为 50 Hz，额定电压 $U_N = 380$ V，额定效率 $\eta_N = 0.79$，额定功率因数 $\cos\varphi_N = 0.89$，额定转速 $n_N = 570$ r/min，试求：（1）同步转速 n_0；（2）极对数 p；（3）额定电流 I_N；（4）额定负载下的转差率 s_N。

解　（1）因电动机额定运行时的转速接近同步转速 n_0，所以同步转速为 600 r/min。

（2）电动机极对数
$$p = \frac{60 f_1}{n_0} = \frac{60 \times 50}{600} = 5$$

即该电动机为 10 极电动机。

（3）额定电流

$$I_N = \frac{P_N}{\sqrt{3}U_N\cos\varphi_N\eta_N} = \frac{55 \times 10^3}{\sqrt{3} \times 380 \times 0.89 \times 0.79} \text{ A} = 119 \text{ A}$$

（4）转差率

$$s_N = \frac{n_1 - n_N}{n_0} = \frac{600 - 570}{600} = 0.05$$

例 4-2　一台三相异步电动机接到 50 Hz 的交流电源上，其额定转速 $n_N = 1\,455$ r/min，试求：(1)该电动机的极对数 p；(2)额定转差率 s_N；(3)电动机以额定转速运行时，转子电动势的频率。

解　（1）求该电动机的极对数。

$$p = \frac{60f}{n_0} = \frac{60 \times 50}{1\,500} = 2$$

（2）求额定转差率。

$$s_N = \frac{n_0 - n_N}{n_0} = \frac{1\,500 - 1\,455}{1\,500} = 0.03$$

（3）求额定转速运行时，转子电动势的频率。

$$f_2 = s_N f_1 = 0.03 \times 50 \text{ Hz} = 1.5 \text{ Hz}$$

4.4　三相异步电动机的启动特性

电动机的启动是指电动机接通电源后，由静止状态加速到稳定运行状态的过程。异步电动机对启动的要求如下。

(1)异步电动机有足够大的启动转矩。

(2)在满足生产机械启动条件的情况下，启动电流越小越好。

(3)启动过程中，电动机的平滑性越好，对生产机械的冲击就越小；启动设备可靠性越高，电路越简单，操作维护就越方便。

但是，异步电动机启动的瞬间，由于转子的转速为零，在转子绕组中将感应出很大的转子电动势和转子电流，从而引起很大的定子电流。一般启动电流 I_{st} 可达额定电流 I_N 的 4～7 倍，而启动时由于转子功率因数 $\cos\varphi_2$ 很低，启动转矩却不大，一般 $T_{st} = (0.8 \sim 1.5)T_N$。

要解决这些矛盾，关键就在于如何减小启动电流和增大启动转矩。

笼型异步电动机和线绕异步电动机转子的结构有差异，两者的启动方法也不同。

4.4.1　笼型异步电动机的启动方法

笼型异步电动机的启动方法有直接启动和降压启动两种。

1. 直接启动

直接启动又称全压启动(见图 4-22),就是将电动机的定子绕组接在额定电压下启动。

笼型异步电动机在出厂时通常允许在额定电压工况下直接启动,这一点与直流电动机是完全不同的。在实际中笼型异步电动机能否直接启动主要依据电源及生产机械对电动机启动的要求。

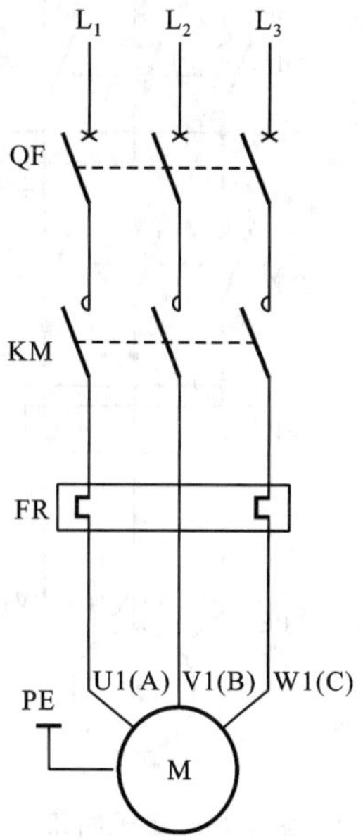

(1) 有独立变压器供电(即变压器供动力用电)的情况下:若电动机启动频繁,则电动机功率小于变压器容量的 20% 时允许直接启动;若电动机不经常启动,电动机功率小于变压器容量的 30% 时允许直接启动。

(2) 没有独立的变压器供电的情况下,电动机启动会比较频繁,则常按经验公式来估算,满足下列关系则可直接启动:

$$\frac{启动电流\ I_{st}}{额定电流\ I_N} \leqslant \frac{3}{4} + \frac{电源总容量}{4 \times 电动机功率}$$

(3) 如果是变压器-电动机组供电方式,则允许全压启动的笼型电动机功率不大于变压器额定容量的 80%。

(4) 如果电源为小容量的发电机组,则每 1 kV·A 发电机容量允许全压启动的笼型电动机功率为 0.1~0.12 kW。

图 4-22　笼型异步电动机直接启动主电路图

2. 定子回路串接对称三相电阻或电抗器降压启动

定子回路串接对称三相电阻与串接电抗器降压时的启动效果是一样的,都是通过电阻或电抗器的分压来降低电动机定子绕组电压,进而减小启动电流。但大型电动机串电阻启动能耗太大,多采用串电抗器进行降压启动。采用电阻或电抗器降压启动时,若电压下降到额定电压的 K 倍($K<1$),则启动电流也下降到直接启动电流的 K 倍,但启动转矩却下降到直接启动转矩的 K^2 倍。这表明串电阻或电抗器降压启动虽然会降低启动电流,但同时也会使启动转矩大为降低。因此串电阻或电抗器降压启动方法只适用于电动机轻载启动。如图 4-23 所示。

3. Y-△ 降压启动

对于电动机正常运行时定子绕组接成三角形的笼型异步电动机,在启动时将定子绕组接成星形,这时定子每相绕组上的电压为正常运行时定子每相绕组上的电压的 0.58 倍,起到降压的作用;待转速上升到一定程度后再将定子绕组接成三角形,电动机启动过程完成而转入正常运行。Y-△ 降压启动的原理图如图 4-24 所示。

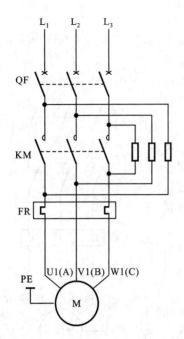

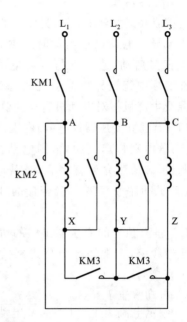

图 4-23　定子回路串电阻启动主电路图　　　**图 4-24　Y-△降压启动的原理图**

　　设 U_1 为电源线电压，I_{stY} 及 $I_{st\triangle}$ 为定子绕组分别接成星形及三角形时的启动电流（线电流），Z 为电动机在启动时每相绕组的等效阻抗。当接成星形时，定子每相绕组上的电压为 $U_1/\sqrt{3}$，接成三角形时，定子每相绕组上的电压为 U_1，故

$$I_{stY} = U_1/(\sqrt{3}Z), \quad I_{st\triangle} = \sqrt{3}U_1/Z$$

所以
$$I_{stY} = I_{st\triangle}/3$$

　　而接成星形时的启动转矩 $T_{stY} \propto (U_1/\sqrt{3})^2 = U_1^2/3$，接成三角形时的启动转矩 $T_{st\triangle} \propto U_1^2$，所以 $T_{stY} = T_{st\triangle}/3$。即定子接成星形降压启动时的启动电流等于接成三角形直接启动时启动电流的 1/3，而且定子接成星形时的启动转矩也只有接成三角形时启动转矩的 1/3。

　　Y-△降压启动的优点是设备简单、经济、启动电流小；其缺点是启动转矩小，且启动电压不能调节，故只适用于生产机械为空载或轻载启动的场合，并只适用于正常运行时定子绕组接法为△接法的异步电动机。我国规定 4 kW 及以上的三相异步电动机，其定子额定电压为 380 V，连接方法为△接法，可采用 Y-△降压启动。4 kW 以下的三相异步电动机一般采用更简单的直接启动。

　　4. 自耦变压器降压启动

　　自耦变压器降压启动是通过自耦变压器加到定子绕组上以降低电动机的启动电流。

启动时自耦变压器原边接电源,副边接电动机的定子绕组。启动结束后电源直接接在电动机的定子绕组上。如图 4-25 所示。

图 4-26 所示为自耦变压器降压启动一相绕组原理图。由变压器的工作原理知,此时,副边电压与原边电压之比为 $K = \dfrac{U_2}{U_1} = \dfrac{N_2}{N_1} < 1, U_2 = KU_1$,启动时加在电动机定子每相绕组上的电压是全压启动时的 K 倍,因而电流 I_2 也是全压启动时的 K 倍,即 $I_2 = KI_{st}$ (注意:I_2 为变压器副边电流,I_{st} 为全压启动时的启动电流),而变压器原边电流 $I_1 = KI_2 = K^2 I_{st}$,即此时从电网吸取的电流 I_1 是直接启动时电流 I_{st} 的 K^2 倍。由于启动转矩与定子绕组电压的二次方成正比,因此自耦变压器降压启动时的启动转矩也是全压启动时的 K^2 倍。

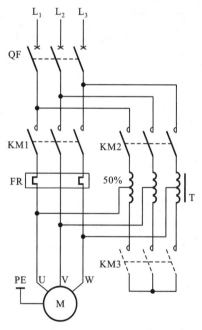

图 4-25　自耦变压器降压启动主电路

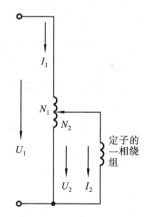

图 4-26　自耦变压器降压启动
一相绕组原理图

由此可见,自耦变压器降压启动时,启动转矩和启动电流按相同比例减小。这一点与 Y-△降压启动时相同,只是在 Y-△降压启动时的降压系数 $K = 1/\sqrt{3}$ 为定值,而自耦变压器启动时的 K 是可调节的,K 可根据电源和负载的情况取合适的值(即自耦变压器串接不同的抽头),这就是此种启动方法优于 Y-△降压启动方法之处。当需要适当控制启动电流,而又希望启动转矩不要过小,如 Y-△降压启动不能满足要求时,可以采用自耦变压器降压启动。自耦变压器降压启动的缺点是设备费用比较高。自耦变压器的抽头电压一般有 40%、60% 和 80% 等。

5. 软启动

软启动是一种近年来发展起来用于控制笼型异步电动机的全新启动方式。它是一种集电动机软启动、软停车、轻载节能和多种保护功能于一体的新颖电动机启动控制装置，通过控制三相反并联晶闸管的导通角，使被控电动机的输入电压按不同的要求而变化，就可实现不同功能的启动方式。电动机启动时电压和电流都可以从零开始连续调节，对电网电压无浪涌冲击，电压波动小，而电动机的转矩亦连续变化，对电动机及机械设备的机械冲击也几乎为零。

例 4-3 有一台三相笼型异步电动机，其额定功率 $P_N = 60$ kW，额定电压 $U_N = 380$ V，定子采用 Y 连接，额定电流 $I_N = 136$ A，启动电流与额定电流之比 $K_I = 6.5$，启动转矩与额定转矩之比 $K_T = 1.1$，但因供电变压器的限制，允许该电动机的最大启动电流为 500 A。若拖动负载转矩 $T_L = 0.3T_N$，用串有抽头 80%、60%、40% 的自耦变压器启动，问用哪种抽头才能满足启动要求。

解 自耦变压器的变比为抽头比的倒数。

（1）抽头为 80% 时，流过供电变压器的启动电流为

$$I'_{st} = K^2 I_{st} = K^2 K_I I_N = 0.8^2 \times 6.5 \times 136 \text{ A} = 565.8 \text{ A} > 500 \text{ A}$$

故不能采用。

（2）抽头为 60% 时，启动电流和启动转矩分别如下。

启动电流

$$I'_{st} = K^2 I_{st} = K^2 K_I I_N = 0.6^2 \times 6.5 \times 136 \text{ A} = 318.2 \text{ A} < 500 \text{ A}$$

启动转矩

$$T'_{st} = K^2 T_{st} = K^2 K_T T_N = 0.6^2 \times 1.1 T_N = 0.396 T_N > 0.3 T_N$$

故可以正常启动。

（3）抽头为 40% 时，启动电流和启动转矩分别如下。

启动电流

$$I'_{st} = K^2 I_{st} = K^2 K_I I_N = 0.4^2 \times 6.5 \times 136 \text{ A} = 141.4 \text{ A} < 500 \text{ A}$$

启动转矩

$$T'_{st} = K^2 T_{st} = K^2 K_T T_N = 0.4^2 \times 1.1 T_N = 0.176 T_N < 0.3 T_N$$

故不能正常启动。

综上所述，采用 60% 的抽头才能满足启动要求。

例 4-4 某三相笼型异步电动机铭牌数据为：$P_N = 300$ kW，$U_N = 380$ V，$I_N = 527$ A，$n_N = 1\,450$ r/min，启动电流倍数 $K_I = 6.7$，启动转矩倍数 $K_T = 1.5$，过载能力 $\lambda_m = 2.5$。定子采用 △ 接法。

（1）试求直接启动时的电流 I_{st} 与转矩 T_{st}；

（2）如果采用 Y-△启动，能带动 1 000 N·m 的恒转矩负载启动吗？为什么？

解　（1）直接启动时的电流

$$I_{st} = K_I I_N = 6.7 \times 527 \text{ A} = 3 \ 530.9 \text{ A}$$

直接启动时的启动转矩

$$T_{st} = K_T T_N = K_T \times 9 \ 550 \times \frac{P_N}{n_N} = 1.5 \times 9 \ 550 \times \frac{300}{1 \ 450} \text{ N·m} = 2 \ 963.8 \text{ N·m}$$

（2）若采用 Y-△启动，则

$$T'_{st} = \frac{1}{3} T_{st} = \frac{1}{3} \times 2 \ 963.8 \text{ N·m} = 987.9 \text{ N·m} < 1 \ 000 \text{ N·m}$$

所以不能带动 1 000 N·m 的负载启动。

4.4.2　绕线异步电动机的启动方法

绕线异步电动机启动时能在转子回路中串接电阻或频敏变阻器，因此具有较大的启动转矩和较小的启动电流，即具有较好的启动特性。

1. 逐级切除启动电阻法

在绕线异步电动机转子回路中串接电阻启动时，为了减小在整个启动过程中启动电流的冲击，同时又保证在整个启动过程中电动机能提供较大的启动转矩，一般采用分级切除启动电阻的方法。绕线异步电动机转子回路中串接电阻，逐级切除电阻启动的主电路接线图如图 4-27 所示。

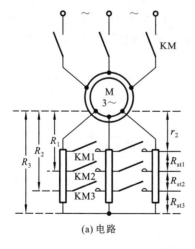

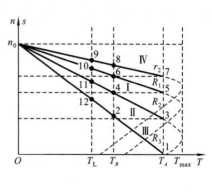

(a) 电路　　　　　　　　　　　　　　(b) 机械特性曲线

图 4-27　逐级切除电阻启动的主电路及机械特性曲线

2. 转子回路串接频敏变阻器启动法

采用逐级切除启动电阻法来启动绕线异步电动机，可以增大启动转矩，减小启动电流,若要减小启动电流及启动转矩在启动过程中的切换冲击,使启动过程平稳,就得增加切换级数,这会导致启动设备及控制更复杂。为了克服这一缺点,对于容量较大的绕线异步电动机,常采用频敏变阻器来代替启动电阻,这样既可自动切除启动电阻,又不需要采用控制电器。

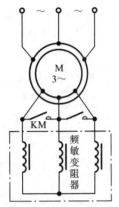

图 4-28　频敏变阻器接线图

频敏变阻器是一个没有二次绕组的三相芯式变压器,实质上也是一个铁耗很大的三相电抗器,铁芯采用比普通变压器硅钢片厚得多的几块实心铁板或钢板叠成,其目的就是要增大铁耗。一般做成三柱式,每柱上绕有一个线圈,三相线圈连成星形,然后接到绕线异步电动机的转子电路中,如图 4-28 所示。

当频敏变阻器接入转子电路中时,其等效为一个电阻 R 和一个电抗 X 并联。启动过程中频敏变阻器的阻抗变化如下。

启动开始时,$n=0$,$s=1$,转子电流的频率 f_2 很高,铁耗更大,相当于电阻更大,且电抗与转子电流的频率 f_2 成正比,所以,电抗也很大,即等效阻抗大,从而限制了启动电流。

由于启动时铁耗大,频敏变阻器从转子取出的有功电流也较大,从而提高了转子电路的功率因数,增大了启动转矩。随着转速的逐步上升,转子频率 f_2 逐渐下降,从而使铁耗减少,电抗也减小,即由电阻和电抗组成的等效阻抗逐渐减小,这就相当于在启动过程中逐渐自动切除电阻和电抗。当转速 $n=n_N$ 时,f_2 很小,R 和 X 近似为零,这相当于转子被短路,启动完毕,进入正常运行。这种电阻和电抗对频率的"敏感"作用,就是频敏变阻器名称的由来。

频敏变阻器的主要优点:具有自动平滑调节启动电流和启动转矩的良好启动特性,且结构简单,运行可靠。

4.5　三相异步电动机的调速特性

三相异步电动机的调速方法主要有调压调速、转子电路串电阻调速、变极调速及变频调速等。

4.5.1　调压调速

调压调速时三相异步电动机的人为机械特性如图 4-29 所示。当电动机定子电压降低时,电动机的最大转矩 T_{max} 减小,而同步转速 n_0 和临界转差率 s_m 不变。对于通风机型负载(见图4-29中特性曲线 2),电动机在全段机械特性曲线上都能稳定运行,在不同的电压下有不同的稳定工作点即 d、e、f，且调速范围较大。对于恒转矩性负载(见图 4-29 中特性曲线 1)，电动机只能在机械特性曲线的线性端($0 < s < s_m$)稳定运行，在不同的电压下有不同的稳定工作点即 a、b、c，但调速范围很小。

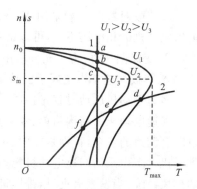

图 4-29 调压调速时的人为机械特性

这种调速方法能够实现无级调速，但当降低电压时，转矩也按电压的二次方成比例减小，电动机在低速时的机械特性太软，其静差率和运行稳定性往往不能满足生产工艺要求。因此，现代的调压调速系统通常采用带速度反馈环节的闭环控制，以提高低速时机械特性的硬度，从而在满足一定的静差率条件下，获得较宽的调速范围，同时也能保证电动机具有一定的过载能力。

4.5.2　转子电路串接电阻调速

这种调速方法只适用于线绕式异步电动机，其原理接线图和机械特性与图 4-27 相同，从图中可看出，转子电路串接不同的电阻，其 n_0 和 T_{max} 不变，但 s_m 随外加电阻的增大而增大。对于恒转矩负载 T_L，根据在不同的外加电阻下负载特性曲线与电动机机械特性曲线的交点不同，即可得到不同的稳定工作点。随着外加电阻的增大，电动机的转速逐渐降低。

转子电路串电阻调速简单可靠，但它是有级调速，不能实现连续平滑调速。随着转速的降低，电动机机械特性会变软，从而将影响系统的稳定性。转子电路电阻损耗与转差率成正比，随串入电阻的增大而增大，低速时损耗大，是一种不经济的调速方法。所以，这种调速方法大多用在重复短期运转对调速性能要求不高的生产机械，如起重运输设备中。

4.5.3　变极对数调速

在生产中有大量的生产机械，它们并不需要连续平滑调速，只需要几种特定的转速，而且对启动性能没有高的要求，一般只在空载或轻载下启动，在这种情况下选用变极对数调速比较合理。

由 $n_0 = 60f/p$ 可知，在电源频率不变的条件下，改变电动机的极对数 p，就可以改变电动机的同步转速 n_0，同时使电动机的转速发生变化，从而实现电动机转速的有级调节，这就是变极对数调速。这种调速方法只适用于笼型异步电动机，因为笼型异步电动机的转子极对数能自动随着定子极对数的改变而改变，使定子与转子磁场的极对数总是相等而产生平均电磁转矩。要使电动机转子具有两种或多种极对数，可改变绕组连接方法。由于这种方法简便易行，故得到广泛应用。但是，由于只能按极对数的倍数改变转速，因此不可能做到无级调速。

改变极对数时一般采用 Y/YY 或△/YY 连接方式。采用 Y/YY 变极调速时,变极前后电动机的相电压不变,可以证明,Y/YY 变极调速基本上属于恒转矩调速方式;采用△/YY 变极调速时,为了充分利用电动机,使每个半相绕组都流过额定电流,可以证明,△/YY 变极调速基本上属于恒功率调速方式。

多速电动机启动时宜先接成低速,然后再换接成高速,这样可获得较大的启动转矩。

多速电动机因结构简单、效率高、特性好,且调速所需附加设备少,因此,广泛用于机电联合调速的场合,特别是在中、小型机床上用得极多。民用建筑中大型商场的排风兼排烟风机大多也采用双速电动机拖动,正常情况下风机低速运行排风,且与送风机组成商场的换风系统,当发生火灾时,排风机高速运行能起到快速排烟的作用。

4.5.4 变频调速

从改变电源频率时的异步电动机人为机械特性可以看出,若连续地调节定子电源的频率,即可连续地改变电动机的转速,这就是变频调速。变频调速是当今交流电动机调速的主流技术。

变频调速可以在额定频率 f_N 以下也可以在额定频率 f_N 以上进行。

1. 在额定频率 f_N 以下的变频调速

在额定频率 f_N 以下调速时,为了不使气隙磁通饱和,必须同时降低电源电压,即保持电动机 U_1/f_1 不变,这时电动机的机械特性曲线如图 4-20 所示。这种变频调速有如下特点。

(1)随着频率的下降,电动机的启动转矩增大,即变频调速增大了电动机的启动能力。

(2)电动机的最大转矩即过载能力不变。

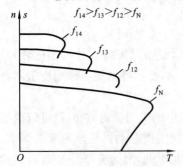

图 4-30 在额定频率 f_N 以上进行变频调速时三相异步电动机的机械特性曲线

(3)电动机主工作段的硬度不变。

(4)可以证明,U_1/f_1 为常数的变频调速属于恒转矩调速方式。

2. 在额定频率 f_N 以上的变频调速

三相异步电动机在额定频率 f_N 以上进行变频调速时,由于电动机的定子电压 U_1 不能超过电动机的额定电压 U_N,由式(4-6)可知,电压不变、频率上升时磁通必将下降,因此额定频率 f_N 以上的变频调速是一种弱磁性质的调速,这时电动机的机械特性曲线如图4-30所示。

由图 4-30 可分析得出:在额定频率 f_N 以上的变

频调速中,随着频率的增大,电动机的转速上升,即弱磁升速。另外可推出:这种弱磁升速的变频调速属于恒功率调速方式。

变频调速可使异步电动机获得很宽的调速范围、很好的调速平滑性和有足够硬度的机械特性,且为无级调速,是一种较理想的调速方法。变频调速的关键技术是如何获得频率可变的大功率供电电源。变频调速系统的核心是变频器,变频器多采用晶闸管或自关断功率晶体管组成的电路。

变频器按照交流电的相数分类,可分为单相变频器和三相变频器;按照性能分类,可以分为交-直-交变频器和交-交变频器。

4.6 三相异步电动机的制动特性

异步电动机电气制动的方式同直流电动机一样,也可分为回馈制动、反接制动和能耗制动三种。

4.6.1 回馈制动

在有些情况下,异步电动机的转速高于它的同步速度,即 $n > n_0$,$s < 0$,转子导体切割旋转磁场的方向与电动状态时相反,转子电流的方向也发生了变化,电动机的转矩变为与转速方向相反,电动机处于制动状态,这种制动称为回馈制动。这时电动机处于发电机运行状态,把系统的机械能转化为电能,一部分消耗在转子回路的电阻上,剩余的大部分电能则反馈回电网。回馈制动一般分为以下两种。

1. 重物下放时的回馈制动

起重机械在下放重物时,电动机反转(在第三象限),如图 4-31 所示。

重物开始下放时,电动机工作在反转电动状态,电动机的电磁转矩和负载转矩均与转速方向相同,均为拖动转矩。在电磁转矩和负载转矩的共同作用下,重物快速下降,直至电动机的实际转速超过同步转速,此时转子电流的方向发生变化,电磁转矩方向也发生变化,成为制动转矩。当 $T = T_L$ 时,达到稳定状态,重物以一个较高的转速均匀下降。

对于一定的位能性负载,转子回路电阻值越大,下放的速度就越快。为了避免重物下放时,电动机转速太高而造成运行事故,转子附加的电阻值不允许太大。

2. 调速过程中的回馈制动

电动机在变极调速或变频调速过程中,极对数突然增多或供电频率突然降低,使同步转速 n_0 突然降低时也会出现回馈制动状态。例如,某双速笼型异步电动机,高速运行时为 4 极,同步转速为 n_{01},低速运行时为 8 极,同步转速为 n_{02}。如图 4-32 所示,当电动机由高速挡切换到低速挡时,由于转速不能突变,在降速开始阶段,电动机运行到同步转速为 n_{02} 的机械特性点 b,此时电动机的转速高于同步转速 n_{02},转子所产生的电磁转矩变为与

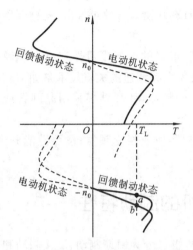

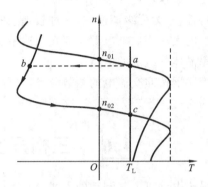

图 4-31　重物下放时的回馈制动机械特性曲线　　图 4-32　变极调速时的回馈制动机械特性曲线

转速相反,为制动转矩,运行在第二象限。电动机电磁转矩和负载转矩一起使电动机降速,在降速过程中,电动机将运行系统中的动能转换成电能反馈到电网,直至转速降低至同步转速 n_{02},电动机的回馈制动结束。当电动机在高速挡所储存的动能消耗完后,电动机就进入低速运行状态,即运行在第一象限,最后电动机的电磁转矩又重新与负载转矩相平衡,电动机稳定运行在点 c。

4.6.2　反接制动

1. 电源反接制动

当异步电动机处于正常运行状态时,突然改变定子绕组三相电源的相序,即电源反接,将改变旋转磁场的方向,从而使转子绕组中感应电动势、电流和电磁转矩都改变方向,因机械惯性,转子转向不变,电磁转矩与转子的旋转方向相反,电动机处于制动状态,这种制动称为电源反接制动。此时电动机的机械特性曲线如图 4-33 所示。制动前异步电动机拖动恒转矩负载处于电动状态,运行在第一象限的机械特性曲线 1 的点 a 上。电源反接后机械特性曲线变为第三象限的曲线 2,同步转速变为 $-n_0$,转差率 $s>1$,电流及电磁转矩的方向发生变化,由正变为负。由于机械惯性的原因,转速不能突变,电动机的工作点由点 a 移至点 b,开始进入反接制动状态。这时在电磁转矩和负载转矩的共同作用下电动机转速迅速降低,电动机沿特性曲线 2 在第二象限由点 b 逐渐运行到点 c,$n=0$,电源反接制动结束。此时应切断电源并停车。对于位能性负载应采用机械制动措施,否则电动机会反向启动旋转,开始重物下放。如果不及时切断电源,即使是摩擦性负载,电动机也会反向旋转。

电源反接时会在转子回路中感应出很大的电流。为了限制转子电流:对于笼型异步电动机可在定子电路中串接电阻；对于绕线异步电动机可在转子电路中串接电阻，在限制电流的同时增大制动转矩，此时的机械特性曲线为图 4-33 中的曲线 3，制动开始时电动机工作点由点 a 移至点 d，制动时电动机沿特性曲线 3 减速至点 e，制动结束，$n=0$，停车并切断电源。

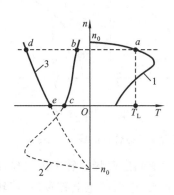

图 4-33   电源反接制动时的机械特性曲线

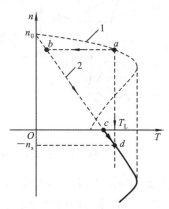

图 4-34   倒拉反接制动时的机械特性曲线

2. 倒拉反接制动

当绕线异步电动机拖动位能转矩负载提升重物时，若在电动机的转子回路中串入很大的电阻，就会出现倒拉反接制动。其机械特性曲线如图 4-34 所示。

绕线异步电动机提升重物匀速上升时，运行在机械特性曲线 1 的点 a 上，这时如果在电动机的转子回路中串入很大的电阻，其机械特性曲线就变成斜率很大的曲线 2。由于惯性作用，电动机的工作点由点 a 移至点 b，电动机的转矩变为小于负载转矩，转速下降，电动机沿曲线 2 减速至点 c，$n=0$。在负载转矩的作用下，电动机反转，重物被下放，而电动机的电磁转矩仍然为正，电磁转矩与转速方向相反，电动机处于制动状态，其机械特性曲线延伸至第四象限。随着下放速度的增加，s 逐渐增大，转子电流 I_2 和电磁转矩随之增大，直至电动机运行到点 d，电动机的电磁转矩等于负载转矩，重物以 $-n_d$ 的速度匀速下放。从点 c 开始，重物的下放由负载转矩倒拉拖动，电动机处于制动状态，故称为倒拉反接制动。在点 d 时电动机处于一种稳定运行的制动状态，点 d 处的转速即重物下降速度的大小取决于转子所串电阻的阻值，电阻越大，下降速度越高。

在重物下降过程中，重物下降时减小的位能转化为电动机轴上的机械功率，机械功率通过电动机转化为电功率，电动机把转化的电功率及从电源吸收的电功率均消耗在绕线异步电动机转子所串电阻上。

4.6.3   能耗制动

异步电动机正在运行时，把定子绕组从三相交流电源上断开，将其中两相绕组接到直流电源上,就构成了能耗制动,如图 4-35(a)所示。

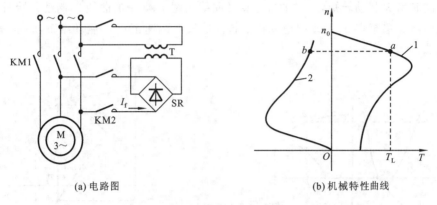

(a) 电路图　　　　　　　　　　(b) 机械特性曲线

图 4-35　异步电动机能耗制动时的电路图及机械特性曲线

当定子绕组通入直流电源时,在电动机中将产生一个固定磁场。转子因机械惯性继续旋转时,转子导体切割固定磁场磁力线而产生感应电流,进而产生电磁转矩,该转矩与转子的实际旋转方向相反,为制动转矩。在电动机的电磁制动转矩及负载转矩的作用下,电动机的转速迅速降低,转子的机械能转换为电能,消耗在转子回路的电阻上,所以称为能耗制动。

如图 4-35(b)所示:电动机正向运行,工作在固有机械特性曲线 1 的点 a 上。定子绕组改接直流电源后,因电磁转矩与转速方向相反,为制动转矩,电动机运行在第二象限,位于机械特性曲线 2 的点 b 上。在电动机的电磁制动转矩及负载转矩的作用下,系统减速,直至 $n=0$,能耗制动结束。由于 $T=0$,故能准确停车,而不像反接制动时那样存在电动机反转的可能。不过当电动机停止后不应再接通直流电源,因为那样将会烧坏定子绕组(定子绕组中的反电动势消失)。另外,制动的后阶段,随着转速的降低,转子中的电流将逐渐降低,能耗制动转矩也将迅速减小,所以,制动较平稳,但制动的快速性则比反接制动差。当然,可以用改变定子励磁电流 I_f 或转子电路中串入电阻(线绕式异步电动机)的大小来增大制动转矩,从而调节制动过程的快慢。

4.7　单相异步电动机

单相异步电动机是用单相交流电源供电的异步电动机。它具有结构简单、成本低廉、噪声小和维护方便等优点。由于只需要单相电源供电,而单相电源较易取得,所以使用非常方便,广泛应用于工业和民用生活等各个领域,尤其以家用电器、电动工具和医疗器械等领域使用居多。单相异步电动机在容量同等的情况下,比三相异步电动机体积大,且运行性能较差,因此通常应用在小容量的拖动系统中,功率一般在 1 kW 以下。

4.7.1 单相异步电动机的结构和工作原理

单相异步电动机的运行原理与三相异步电动机类似,定子绕组产生磁场,进而在转子导体中产生感应电动势和电流,产生电磁转矩。但单相异步电动机的定子绕组是单相绕组,而单相绕组通以单相交流电流时产生的磁场是脉动的,并不旋转,因此只有单相绕组的单相异步电动机在通电后没有启动转矩,无法启动。

如果单相异步电动机定子上仅有一个单相工作绕组,则转子在通电前是静止的,通电后仍将静止不动。但是如果靠外力拨动转子使其转动,电动机便会顺着拨动方向转动起来,最后电动机转速达到一定值,稳定运行。可见单相异步电动机没有启动能力,但靠外力施加的启动转矩启动后,就能够稳定运行。

图 4-36 所示为单相异步电动机定子上仅有一个单相工作绕组时的磁场分布图。这时的磁场是一个强弱按正弦规律变化的脉动磁场,在一个周期内,当电流的方向变化时,该磁场的磁极跳变 $180°$,但并不旋转。这个脉动磁场可以分解成两个转速相等、方向相反的圆形旋转磁场,两个旋转磁场感应强度的大小相等。如果脉动磁场变化一个周期,分解成的两个旋转磁场正好向相反的方向各转一周。在这两个旋转磁场的作用下,转子绕组中产生感应电流并形成电磁转矩,即正向电磁转矩 T^+ 和反向电磁转矩 T^-,而正向电磁转矩 T^+ 和反向电磁转矩 T^- 的合成转矩,即为单相异步电动机的电磁转矩,s 为转差率。图 4-37 所示为单相异步电动机正向电磁转矩 T^+、反向电磁转矩 T^- 及合成转矩 T 随 s 变化的机械特性曲线。从图 4-37 可得出以下三个结论。

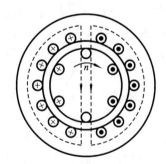

图 4-36　单相异步电动机仅有单相绕组
时的磁场分布图

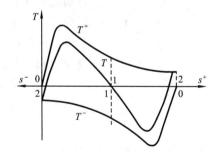

图 4-37　单相异步电动机仅有单相绕组
时的机械特性曲线

(1) 当转速 $n=0(s=1)$ 时,电磁转矩为零,即启动转矩为零。因为转子停转时,即使定子绕组通以单相交流电,对应的电磁转矩也为零($T=T^+ + T^- = 0$),故单相异步电动机不能自行启动,必须采用其他启动措施进行启动。

(2) 当电动机开始转动后,电磁转矩的方向与转动方向有关,$n>0$ 时 $T>0$,$n<0$ 时 $T<0$,因而这时电动机的电磁转矩为拖动转矩,可以拖动负载运行。

（3）由于同时存在正反向电磁转矩，使电动机总转矩减小，最大转矩也减小，因此单相异步电动机的过载能力降低，即输出功率减小，效率降低，运行性能下降。

4.7.2 单相异步电动机常用的启动方式

为了解决单相异步电动机的启动问题，在定子中加入了启动绕组。单相异步电动机的工作绕组，又称主绕组，用于产生主磁场；单相异步电动机的启动绕组，又称副绕组，用来与工作绕组共同作用，产生合成的旋转磁场，使电动机得到启动转矩。

1. 电容分相式异步电动机

启动绕组与工作绕组在空间上相差90°，启动绕组中再串入一个容量合适的电容，使得启动绕组的电流与工作绕组的电流在相位上近似相差90°，即所谓的电容分相。可以证明，相位上相差90°的两个电流通入两个在空间上相差90°的绕组，将会在空间上产生旋转磁场，在这个旋转磁场的作用下，单相异步电动机的转子就同三相异步电动机的转子一样能自行旋转，单相异步电动机也就能自行启动。当转速达到一定值时，启动绕组从电源脱离，只有一个工作绕组运行。

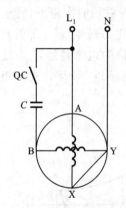

**图 4-38　电容分相式异步
电动机接线图**

电容分相式异步电动机的接线原理如图 4-38 所示。定子上有两个绕组 AX 和 BY，AX 为工作绕组，BY 为启动绕组，它们都嵌入定子铁芯，两绕组的轴线在空间互相垂直。在启动绕组 BY 电路中串有电容 C。选择适当的参数使启动绕组 BY 中的电流在相位上超前于工作绕组 AX 中的电流 90°，使得通电后在定、转子气隙内能产生一个旋转磁场，使电动机自行启动。采用分析三相异步电动机旋转磁场的方法，同样可分析出两相电流也能产生旋转磁场，且旋转磁场旋转方向的规律也和三相旋转磁场一样，即由 BY 到 AX，由电流超前的绕组转向电流滞后的绕组。在此旋转磁场作用下，鼠笼式转子将跟着旋转磁场一起旋转。若在启动绕组 BY 支路中接入一离心开关 QC，如图 4-38 所示，电动机启动后，当转速达到额定值附近时，借助离心力的作用，将 QC 打开，此后电动机就进入单相运行。此种结构形式的电动机称为电容分相启动电动机。也可不用开关，即在运行时并不切断电容支路，使电动机始终处于两相运行状态，此时的电动机称为电容分相运转电动机。

欲使电容分相式单相异步电动机反转运行，可调整电容器 C 的串联位置，即通过控制开关使电容 C 从启动绕组接入运行绕组，将 AX 变为电流超前的绕组，BY 变为电流滞后的绕组，而旋转磁场是由电流超前的绕组转向电流滞后的绕组的，这样就可改变旋转磁场的方向，从而实现电动机的反转。洗衣机中单相电动机的正反转就是采用这种方式来实现的，而且正反转的控制是通过定时器中的自动转换开关来实现的。

2. 罩极式单相异步电动机

罩极式单相异步电动机的定子做成凸极式,并由两相绕组组成。一相绕组套装在整个磁极上,工作时接电源,另一相绕组为单匝短路环绕组。罩极式单相异步电动机的结构如图4-39所示,在磁极一侧开一小槽,用短路环绕组罩住磁极的一部分。磁极的磁通 Φ 分为两部分,即 Φ_1 与 Φ_2。当整个磁极上的工作绕组通电时,在磁极中产生主磁通,当磁通变化时,由于电磁感应作用,在短路环绕组中产生感应电流,感应电流滞后于电源电流 $90°$,感应电流产生的磁通在相位上也滞后于主磁通,这种在空间上相差一定角度、在时间上又有一定相位差的两部分磁通就能合成一个旋转磁场,即产生一个由未罩部分向罩极部分移动的磁场,从而在转子上产生一个启动转矩,使转子转动。

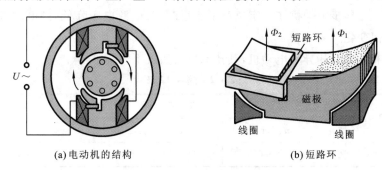

(a) 电动机的结构   (b) 短路环

图 4-39 罩极式单相异步电动机

除了凸极式罩极式单相异步电动机,还有隐极式罩极式单相异步电动机,其定子铁芯与三相异步电动机的一样,在定子槽中放有工作绕组和短路绕组,工作绕组接电源。短路绕组与工作绕组在空间内夹角为 $45°$ 左右。

在罩极式单相异步电动机中,由于 Φ_1 永远超前于 Φ_2,因此电动机的旋转方向总是由磁极的未罩部分指向被罩部分,即使改变电源的接法,也不能改变电动机的转向。

思考题与习题

4-1 三相异步电动机的转子没有外加电源为什么会旋转?怎样改变它的旋转方向?

4-2 三相异步电动机旋转磁场的转速与哪些因素有关?

4-3 有一台四极三相异步电动机,电源电压的频率为 50 Hz,满载时电动机的转差率为 0.02,求电动机的同步转速、转子转速和转子电流频率。

4-4 什么是三相异步电动机的转差率?额定转差率大约为多少?

4-5　将三相异步电动机接三相电源的三根引线中的两根对调,此电动机是否会反转? 为什么?

4-6　为什么三相异步电动机的转速只能低于同步转速?

4-7　三相异步电动机若转子绕组开路,定子通以三相电流,会产生旋转磁场吗? 转子是否会转动? 为什么?

4-8　异步电动机是怎样旋转起来的? 它的转速与旋转磁场的转速有什么关系?

4-9　三相异步电动机的定子、转子铁芯为什么都要用多层硅钢片叠压制成?

4-10　三相异步电动机在相同电源电压下,满载和空载启动时,启动电流是否相同,启动转矩是否相同?

4-11　三相异步电动机在一定负载下运行时,若电源电压降低,则电动机的转矩、电流与转速如何变化?

4-12　有一台三相异步电动机,其技术数据如表 4-2 所示。

表 4-2　题 4-12 表

型　号	P_N/kW	U_N/V	满　载　时				$\dfrac{I_{st}}{I_N}$	$\dfrac{T_{st}}{T_N}$	$\dfrac{T_{max}}{T_N}$
			$n_N/(r/min)$	I_N/A	$\eta_N/(\%)$	$\cos\varphi_N$			
Y132S-6	3	220/380	960	12.8/7.2	83	0.75	6.5	2.0	2.0

(1) 线电压为 380 V 时,三相定子绕组应如何连接?

(2) 求 n_0、p、s_N、T_N、T_{st}、T_{max} 和 I_{st}。

(3) 额定负载下电动机的输入功率是多少?

4-13　试说明三相异步电动机转轴上机械负载增加时,电动机的转速、定子电流和转子电流如何变化。为什么?

4-14　三相异步电动机的定子电压、转子电阻及转子漏电抗对电动机的最大转矩、临界转差率及启动转矩有何影响?

4-15　三相异步电动机正在运行时,转子突然被卡住,这时电动机的电流会如何变化? 对电动机有何影响?

4-16　三相异步电动机直接启动时,为什么启动电流很大,而启动转矩却不大?

4-17　三相异步电动机断了一根电源线后,为什么不能启动? 而在运行时断了一根线,为什么仍能继续转动? 这两种情况对电动机将产生什么影响?

4-18　改变三相异步电动机的电源频率时,电动机的机械特性如何变化?

4-19　有一台三相异步电动机的 $P_N=50\ kW$,$U_N=380\ V$,$\cos\varphi_N=0.85$,试求此电动机的额定电流 I_N。

4-20　有一台三相异步电动机,其铭牌数据如表 4-3 所示。

表 4-3　题 4-20 表

P_N/kW	$n_N/(r/min)$	U_N/V	$\eta_N/(\%)$	$\cos\varphi_N$	$\dfrac{I_{st}}{I_N}$	$\dfrac{T_{st}}{T_N}$	$\dfrac{T_{max}}{T_N}$	接法
40	1 470	380	90	0.9	6.5	1.2	2.0	△

(1) 当负载转矩为 250 N·m 时,在 $U=U_N$ 和 $U'=0.8U_N$ 两种情况下电动机分别能否启动?

(2) 欲采用 Y-△换接启动,在负载转矩为 $0.45T_N$ 和 $0.35T_N$ 两种情况下,电动机分别能否启动?

(3) 若采用自耦变压器降压启动,设降压比为 0.64,求电源线路中通过的启动电流和电动机的启动转矩。

4-21　为什么说绕线异步电动机串接频敏变阻器启动比串接普通电阻启动的效果更好?

4-22　异步电动机有哪几种调速方法? 各种调速方法有何优缺点?

4-23　三相绕线异步电动机反接制动时,为什么要在转子电路中串入比启动电阻还要大的电阻?

4-24　为了使三相异步电动机快速停车,可采用哪几种制动方法? 如何改变制动的强弱?

4-25　三相异步电动机拖动位能转矩负载时,为了限制负载下降时的速度,可采用哪几种制动方法? 如何改变下降时的速度? 采用各种制动方法运行时的能量关系如何?

4-26　试说明三相异步电动机定子相序突然改变时,电动机的降速过程。

4-27　单相罩极式异步电动机是否可以用调换电源的两根线的接线位置来使电动机反转? 为什么?

第5章　控制电机与特种电机

本章要求了解控制电机的基本结构和特点，掌握各种控制电机的工作原理、主要运行特性和应用。

控制电机是机电传动控制系统中的基础元件，主要用来完成控制信号的传递与变换。通常外形尺寸较小，容量不大，具有性能稳定可靠、动作灵敏、精度高、体积小、重量轻、耗电少等特点。控制电机与一般传动用电机本质上没有严格的界线，工作原理也基本相同，只是结构的不同使它们有不同的运行特点。

控制电机在机电系统中可作为执行元件、测量元件等。控制电机作为执行元件时，可将电信号转换成轴上的角速度、线速度和角位移，并带动控制对象运动。因向控制对象输出的是机械功率，所以此类控制电机又称功率元件，包括直流伺服电动机、交流伺服电动机、步进电动机和力矩式自整角机等。控制电机作为测量元件（信号元件）时，可将机械转速、转角和转角差转换成为电压信号。因为它们是把机械量转换为电压信号送入自动控制系统中的，所以又称信号元件，包括直流测速发电机、交流测速发电机、控制式自整角机等。

本章主要介绍伺服电动机、力矩电动机、小功率同步电动机、步进电动机、测速发电机、自整角机和直线电动机等控制电机的基本原理、基本特性和使用方法。

扫一扫　5.1　伺服电动机

伺服电动机也称执行电动机，在控制系统中用作执行元件，其功能是将电信号转换为轴上的角位移或角速度输出，以带动控制对象。通过改变控制电压的大小和极性，就可以控制伺服电动机的启动、停止、转速和转向。

伺服电动机分为直流伺服电动机和交流伺服电动机，其中直流伺服电动机又有普通直流伺服电动机、低惯量直流伺服电动机、直流力矩电动机等几种，交流伺服电动机又有两相感应伺服电动机、三相感应伺服电动机、无刷永磁伺服电动机等几种。

机电传动控制系统对伺服电动机的基本要求如下。

（1）调速范围宽　伺服电动机的转速应能跟随控制电压在较大的范围内实现连续调节。

（2）快速响应　要有较大的堵转转矩和较小的转动惯量，能实现迅速启动、停转。

（3）机械特性和调节特性应呈线性。

（4）无"自转"现象，能够有效进行控制。

（5）控制功率小、重量轻、体积小，过载能力强，可靠性好。

5.1.1 直流伺服电动机

直流伺服电动机的基本结构和工作原理与普通直流他励电动机相同，通常分为电磁式、永磁式两种类型。

1. 控制方式

根据直流他励电动机的机械特性（见式（3-15））可知，改变控制电压 U 或改变磁通 Φ，都可以控制直流伺服电动机的转速和转向，对应的控制方式有电枢控制和磁场控制两种。

1）电枢控制

负载转矩和励磁磁通均保持不变，仅改变电枢绕组控制电压的方法称为电枢控制。电枢电压升高时，电动机的转速就升高；反之，转速就降低。电枢电压等于零时，电动机不转。电枢电压改变极性时，电动机反转。

由于电枢控制具有响应迅速、机械特性硬、调速特性线性度好的优点，在实际生产中大多采用电枢控制方式。对永磁式伺服电动机只能采取电枢控制的方式。

2）磁场控制

如果负载转矩和电枢绕组电压保持不变，仅改变励磁回路的电压，当升高励磁电压时，励磁电流增加，主磁通增加，电动机转速就降低，反之，则电动机转速升高。改变励磁电压的极性，电动机转向会随之改变。尽管磁场控制也可达到控制转速和转向的目的，但励磁电流和主磁通之间是非线性关系，且随着励磁电压的减小其机械特性将变软，调节特性也是非线性的，所以该控制方式应用较少。

2. 运行特性

直流伺服电动机的运行特性包括机械特性和调节特性。这里仅介绍电枢控制直流伺服电动机的运行特性。

1）机械特性

直流伺服电动机的机械特性与他励直流电动机的机械特性相同，为

$$n = \frac{U_a}{K_e\Phi} - \frac{R}{K_e K_t \Phi^2}T \tag{5-1}$$

如图 5-1 所示，直流伺服电动机机械特性为一组相互平行的曲线。当控制电压 $U_a=0$ 时，电动机立即停止，因此，直流伺服电动机无自转现象。

2）调节特性

调节特性是指负载转矩不变时，电动机转速与电枢电压之间的函数关系。根据式（5-1），有

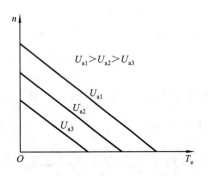

图 5-1　直流伺服电动机的机械特性

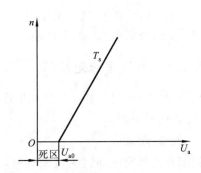

图 5-2　直流伺服电动机的调节特性曲线

$$n = \frac{U_a}{K_e\Phi} - \frac{R}{K_e K_t \Phi^2} T = k_1 U_a - A \tag{5-2}$$

式中:$k_1 = \dfrac{1}{K_e\Phi}$,为特性曲线的斜率;$A = \dfrac{R}{K_e K_t \Phi^2} T$,为由负载转矩决定的常数。

根据式(5-2)作出如图 5-2 所示的调节特性曲线,可知调节特性曲线为一斜向上的直线。U_{a0} 是电动机处在待动而又未动临界状态时的控制电压,称为始动电压。根据式(5-2)可知,当 $n=0$ 时,$U_{a0} \propto T$,即负载转矩越大,始动电压越高。在控制电压从零到 U_{a0} 的一段范围内,电动机不转动,这一范围称为电动机的死区。

3. 直流伺服电动机的特点

直流伺服电动机具有良好的线性调节特性及快速的时间响应特性,机械特性较硬,但结构复杂,电刷换向使速度受到限制,有附加阻力,甚至可能会出现低速运转不稳定的现象。

直流伺服电动机低速运转时,由于电枢齿槽、电刷接触压降、电刷和换向器之间摩擦等因素的影响,转速会出现时快时慢,甚至暂时停一下的不均匀现象。低速运转的不稳定性可以通过增加稳速控制电路或使用直流力矩电动机加以解决。

5.1.2　低惯量直流伺服电动机

1. 空心杯转子直流伺服电动机

空心杯转子直流伺服电动机的特点是惯量低、灵敏度高、时间常数很小、损耗小、效率高、力矩波动小、低速转动平稳、噪声很小、换向性能好、使用寿命长,多用在高精度自动控制系统及测量装置等设备中。

2. 印制绕组直流伺服电动机

印制绕组直流伺服电动机的转子呈薄圆盘状,用印制电路制成双面电枢绕组。其特点是:结构简单,制造成本低;启动转矩大,力矩波动很小;低速运行稳定,换向性能好;电枢转动惯量小,反应快。

3. 无槽电枢直流伺服电动机

无槽电枢直流伺服电动机的电枢铁芯是光滑、无槽的圆柱体。其特点是：转动惯量低，启动转矩大，反应快；低速运行稳定，换向性能良好。

5.1.3　交流伺服电动机

交流伺服电动机通常是指应用比较普及的两相感应伺服电动机。根据伺服电动机的基本要求，两相伺服电动机与普通感应电动机相比，应具有转子电阻大和转动惯量小的特点。

1. 两相交流（感应）伺服电动机的结构

两相交流伺服电动机的基本结构和工作原理与普通感应电动机相似。电动机也由定子和转子两大部分构成，定子铁芯中分别安放两个相差90°电角度的励磁绕组 WF 和控制绕组 WC，如图 5-3 所示。转子制成具有较小惯量的细长形，有鼠笼式转子和杯形转子两种。

2. 两相交流伺服电动机的工作原理

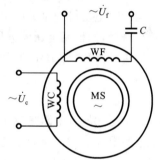

图 5-3　交流伺服电动机的接线图

两相交流伺服电动机的工作原理类似于单相异步电动机。运行时定子的励磁绕组 WF 和控制绕组 WC 通入频率相同的两个交流电，产生合成旋转磁场，在闭合的转子绕组中感应电动势，产生转子电流，转子电流与磁场相互作用产生电磁转矩。为了控制方便，定子中的励磁绕组运行时接至电压为 U_f 的交流电源上，控制绕组施加与 U_f 同频率、大小或相位可调的控制电压 U_c，通过 U_c 控制伺服电动机的启、停及运行转速的大小。与单相电容式异步电动机不同的是，这两个绕组通常是分别接在两个不同的交流电源（两者频率相同）上。

由于励磁绕组电压 U_f 固定不变，而控制电压 U_c 是变化的，故通常情况下两相绕组中的电流不对称，电动机中的气隙磁场也不是圆形旋转磁场，而是椭圆形旋转磁场。

在控制电压取消后，励磁电压单相供电，使单相异步电动机继续转动，即单相异步电动机存在自转现象，达不到控制的目的。如果使电动机转子导条具有较大电阻，不仅可以解决自转现象，还能扩大转速范围并使电动机机械特性尽可能接近线性。转子具有不同电阻时电动机的机械特性曲线如图 5-4 所示，曲线 1、2、3、4 分别是转子电阻为 R_{r_1}、R_{r_2}、R_{r_3}、R_{r_4} 的机械特性，$R_{r_4} > R_{r_3} > R_{r_2} > R_{r_1}$。

随着转子电阻的增大，稳定运行的转速范围扩大。若转子电阻足够大，可使 $s_m \geqslant 1$，如图 5-4 曲线 3、4 所示，在 $0 < s < 1$ 的范围内将呈现出下垂的机械特性曲线，相应地，电动机在从零到同步转速的整个范围内均能稳定运转。此外，由图 5-4 还可以看到，随着转子电阻的增大，机械特性也更接近于线性。

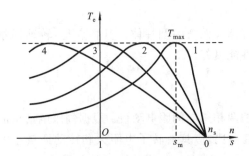

图 5-4　不同转子电阻时的两相交流
伺服电动机的机械特性曲线

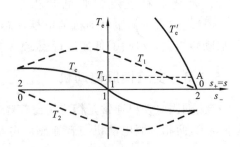

图 5-5　增大转子电阻至 $s_m > 1$ 时两相
交流伺服电动机的特性曲线

如果转子电阻足够大,使正向旋转磁场产生最大转矩时对应的转差率 $s_m > 1$,则可使单相运行时电动机的合成电磁转矩 T_e 在电动机运行范围内均为负值,即 $T_e < 0$,如图 5-5所示。这样,当控制电压消失后,由于电磁转矩为制动转矩,电动机将克服自转现象,迅速停止运转。停转所需的时间,比两相电压 U_c 和 U_f 同时取消、单靠摩擦等制动方法所需的时间要少得多。这也是两相交流伺服电动机在工作时,励磁绕组始终接在电源上的原因。

由于增大转子电阻是克服两相感应伺服电动机自转现象的有效措施,所以目前两相交流伺服电动机的鼠笼导条通常都是用高电阻材料(如黄铜、青铜等)制成的,杯形转子的壁很薄,一般只有 $0.2 \sim 0.8$ mm,因而转子电阻较大,且惯量很小。

3. 控制方式

两相感应伺服电动机运行时,其励磁绕组接到电压为 U_f 的交流电源上,通过改变控制绕组电压 U_c 的大小或相位控制伺服电动机的启、停及运行转速。因此两相感应伺服电动机的控制方式有三种:幅值控制,相位控制,幅值-相位控制。

1）幅值控制

采用幅值控制方式时,励磁绕组电压始终为额定励磁电压 U_{fN},通过调节控制绕组电压的大小来改变电动机的转速,而控制电压与励磁电压之间的相位角始终保持 $90°$ 电角度。当控制电压取消时,电动机停转。

2）相位控制

采用相位控制方式时,控制绕组和励磁绕组的电压大小均保持额定值不变,通过调节控制电压的相位,即改变控制电压与励磁电压之间的相位角 β,实现对电动机的控制。当 $\beta = 0°$ 时,两相绕组产生的气隙合成磁场为脉振磁场,电动机停转。

3）幅值-相位控制（电容控制）

将励磁绕组串联电容以后,接到交流电源上,而控制绕组电压的相位始终与电源相位相同,通过调节控制电压的幅值来改变电动机的转速。同时,由于转子绕组的耦合作用,励磁绕组电流会发生变化,使励磁绕组电压及串联电容上的电压也随之改变,因此控制绕组电压和励磁绕组电压的大小及它们之间的相位角 β 都随之改变。这种控制方式即幅值-相位控制,也称电容控制。

5.1.4 交/直流伺服电动机的性能比较

两相交流伺服电动机和直流伺服电动机均在自动控制系统中作为执行元件使用。实际应用时可根据不同的性能特点加以选用。

1. 机械特性和调节特性

直流伺服电动机的机械特性和调节特性都是线性的,且在不同控制电压下的各机械特性曲线是平行的,即斜率相同。而两相交流伺服电动机的机械特性和调节特性都是非线性的,且其线性化机械特性曲线的斜率随控制电压的变化而变化,这会在一定程度上影响系统的动态精度。直流伺服电动机较交流伺服电动机的特性硬,通常应用于功率稍大的系统中,如用在随动系统中进行位置控制等。

2. 动态响应

由于直流伺服电动机转子上有电枢绕组和换向器等,转动惯量要比两相交流伺服电动机大得多。但由于直流伺服电动机的机械特性比两相感应伺服电动机硬得多,若空载转速相同,直流伺服电动机的堵转转矩要大得多。因此,它们的动态响应时间常数相差不大。

3. 自转现象

对于两相交流伺服电动机,若参数选择不当或制造工艺不良,可能会使电动机产生自转现象,而直流伺服电动机却不存在该问题。

4. 体积、重量和效率

为了满足控制系统对电动机性能的要求,两相交流伺服电动机的转子电阻很大,因此其损耗大、效率低。而且电动机常运行在椭圆形旋转磁场下,负序电流和反向旋转磁场的存在,一方面会导致制动转矩产生,使电磁转矩减小,另一方面也会进一步增加电动机的损耗,降低电动机的利用率。因此当输出功率相同时,两相感应伺服电动机要比直流伺服电动机体积大、重量重、效率低,所以它只适用于功率较小的场合。对于功率较大的控制系统,则较多地采用直流伺服电动机。

5. 结构复杂性、运行可靠性及对系统的干扰等

直流伺服电动机由于存在电刷和换向器,电动机结构复杂,维护比较麻烦;电刷和换向器的滑动接触,会增加电动机的阻转矩,并且会影响电动机运行的稳定性;换向时易产生火花,会对其他仪器和无线电通信等产生干扰。而两相交流伺服电动机结构简单、运行可靠、维护方便、使用寿命长,特别适宜于在不易检修的场合使用。

5.2　力矩电动机

在一些自动控制系统中,被控制对象的转速非常低,如果使用普通的伺服电动机,不仅需要使用比较复杂的减速装置,还可能出现低速运行不稳定现象,影响系统性能的提高。而采用具有转速低、转矩大,能够长期在堵转或低速状态下运行,反应速度快,转矩和转速波动小,机械特性和调节特性线性度好等特性的力矩电动机,则不会出现以上问题。

力矩电动机根据电源分为交流力矩电动机和直流力矩电动机两大类。交流力矩电动机又分为异步交流力矩电动机和同步交流力矩电动机两种类型,虽然它的结构简单、工作可靠,但在低速性能方面还有待进一步完善,目前使用较少。永磁式直流力矩电动机具有良好的低速平稳性和线性的机械特性及调节特性,故在生产中应用最广泛。

5.2.1　永磁式直流力矩电动机的结构特性

直流力矩电动机的工作原理和直流伺服电动机的基本相同,但为了使直流力矩电动机能在相同体积和电枢电压下,产生更大的转矩及更低的转速,一般都做成扁平状,其结构如图5-6所示。

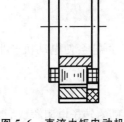

图5-6　直流力矩电动机结构
1—定子;2—电枢;3—刷架

1. 输出转矩分析

对于直流力矩电动机,转子绕组中每根导体所受的电磁力应为

$$F = BI_\mathrm{a}l$$

式中:B 为每个磁极下磁感应强度平均值;I_a 为电枢绕组导体上的电流;l 为导体的有效长度(即电枢铁芯厚度)。

电磁转矩为

$$T = NF\frac{D}{2} = NBI_\mathrm{a}l\frac{D}{2} = \frac{BI_\mathrm{a}N}{2}Dl \qquad (5\text{-}3)$$

式中:N 为电枢绕组总导体数;D 为电枢铁芯直径。

式(5-3)表明了电磁转矩与电动机结构参数 l、D 的关系。首先,如果电动机体积为定值,则电枢体积应保持不变,即 $\pi D^2 l$ 不变,当 D 增大时,铁芯长度 l 就应减小;其次,在相同电流 I_a 及相同用铜量的条件下,若电枢绕组的导线直径不变,则电枢绕组总导体数 N 应随 l 的减小而增加,以保持 Nl 不变。在满足上述条件时,式(5-3)中的 $BI_\mathrm{a}/2$ 近似为常数,故转矩 T 与直径 D 近似成正比。

2. 输出转速分析

转子导体在磁场中运动,切割磁力线所产生的感应电动势为

$$e_\mathrm{a} = Blv$$

式中：v 为导体运动的线速度，$v = \dfrac{\pi Dn}{60}$。

设一对电刷之间的并联支路数为 2，则一对电刷间，$N/2$ 根导体串联后总的感应电动势为 E_a，且在理想空载条件下，外加电压 U_a 应与 E_a 相平衡，所以

$$U_\mathrm{a} = E_\mathrm{a} = \frac{N}{2} \cdot Bl \cdot \frac{\pi Dn_0}{60} = \frac{NBl\pi Dn_0}{120}$$

即

$$n_0 = \frac{120}{\pi} \frac{U_\mathrm{a}}{NBl} \frac{1}{D} \tag{5-4}$$

式(5-4)说明，在保持 Nl 不变的情况下，理想空载转速 n_0 和电枢铁芯直径 D 近似成反比，电枢直径 D 越大，电动机理想空载转速 n_0 就越低。

由以上分析可知，在其他条件相同的情况下，增大电动机直径，减小轴向长度，有利于增加电动机的转矩和降低空载转速，故力矩电动机都做成扁平圆盘状结构。

5.2.2　直流力矩电动机的特点

在某些特殊场合中，有时要求电动机不转，转子在一段时间内保持一静止的力矩，这时电动机处于堵转状态。堵转电流很大，所以一般电动机是不允许堵转的。在分析选用力矩电动机时应考虑以下几项指标。

(1) 连续堵转电流——在规定条件下，直流力矩电动机允许连续堵转又不引起过热的最大电流。

(2) 连续堵转转矩——在规定条件下，对直流力矩电动机施加连续堵转电流，电动机连续堵转时产生的输出转矩。

(3) 峰值(堵转)电流——在规定条件下，堵转不致引起直流力矩电动机损坏，或性能不可恢复的最大电流。

(4) 峰值(堵转)转矩——在规定条件下，对直流力矩电动机施加峰值堵转电流，电动机堵转时产生的输出转矩。

力矩电动机在低速运行和堵转时过电流产生的热量较大，因此，通常在电动机的后端盖上装有独立的轴流或离心式风机做强迫通风冷却，以保证力矩电动机能在低速下或在发生堵转时正常运行。力矩电动机在堵转情况下能产生足够大的力矩而不损坏，加上它有精度高、反应速度快、线性度好等优点，因此，它常用在低速、需要转矩调节和需要一定张力的随动系统中作为执行元件，例如，纺织成卷机、数控机床、天线的驱动装置，X-Y 记录仪及电焊枪的焊条传动装置等中就采用了力矩电动机。

5.3　小功率同步电动机

小功率同步电动机的功率通常在数百瓦以下，常在要求速度恒定不变的控制系统和装置，如驱动仪器仪表中的走纸、打印记录机构、自动记录仪、电钟、录像机、电影摄/放映

机、传真机等控制设备和自动装置中用作执行元件。

同步电动机结构也是由定子和转子两部分组成。它结构简单、运行可靠、维护方便。根据转子机械结构或转子材料,同步电动机可分为永磁式、磁阻式和磁滞式等类型。

5.3.1　永磁式同步电动机

1. 结构特点与工作原理

永磁式同步电动机转子主要由永久磁铁、铁芯、鼠笼绕组构成。永久磁铁用来产生磁通,鼠笼绕组置于转子铁芯槽中,如图 5-7 所示。

永磁式同步电动机的工作原理与一般同步电动机基本相似,只是其转子励磁采用的是永久磁铁。如图 5-8 所示。当同步电动机的定子绕组通以三相或两相(包括单相电源经电容分相)交流电时,产生旋转磁场(以 N_s、S_s 极表示),以同步角速度 ω_0 逆时针方向旋转。由于两异性磁铁互相吸引,定子磁铁的 N_s(或 S_s)极吸住转子永久磁铁的 S_r(或 N_r)极,以同步角速度转动,即转子和定子磁场同步旋转。维持转子旋转的电磁转矩是由定子的旋转磁场和转子的永久磁铁磁场相互作用产生的。同样,当轴上负载增加或减小时,定、转子磁极轴线间的夹角 θ 也相应地增大或减小,只要负载不超过一定限度,转子始终和定子磁场同步运转,此时转子速度仅取决于电源频率和电动机的极对数,而与负载的大小无关。只要负载超过一定限度(这个限度以最大同步转矩来衡量),电动机就可能会"失步",亦即不再按同步速度运行。

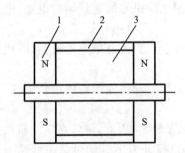

图 5-7　永磁式同步电动机转子示意图

1—永久磁铁;2—鼠笼绕组;3—转子铁芯

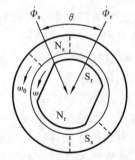

图 5-8　永磁式同步电动机工作原理

2. 启动方法

和一般的同步电动机一样,永磁式同步电动机的启动也比较困难。为了使永磁式同步电动机能自行启动,在转子上一般都装有启动用的鼠笼绕组。

5.3.2　磁阻式电磁减速同步电动机

1. 结构特点

磁阻式电磁减速同步电动机简称磁阻电动机,又称反应式电动机,这种电动机的转子本身没有磁性,只是利用磁场中的可移动部件试图使磁路磁阻最小的原理,依靠转子两个正交方向磁阻的不同而产生电磁转矩,这种转矩称为磁阻转矩或反应转矩。磁阻电动机由于结构简单、成本低廉,获得了较为广泛的应用,目前国内外磁阻电动机有单相和三相的,功率从几瓦到几百瓦。

　　电动机的定子圆环内表面有开口槽,齿数为 Z_s。转子圆盘外表也有开口槽,齿数为 Z_r,一般情况下 $Z_r > Z_s$。定子槽中装有三相或单相定子绕组,定子绕组接通电源便产生旋转磁通 $\varPhi_s$,转子槽内不嵌绕组,如图 5-9 所示。

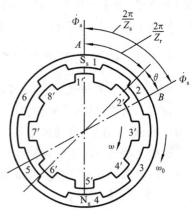

图 5-9　磁阻电动机

　　2. 工作原理

　　假设磁阻电动机只有一对磁极,定子齿数 $Z_s = 6$,转子齿数 $Z_r = 8$。在图 5-9 所示瞬间位置 A,定子绕组产生两极旋转磁通,其轴线正好和定子齿 1 和 4 的中心线重合。由于磁力线总是力图使经过的磁路磁阻最小,或者说,磁阻转矩总是力图使转子朝着磁导最大的方向转动,所以,这时转子齿 $1'$ 和 $5'$ 处于定子齿 1 和 4 相对齐的位置。当旋转磁通转过一个定子齿距 $2\pi/Z_s$ 到图中位置 B 时,由于磁力线要继续使磁路的磁阻最小,因此,就力图使转子齿 $2'$ 和 $6'$ 转到分别与定子齿 2 和 5 对齐的位置上。

　　转子转过的角度为

$$\theta = \frac{2\pi}{Z_s} - \frac{2\pi}{Z_r}$$

因此,可求出定子旋转磁场的角速度 ω_0 和转子旋转角速度 ω 之比 K_R,K_R 称为电磁减速系数,可表示为

$$K_R = \frac{\omega_0}{\omega} = \frac{2\pi}{Z_s} \bigg/ \left(\frac{2\pi}{Z_s} - \frac{2\pi}{Z_r} \right) = \frac{Z_r}{Z_r - Z_s} \tag{5-5}$$

由式(5-5)可知,电动机旋转角速度为

$$\omega = \frac{Z_r - Z_s}{Z_r} \omega_0 = \frac{Z_r - Z_s}{Z_r} \frac{2\pi f}{p} \tag{5-6}$$

式中:p 为定子磁场的极对数。

　　对于图 5-9 所示同步电动机,有

$$\omega = \frac{8-6}{8} \omega_0 = \frac{1}{4} \omega_0$$

如果选取 $Z_r = 50$,$Z_s = 49$,则

$$\omega = \frac{50-49}{50}\omega_0 = \frac{1}{50}\omega_0$$

为获得较大的磁阻转矩,一般 $Z_r - Z_s = 2p$,故由式(5-6)可以看出,电动机的输出速度仅和 Z_r、Z_s 有关。Z_r 越大,Z_r 和 Z_s 越接近,则转子速度就越低。

与永磁同步电动机一样,磁阻电动机的启动也比较困难,也需要在转子上另外装设笼式启动绕组,以达到异步启动、同步运行。它结构简单、制造方便、成本较低,转速一般在每分钟几十转到上百转之间,是一种常用的低速电动机。

5.3.3　磁滞式同步电动机

磁滞式同步电动机(简称磁滞电动机)的转子是用硬磁材料做成的,这种硬磁材料具有比较宽的磁滞回环,其剩磁密度和矫顽力要比软磁材料大。磁滞电动机的主要优点是结构简单、运转可靠、启动转矩大,不需要装任何启动装置就能平稳地进入同步运行。

磁滞电动机也属于交流同步电动机,其定子与一般交流电动机相同,而转子也没有励磁源。由硬磁材料冲片叠压而成的转子,其涡流转矩小,电动机启动及运行主要依靠磁滞转矩;由整块硬磁材料做成的转子,除了磁滞转矩外,还有涡流转矩,可以增大启动转矩。

5.4　步进电动机

步进电动机是将电脉冲控制信号转换成机械角位移的执行元件。它每接收一个电脉冲,其转子就转过一个相应的步距角。转子角位移的大小和转速分别与输入的电脉冲数和脉冲频率成正比,并在时间上与输入电脉冲同步,只要控制输入电脉冲的数量、频率及电动机绕组通电相序,即可获得所需的转角、转速及转向。步进电动机应满足以下基本要求:在电脉冲的控制下,步进电动机能迅速启动、正反转、制动和停车;调速范围宽;步距角要小,步距精度要高,不丢步、不越步;工作频率高、响应速度快。

5.4.1　基本工作原理

步进电动机的种类很多,通常可分为三种类型,即反应式步进电动机、永磁式步进电机和混合式步进电动机。

1. 反应式步进电动机

反应式步进电动机又称可变磁阻式步进电动机,它是利用磁阻转矩使转子转动的,其结构形式通常分为单段式和多段式两种。

步进电动机可以做成二相、三相、四相、五相或更多相数的。图 5-10 所示为三相反应式步进电动机的工作原理。其定子上有六个极,每个极上装有控制绕组,每相对的两极组成一相。转子上有四个均匀分布的齿,其上没有绕组,当 A 相控制绕组通电时,转子在磁

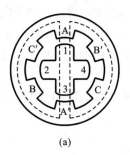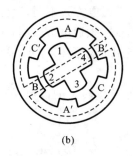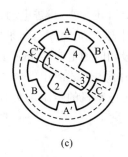

(a)　　　　　　　　(b)　　　　　　　　(c)

图 5-10　三相反应式步进电动机单三拍方式工作原理

场力的作用下与定子齿对齐,即转子齿 1、3 和定子齿 A、A′对齐,如图 5-10(a)所示。若切断 A 相电源,同时接通 B 相电源,在磁场力作用下转子转过 30°,转子齿 2、4 与定子齿 B、B′对齐,如图 5-10(b)所示。如再使 B 相断电,同时 C 相控制绕组通电,转子又转过 30°,使转子齿 1、3 与定子齿 C、C′对齐,如图 5-10(c)所示。如此循环往复,并按 A→B→C→A 顺序通电,步进电动机便按一定方向转动。电动机的转速取决于控制绕组接通和断开的变化频率。若改变通电顺序,即 A→C→B→A,则电动机反向转动。上述通电方式称为三相单三拍,这里"拍"是指定子控制绕组每改变一次通电方式,为一拍;"单"是指每次只有一相控制绕组通电;"三拍"是指经过三次切换控制绕组的通电状态为一个循环。

　　三相步进电动机除上述通电方式外,还有三相单双六拍通电方式,通电顺序为 A→AB→B→BC→C→CA→A 或 A→AC→C→CB→B→BA→A,这里"AB"表示 A、B 两相同时通电,依此类推。在这种通电方式下:当 A 相控制绕组单独通电时,转子齿 1、3 和定子齿 A、A′对齐,如图 5-11(a)所示;当 A、B 相控制绕组同时通电时,转子齿 2、4 在定子极 B、B′的吸引下使转子沿顺时针方向转动,直至转子齿 1、3 和定子极 A、A′之间的作用力与转子齿 2、4 和定子极 B、B′之间的作用力相平衡为止,如图 5-11(b)所示;当断开 A 相控制绕组而由 B 相控制绕组通电时,转子将继续沿逆时针方向转过一个角度,转子齿 2、4 和定子极 B、B′对齐,如图 5-11(c)所示,依此类推。

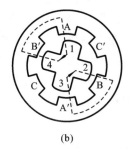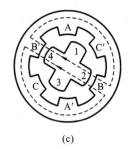

(a)　　　　　　　　(b)　　　　　　　　(c)

图 5-11　反应式步进电动机三相六拍方式工作原理

由上所述,同一步进电动机由于通电方式不同,运行的步距角也不同。采用单三拍通电方式时,步距角为30°,而采用单双六拍通电方式时,步距角为15°,因为在该方式下,当两相定极同时通电时转子存在一个中间状态。可见,采用单双拍通电方式时,步距角要比采用单拍通电方式时小一半。

步进电动机的步距角 θ_s 的大小是由转子的齿数、控制绕组的相数和通电方式所决定的,其关系为

$$\theta_s = \frac{360°}{mZ_rC} \qquad (5-7)$$

式中:C 为通电状态系数,当采用单拍方式时,$C=1$,而采用单双拍方式时,$C=2$;m 为步进电动机的相数;Z_r 为步进电动机转子齿数。

若步进电动机通电的脉冲频率为 f(每秒的拍数),则步进电动机的速度为

$$n = \frac{60f}{mZ_rC} \qquad (5-8)$$

式中:f 为频率,单位为 Hz;n 为转速,单位为 r/min。

由式(5-7)和式(5-8)可知,步进电动机在脉冲频率一定时,步进电动机的相数和转子的齿数越多,则步距角 θ_s 就越小,转速也越低。

2. 永磁式步进电动机

一般将转子使用永磁材料的步进电动机称为永磁式步进电动机。通常转子为一对极或几对极的星形磁钢,定子上绕有两相或多相绕组,定子每相的轴线对应于转子的轴线,这类电动机要求电源提供正、负脉冲。

增加转子的磁极数及定子的齿数可以减小步距角,但转子要制成 N、S 极相间的多对磁极是较困难的,同时定子极数及绕组线圈数也必须相应增加,这将受到定子空间的限制,因此永磁式步进电动机的步距角都较大。

3. 混合式步进电动机

混合式步进电动机是在永磁和变磁阻原理共同作用下运转的,故称混合式或永磁感应式步进电动机。通常其转子装有一个轴向磁化永磁体,用于产生一个单向磁场,其中一段经永磁体磁化为 S 极,另一段磁化成 N 极,定子的齿距和转子的齿距相同。它与反应式步进电动机的主要区别是转子上置有磁钢。反应式电动机转子无磁钢,输入能量全靠定子励磁电流供给,其静态电流比永磁式步进电动机大许多。混合式电动机具有驱动电流小、效率高、过载能力强等优点,是一种很有发展前途的步进电动机。

典型的混合式步进电动机是四相 200 步的电动机,步距角为 1.8°;也有 3.6°、2° 或 5° 步距角的混合式步进电动机。

5.4.2　步进电动机的特点

(1)步进电动机受数字脉冲信号控制,输出角位移与输入脉冲数成正比。

（2）步进电动机的转速与输入的脉冲频率成正比。

（3）步进电动机的转向可以通过改变通电顺序来改变。

（4）步进电动机具有自锁能力，一旦停止输入脉冲，只要维持绕组通电，电动机就可以保持在该固定位置。

（5）步进电动机工作状态不易受各种干扰因素（如电源电压的波动、电流的大小与波形的变化、温度等）的影响，只要干扰未导致步进电动机产生失步，就不会影响其正常工作。

（6）步进电动机的步距角有误差，转子转过一定步数以后也会出现累积误差，但转子转过一转以后，其累积误差为"零"，不会长期积累。

（7）适合于直接与微机的 I/O 接口构成开环位置伺服系统。

因此，步进电动机被广泛应用于开环控制结构的机电一体化系统，使系统简化，并能可靠地获得较高的位置精度。

5.4.3 步进电动机的主要性能指标和应用

1. 步进电动机的主要性能指标

1）矩角特性及最大静转矩

矩角特性（见图 5-12）是控制绕组通电状态不变时，电磁转矩与转子偏转角的关系，即静态转矩与失调角的关系为

$$T = f(\theta_e)$$

最大静转矩是指在规定的通电相数下矩角特性曲线上的转矩最大值。通常在技术数据中所规定的最大静转矩是指一相绕组通上额定电流时的最大转矩值。

按最大静转矩的大小，可把步进电动机分为伺服步进电动机和功率步进电动机。伺服步进电动机的输出转矩较小，有时需要经过液压力矩放大器或伺服功率放大系统放大后再去带动负载。而功率步进电动机可直接带动负载，使系统简化，传动精度提高。

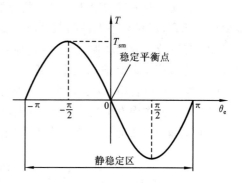

图 5-12　步进电动机矩角特性曲线

2）步距角及步距角精度

步距角是指每输入一个电脉冲转子转过的角度。步距角的大小直接影响步进电动机的启动频率和运行频率。相同尺寸的步进电动机，步距角小的启动、运行频率较高。常见的步距角有 0.6°/1.2°、0.75°/1.5°、0.9°/1.8°、1°/2°、1.5°/3°等。

步距角精度是指步进电动机每转过一个步距角的实际值与理论值的误差，通常用百分比表示：误差/步距角×100%。不同运行拍数其值不同。

3）启动频率和启动的矩频特性

启动频率是指步进电动机能够不失步启动的最高脉冲频率。技术数据中给出的是空载和负载启动频率。实际使用时，大多是在负载情况下启动，所以又给出启动的矩频特性，以便确定负载启动频率。

4）运行频率和运行矩频特性

运行频率是指步进电动机启动后，控制脉冲频率连续上升而不失步的最高频率。通常在技术数据中会给出空载和负载运行频率。运行频率的高低与负载阻转矩的大小有关，所以在技术数据中又给出了运行矩频特性。

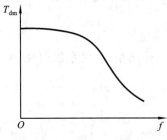

图 5-13　步进电动机矩频特性

步进电动机的最大动态转矩和脉冲频率的关系称为矩频特性。如图 5-13 所示步进电动机矩频特性曲线表明，在一定控制脉冲频率范围内，该曲线斜率较小，随频率升高，转矩降低较少，步进电动机的功率和转速都相应地提高，超出该范围则随频率升高转矩下降。此时，步进电动机带负载的能力也逐渐下降，到某一频率以后，就带不动任何负载，而且只要受到一个很小的扰动，就会振荡、失步以至停转。

2．使用步进电动机时应注意的几个问题

（1）驱动电源的优劣对步进电动机控制系统的运行影响极大，使用时要特别注意，需根据运行要求，尽量采用先进的驱动电源，以满足步进电动机的运行性能要求。

（2）若所带负载转动惯量较大，则应在低频下启动，然后再上升到工作频率，停车时也应从工作频率下降到适当频率再停车。

（3）在工作过程中，应尽量避免由于负载突变而引起的误差。

（4）若在工作中发生失步现象，首先，应检查负载是否过大，电源电压是否正常，再检查驱动电源输出波形是否正常。在处理问题时不应随意变换元件。

5.5　测速发电机

测速发电机是一种把转子转速转换为电压信号的测量元件。按结构和工作原理的不同，测速发电机分为直流测速发电机和交流测速发电机。

为保证性能可靠，测速发电机的输出电动势应具有与转速成正比且比例系数大、响应迅速、无信号区小或剩余电压小、正转和反转时输出电压不对称度小、对温度敏感度低等特点。此外，直流测速发电机还要求在一定转速下输出电压交流分量小，干扰小，交流测速发电机还要求在工作转速变化范围内输出电压相位变化小。

测速发电机广泛用于各种速度或位置控制系统。在自动控制系统中可作为检测速度的元件,以调节电动机转速或通过反馈来提高系统稳定性和精度;在解算装置中可作为微分、积分元件,也可用于加速或延迟信号,或用来测量各种运动机械在摆动或转动及直线运动时的速度。

5.5.1 直流测速发电机

按励磁方式不同,直流测速发电机可分为电磁式和永磁式两大类。其结构和工作原理与普通直流发电机基本相同。

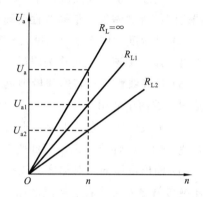

图 5-14   不同负载时的理想输出特性曲线

1. 输出特性

输出特性是指输出电压 U_a 与输入转速 n 之间的函数关系。如图 5-14 所示,只要保持 Φ、R_a、R_L 不变,U_a 与 n 之间就成正比关系。当负载 R_L 变化时,将使输出特性曲线斜率发生变化。改变转子转向,U_a 的极性随之改变。

2. 直流测速发电机的误差及其减小方法

在实际运行中,U_a 与 n 之间并不能严格地保持正比关系,即存在误差。下面分析产生误差的主要原因和解决方法。

(1)电枢反应的影响 当发电机带上负载后,电枢中通过的电流 I_a 将导致电枢磁场产生,使气隙中的合成磁场产生畸变,这种现象称为电枢反应。负载电阻越小或转速越高,电枢反应越显著。为了减小电枢反应对输出特性的影响,在直流测速发电机的技术条件中标有最高转速和最小负载电阻。

(2)延迟换向的影响 延迟换向是指换向元件中的总电动势 e_K 阻碍电流变化,使换向延迟的现象。由于换向元件被电刷短路,e_K 将使换向元件中产生与其方向一致的附加电流 i_K,i_K 造成磁通 Φ_K,Φ_K 的存在使主磁通作用削弱。通常采用限制最高转速的措施来减小延迟换向去磁效应的影响。

(3)温度的影响 在应用中,测速发电机本身会发热,而且环境温度也是变化的,导致励磁绕组电阻变化,进而引起励磁电流和磁通的变化,造成线性误差。减少误差的方法是把磁路设计得足够饱和,或者在励磁回路中串联阻值较大、温度系数很小的附加电阻。

(4)纹波电动势的影响 直流测速发电机换向片数有限,而电枢绕组电动势是每一支路中有限个元件感应电动势的叠加,因此输出电动势总是带有微弱的波动,这种微小的波动称为纹波,纹波会造成线性误差。减小该误差的方法是增加电动机绕组匝数和相应的换向片数,并在输出电路中加入滤波电路。

(5)电刷接触压降对输出特性的影响 电刷接触压降的影响导致输出特性存在不灵敏区。可采用接触电阻小的电刷。

3. 直流测速发电机的主要性能指标

直流测速发电机的性能指标是选择直流测速发电机的重要依据,主要有以下几项。

(1) 线性误差　线性误差是在工作转速范围内,实际输出特性曲线与线性输出特性曲线之间的最大差值与最高线性转速在线性特性曲线上对应的电压之比。

(2) 灵敏度　也称输出斜率,是指在额定励磁电压下,转速为 1 000 r/min 时所产生的输出电压。测速发电机作为阻尼元件使用时,灵敏度是其重要的性能指标。

(3) 最高线性工作转速和最小负载电阻　这是保证测速发电机工作在允许的线性误差范围内的两个使用条件。

(4) 不灵敏区　它是指由电刷接触压降 ΔU_b 导致输出特性斜率显著下降(几乎为零)的转速范围。该性能指标在超低速控制系统中是重要的。

(5) 输出电压的不对称度　该指标是指在相同转速下,测速发电机正、反转时,输出电压绝对值之差与两者平均值之比。对要求正、反转的控制系统需考虑该指标。

(6) 纹波系数　纹波系数是指测速发电机在一定转速下,输出电压中交流分量的有效值与直流分量之比。高精度速度伺服系统对该指标的要求较高。

5.5.2　交流测速发电机

交流测速发电机分为同步测速发电机和异步测速发电机两大类。而同步测速发电机定子输出绕组感应电动势的大小和频率都随转速 n 的变化而变化,不宜用于自动控制系统。

1. 异步测速发电机的结构特点

异步测速发电机的定子上有两相正交绕组,其中一相接电源励磁,另一相则用作输出电压信号。转子有鼠笼式和非磁性空心杯式两种。

鼠笼式异步测速发电机结构简单,但性能较差;空心杯转子异步测速发电机性能好,是目前应用最广泛的一种交流测速发电机。

2. 工作原理

当转子以转速 n 旋转时,转子导体切割励磁磁场产生旋转电动势,其大小为

$$E_{rv} = 4.44 f_v k_{wr} N_r \Phi_{f0} = 4.44 k_{wr} N_r \Phi_{f0} \frac{p}{60} n = k_1 \Phi_{f0} n$$

式中:f_v 为转子频率;k_{wr} 为转子绕组系数;N_r 为转子绕组匝数;Φ_{f0} 为每相绕组的气隙磁通量。

因导体的电阻较大,其漏电抗可以忽略,因而

$$U_2 \approx E_2 \propto \Phi_{f0} \propto n$$

转子转速为 n 时,$U_2 \propto n$。输出电压的频率为励磁电源频率,有效值正比于转速。

3．输出特性

（1）电压幅值特性　该特性是指励磁电压和频率为常数时，交流测速发电机输出电压 U_2 与转速 n 之间的函数关系。理想状态下测速发电机的输出特性为过原点的一条直线，实际上由于各绕组漏阻抗和磁通等都有些变化，输出电压的大小与转速不是严格的直线关系。

（2）电压相位特性　该特性是指当励磁电压和频率为常数时，交流测速发电机输出电压与励磁电压之间的相位差与输入转速 n 间的函数关系。实际上，输出电压和励磁电压之间总是存在着相位移，并且相位移的大小随转速的改变而变化。

4．主要技术指标及误差分析

1）线性误差及分析

严格来说，输出电压和转速之间不是直线关系，由非线性因素引起的误差称为非线性误差，并由下式决定，即

$$\delta_1 = \frac{\Delta U_{max}}{U_{max}} \times 100\%$$

式中：ΔU_{max} 为实际输出特性曲线和工程上选取的理想输出特性曲线上输出电压的最大差值；U_{max} 为对应最大转速 n_{max} 的输出电压。

线性误差产生的原因主要有：励磁绕组的漏阻抗的影响；转子绕组漏电抗引起的直轴去磁效应；交轴磁通在直轴上的去磁效应等。

2）相位误差及分析

相位误差是指交流测速发电机实际输出电压与励磁电压之间相位移的变化量，它随转速的改变而变化。

相位误差产生的原因有：转子绕组漏电抗相位角的影响，它的大小与转速无关；励磁绕组漏阻抗相位角的影响，它的大小与转速有关。在励磁绕组中串入适当的电容，调节电容的大小，可使输出电压和励磁电压同相位。

3）剩余电压

剩余电压是指交流测速发电机在励磁绕组接额定励磁电压，转子静止时输出绕组中所产生的电压。它会使系统产生误动作而引起系统误差。

剩余电压主要由两部分组成：一部分是两相绕组不正交、磁路不对称、绕组匝间短路、铁芯片间短路及绕组端部电磁耦合等引起的固定分量，其大小与转子位置无关；另一部分是由于转子电阻的不对称性，如转子杯材料不均匀、杯壁厚度不一致等所引起的交变分量，其值与转子位置有关，当转子位置变化时，其值做周期性变化。

降低剩余电压的措施有：将输出绕组与励磁绕组分开，分别嵌在内、外定子的铁芯上，此时内定子应做成相对于外定子能够转动的；用补偿绕组来消除剩余电压；外接补偿装置以达到完全补偿剩余电压的目的。

4) 输出斜率(灵敏度)

输出斜率值等于在额定励磁电压下,转速为 1 000 r/min 时测速发电机的输出电压值。输出斜率越大,测速发电机的灵敏度就越高。

表 5-1 列出了交流异步测速发电机与直流测速发电机的优缺点,可供选用时参考。

表 5-1 测速发电机的优缺点

发电机类型	优 点	缺 点
交流异步测速发电机	不需要电刷和换向器,构造简单,维护方便,运行可靠;无滑动接触,输出特性稳定,精度高;摩擦力矩小,惯量小;不产生干扰火花;正、反转输出电压对称	存在相位误差和剩余电压;输出斜率小;输出特性随负载性质(电阻性、电感性、电容性)改变
直流测速发电机	不存在输出电压相位移;无剩余电压;输出功率较大,可带较大负载;温度补偿比较容易	因有电刷换向器,故结构复杂,维护困难,且摩擦转矩较大,产生的火花有干扰,存在不灵敏区

5.6 自整角机

自整角机是一种实现角度传输、变换和指示的元件。它可以用于测量或控制远距离设备的角度位置,也可以在随动系统中用作机械设备之间的角度联动装置,使机械上互不相连的两根或两根以上转轴保持同步偏转或旋转。通常是两台或多台组合使用。

根据自整角机在系统中的作用,自整角机可分为控制式和力矩式两大类,前者主要用于随动系统,后者主要用于指示系统。根据相数不同,分三相自整角机和单相自整角机,前者用于电-轴系统,后者用于角传递系统。下面主要介绍单相自整角机。

5.6.1 控制式自整角发送机

控制式自整角发送机的作用是将机械角位移变为电量。它由一个用变压器铁芯制成的定子和一个在定子内自由转动的转子组成。定子包括三对相隔 120° 等距分布的磁极,磁极上绕着定子绕组。每个定子绕组的一端连接到一个公共点,形成 Y 形接线。各绕组的输出端用引线引出,分别标为 S_1、S_2 和 S_3,如图 5-15(a)所示,为了图示方便,一般用如图 5-15(b)所示的形式来简化表示。

转子上有一个绕组并有外部接头 Z_1 和 Z_2。该接头通过滑环与转子连接,使其能够不受限制地转动,为简便起见,图 5-15(b)上未画出该滑环。

转子绕组为初级绕组,其上电压为 50 Hz 或 400 Hz 的交流励磁电压。定子绕组为次

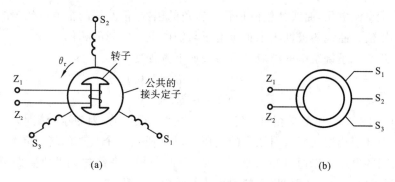

(a)   (b)

图 5-15 控制式自整角发送机

级绕组。次级绕组中感应的电压取决于磁力线与线圈切割时的角度,当两绕组平行时为最大,而当两绕组正交时为零,所以也可以说在任何一个绕组中感应的电压均取决于转子相对于该绕组的位置。

一般转子的零位被定义为 S_2 绕组的磁极轴线与转子绕组磁极轴线处于一条直线时的位置。在这一角度下 S_2 中感应的电压为最大,而 S_1 和 S_3 中感应的电压较小。这时在 S_1 和 S_3 中的电压大小相等,而相位与 S_2 相差 120°。为方便起见,把和励磁电压同相的电压指定为正,而不同相的电压指定为负。

当转子离开零位时,在 S_2 绕组中的感应电压的计算公式为

$$E_{S_2} = KE_z\cos\theta_r \tag{5-9}$$

式中:E_{S_2} 为 S_2 绕组中感应电压的均方根值;E_z 为转子励磁电压的均方根值;K 为根据转子与定子之间的匝数比和磁耦合得出的比例系数;θ_r 为沿逆时针方向测出的转子离开零位的转角。

感应电压 E_{S_2} 如图 5-16(a)所示。注意在 180°时感应电压的大小与在 0°时相同,但是励磁电压与感应电压之间的相位关系改变了 180°。

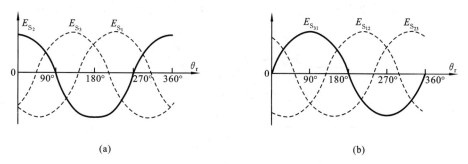

(a)   (b)

图 5-16 控制式自整角发送机定子绕组中的感应电压与转子轴转角的函数关系

必须指出图 5-16(a)中的正弦波并不是通常意义上的交流电压。尽管在定子绕组中

感应的电压是交流电压,曲线的幅值是转子转角的函数,但曲线的幅值所代表的是交流电压的均方根幅值。曲线的极性表示感应电压与励磁电压之间的相位关系。

在另外两个定子绕组中的感应电压将按如下方程变化。

$$E_{S_3} = KE_z \cos(\theta_r - 120°) \tag{5-10}$$

$$E_{S_1} = KE_z \cos(\theta_r + 120°) \tag{5-11}$$

图 5-16(a)中的电压都是相对于定子的公共接点得出的,因为这个接点一般不用,故须考虑定子外部引出线之间成对取出的电压。对于任意一个具体的转子转角,在两根定子引出线之间的电压可以通过测量图 5-16(a)中两条相应曲线之间的垂直距离求出。借助式(5-9)至式(5-11),可算出以下的引出线间的电压方程,即

$$E_{S_{31}} = \sqrt{3}KE_z \sin\theta_r \tag{5-12}$$

$$E_{S_{12}} = \sqrt{3}KE_z \sin(\theta_r - 120°) \tag{5-13}$$

$$E_{S_{23}} = \sqrt{3}KE_z \sin(\theta_r + 120°) \tag{5-14}$$

由图 5-16(b)可见,只要电机为两极电机,这三个线间电压与轴的转角就是单值对应的,没有任何两个轴的转角位置能使三个电压对应相等,所以自整角机大都采用两极结构。

5.6.2　力矩式自整角接收机

力矩式自整角接收机与控制式自整角发送机相反,是一种把电压变成位置的传感器。对于作用在该接收机各定子引线上的一组已知电压,将使它的转子转到相应的角度。其结构与控制式自整角发送机相似。图 5-17 所示为自整角发送机与自整角接收机相互连接的方法。两个装置的定子引线间是电联系,两个转子使用同一个励磁电源。如上所述,这个励磁电源在各个定子绕组中感应出电压。当转子转角 θ_r 与 θ_c 相同时,在相应的一对定子引线之间感应出相等的电压。在任何一个装置中都没有定子电流流动,因为没有产生定子磁场。在定子和转子磁场之间没有相互作用,因而在转子上不会产生力矩。

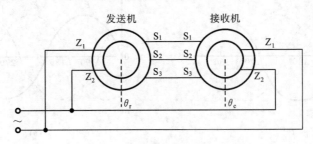

图 5-17　自整角发送机-接收机机组

如果自整角发送机的转子相对自整角接收机的转子转动,在相应的定子绕组磁场中

感应的电压就不相等。此电压差将使两定子绕组之间流过电流,定子磁场与转子磁场相互作用,因而在转子上将产生一个力矩。由于自整角发送机转子轴受到设定输入角的制约,而接收机的转子轴是自由转动的,因此,此力矩将驱动转子向着使两转子角位移差为零的方向转动。随着两个转子角位移逐步接近一致,定子电流也逐步减小,此力矩逐步接近零,使自整角接收机的转子轴停在与发送机转子轴相一致的角位置上。也就是说,自整角接收机将再现或者说重复自整角发送机的转角。

自整角接收机一般都含有一定形式的机械阻尼和阻尼绕组,它使接收机转子逐渐接近正确位置。

自整角发送机-接收机机组的使用局限于负载力矩较小的场合,其精度由接收机轴承的摩擦和负载来确定,常用于机械负载轻的仪表指示系统。

5.6.3 控制式自整角变压器

控制式自整角变压器是专为用在随动系统中,作为位置传感器和误差检测器而设计的,其结构与自整角发送机和接收机的结构相似。其定子由三个相隔120°的Y形连接的绕组构成,而转子是圆柱形的,属于隐极结构,形成一个均匀的气隙而具有最小的激磁电流。另外,控制式自整角变压器具有较高的绕组阻抗,这使其输入功率能尽可能降低到实际需要的数值。

图5-18所示为控制式自整角发送机-变压器机组的连接方式。三个绕组的输入来自于一个控制式自整角发送机,以它作为控制式自整角变压器定子绕组的一个输入,由此引起的电流在控制式自整角变压器内产生一个磁场,磁场的方向取决于定子线间电压的大小和相位,而定子线间电压的大小和相位又取决于发送机转子的位置。另一个控制式自整角变压器的输入是作用于转子轴上的机械角度 θ_b。转子绕组中的电感电压取决于转子所在位置被定子绕组磁场切割的线圈匝数。例如当转子绕组的轴线垂直于发送机轴位置所指明的磁场矢量时,转子绕组的感应电压为零。因此控制式自整角变压器的零点或零位被定义为转子绕组输出电压为零的位置。

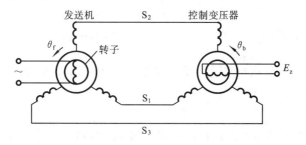

图5-18 控制式自整角发送机-变压器机组

当自整角发送机-变压器机组处于协调位置($\theta_f = \theta_b$)时,控制变压器输出绕组的输出电压 E_z 为零。而当机组失调($\theta_f \neq \theta_b$)后,控制变压器便产生与失调角($\theta_f - \theta_b$)有关的输出电压 E_z。因而,控制式自整角发送机-变压器机组两轴转角失调时,控制变压器将产生与失调角有关的输出电压,即

$$E_z = E_{max}\sin(\theta_f - \theta_b) \tag{5-15}$$

式中:E_{max} 为控制变压器转子的最大电压。

5.6.4 控制式差动发送机

控制式差动发送机的定子和转子都有三个相隔 $120°$ 的绕组,如图 5-19 所示。这些绕组与自整角发送机的定子绕组相似。这种布局为该装置提供了两个输入:作用在定子绕组上的自整角发送机数据及作用在转子轴上的机械角度输入。与控制式自整角变压器的情况一样,在转子绕组中的感应电压取决于转子相对于定子的方位。如果转子绕组与相应的定子绕组排成一条直线,感应的转子电压就会再现定子输入电压(假设匝数比为 1,符合一般实际情况)。这种情况下差动发送机轴的位置称为控制式差动发送机的零位,此时其转子转角 $\theta_d = 0°$。现在假设转子前进了 $120°$,则感应的转子电压将等于把发送机转子反转 $120°$ 而改变了的定子的输入电压。由此可见,转动差动发送机的效果与自整角发送机轴反方向转动同样大小角度的效果相同。所以差动发送机的定子电压代表了自整角发送机轴的转角与差动发送机轴的转角之差。

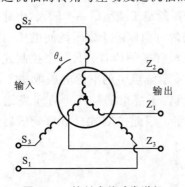

图 5-19 控制式差动发送机

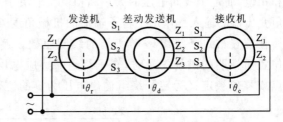

图 5-20 自整角发送机-差动发送机-接收机组

如果把控制式差动发送机置于自整角发送机与接收机之间,如图 5-20 所示,则接收机转子的转角 θ_c 由以下方程给出:

$$\theta_c = \theta_r - \theta_d$$

式中:θ_r 和 θ_d 分别为自整角发送机和控制式差动发送机转子的转角。

如果把自整角发送机和差动发送机的接头 S_1 和 S_3 互换,则输出将是这两个输入角之和,即

$$\theta_c = \theta_r + \theta_d$$

当必须加入系统的输入角多于一个时,就要用到多于一个的差动发送机。

如图 5-18 和图 5-20 所示的自整角机组都可以用于远程指示系统。自整角机也可与放大器和电动机一起组成伺服系统,精度比简单的自整角机组高。

5.6.5 自整角机的选择和使用

力矩式和控制式自整角机各有不同的特点,选用时应根据电源情况、负载种类、精度要求、系统造价等方面情况综合考虑。

1. 控制式和力矩式自整角机的特点及适用的系统和负载

表 5-2 所示为控制式和力矩式自整角机的比较。

表 5-2　控制式和力矩式自整角机的比较

比较项目	控制式自整角机	力矩式自整角机
负载能力	自整角变压器只输出信号,负载能力取决于系统中伺服电动机及放大器的功率	接收机的负载能力受到精度、比整步转矩的限制,故只能带动指针、刻度盘等轻负载
精度	较高	较低
系统结构	较复杂,需要用伺服电动机、放大器、减速齿轮等	较简单,不需要用其他辅助元件
系统造价	较高	较低

注:比整步转矩是力矩式自整角机工作在同步状态、失调角为 1°时作用在整个绕组转子上的力矩。

2. 自整角机的技术参数

(1) 励磁电压　加在励磁绕组上,产生励磁磁通的电压。

(2) 最大输出电压　额定励磁电压下,自整角机输出绕组的最大线电压。

(3) 空载电流和空载功率　空载时,励磁绕组的电流和消耗的功率。

(4) 开路输入阻抗　输出绕组开路时,从励磁绕组看进去的等效阻抗。

(5) 短路输出阻抗　励磁绕组短路时,从输出绕组两端看进去的阻抗。

(6) 开路输出阻抗　励磁绕组开路时,从输出绕组两端看进去的阻抗。

3. 选用时应注意的事项

(1) 自整角机的励磁电压和频率必须与使用的电源相符合。对尺寸小的自整角机,选电压低的比较可靠;对长传输线的自整角机,选用电压高的可降低线路压降的影响;要求体积小、性能好时,应选 400 Hz 的自整角机,否则,应选择采用工频电源的自整角机,这样比较方便(不需要专用中频电源)。

（2）相互连接使用的自整角机,其对接绕组的额定电压和频率必须相同。

（3）在电源容量允许的情况下,应选用输入阻抗较低的发送机,以便获得较大的负载能力。

（4）选用自整角变压器和差动发送机时,应选输入阻抗较高的产品,以减轻发送机的负载。

（5）当自整角机在随动系统中用于测量角度差时,在调整之前其发送机和变压器刻度盘上的读数通常需要进行调零。

（6）严格区分发送机和接收机,两者不能调换使用。

5.7 直线电动机

直线电动机是一种能直接将电能转换为直线运动的伺服驱动元件。在交通运输、机械工业和仪器工业中,直线电动机已得到推广和应用,它为实现高精度、快响应和高稳定的机电传动和控制开辟了新的领域。

直线电动机是由旋转电动机演化而来的。原则上各种形式的旋转电动机均可演化成直线电动机。直线电动机的种类很多,这里主要以应用较多的直线异步电动机为例介绍直线电动机的基本结构和工作原理。

5.7.1 直线异步电动机的结构

图 5-21(a)所示为直线异步电动机的结构示意图,它相当于把旋转异步电动机(见图 5-21(b))沿径向剖开,将定、转子圆周展开成平面而成。直线异步电动机的定子一般是初级,而它的转子(也称为动子)则是次级。初级和次级一般做成长短不等的结构,如图 5-22 所示。由于短初级结构比较简单,故一般采用短初级。下面以短初级直线异步电动机为例来说明它的工作原理。

5.7.2 直线异步电动机的工作原理

在初级的多相绕组中通入多相电流后,会产生一个气隙磁场,这个磁场的磁通密度波是直线移动的,称为行波磁场,如图 5-23 所示。显然,行波的移动速度与旋转磁场在定子内圆表面上的线速度是相同的,称为同步速度,有

$$v_s = 2f\tau$$

式中:f 为电源频率;τ 为极距。

在行波磁场切割下,次级中的导条将产生感应电动势和电流,所有导条的电流和气隙

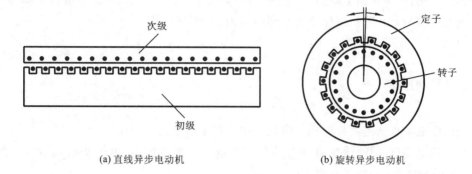

(a) 直线异步电动机   (b) 旋转异步电动机

图 5-21 直线异步电动机的演化

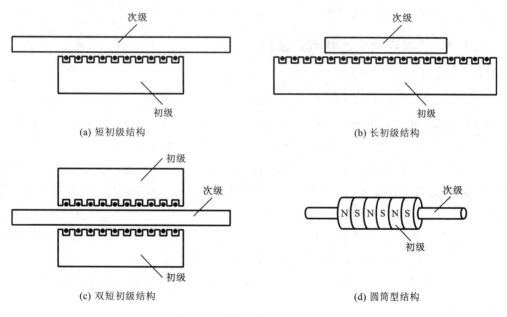

(a) 短初级结构   (b) 长初级结构

(c) 双短初级结构   (d) 圆筒型结构

图 5-22 直线异步电动机的结构

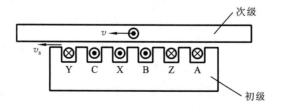

图 5-23 直线电动机原理图

磁场相互作用,产生切向电磁力。如果初级是固定不动的,那么次级就沿着行波磁场行进的方向做直线运动。若次级移动的速度用 v 表示,则滑差率

$$s = \frac{v_s - v}{v_s}$$

次级移动速度

$$v = (1 - s)v_s$$

即直线感应电动机的速度与电源频率及电动机极距成正比。

与旋转电动机一样,改变直线电动机初级绕组的通电次序,可改变电动机运动的方向,因而可使直线电动机做往复直线运动。

直线异步电动机的机械特性、调速特性等都与交流伺服电动机相似,因此,直线异步电动机的启动和调速及制动方法与旋转电动机也相同。

5.7.3　直线电动机的特点及应用

与旋转电动机相比,直线电动机主要有以下特点。

(1)由于不需要中间传动机构,使得系统本身的结构大为简化,重量和体积大大地下降;同时,消除了中间环节所带来的各种定位误差,使定位精度提高,如果采用计算机控制,还可以进一步提高整个系统的定位精度,使振动和噪声减小。

(2)由于电动机动子和定子之间始终保持一定的气隙而不接触,这就消除了定、动子间的接触摩擦阻力,因而大大地提高了系统的灵敏度、快速性和随动性。电动机加速和减速的时间短,可实现快速启动和正反向运行。

(3)普通旋转电动机由于受到离心力的作用,其圆周速度有所限制,而直线电动机运行时,其部件不受离心力的影响,因而它的直线速度可以不受限制。

(4)由于散热面积大,容易冷却,直线电动机可以承受较高的电磁负荷,容量定额较高,对启动的限制小。

(5)由于直线电动机结构简单,且它的初级铁芯在嵌线后可以用环氧树脂密封成一个整体,所以可以在一些特殊场合中应用,例如可在潮湿环境甚至水中使用。

(6)装配灵活性大,往往可将电动机的定子和动子分别与其他机体合成一体。

(7)直线电动机和旋转电动机相比较,存在着效率和功率因数低、电源功率大及低速性能差等缺点。

目前,直线电动机已经得到了广泛应用,如传送机、起重机、冲压机、拉伸机、各种电动门窗、工厂行车、磁分选装置、玻璃搅拌机、计算机磁盘定位系统、自动绘图仪,以及磁悬浮列车、超高行程电梯等中都有直线电动机的应用。

思考题与习题

5-1 什么是交流伺服电动机的自转现象？怎样克服这一现象？

5-2 有一台直流伺服电动机，电枢控制电压和励磁电压均保持不变，当负载增加时，电动机的控制电流、电磁转矩和转速如何变化？

5-3 为什么直流力矩电动机要做成扁平圆盘状结构？

5-4 永磁式同步电动机为什么要采用异步启动？

5-5 磁阻电动机有什么突出的优点？一台磁阻电动机，定子齿数为 46，极对数为 2，电源频率为 50 Hz，转子齿数为 50，试求电动机的转速。

5-6 交流测速发电机在理想情况下为什么转子不动时没有输出电压？转子转动后，为什么输出电压与转子转速成正比？

5-7 交流测速发电机的剩余电压、线性误差、相位误差分别是指什么？

5-8 步进电动机的运行特性与输入脉冲频率有什么关系？

5-9 步进电动机步距角的含义是什么？什么是单三拍、单双六拍和双三拍运行方式？

5-10 试简述控制式自整角机和力矩式自整角机的工作原理，并比较它们的优、缺点。它们各自应用在什么控制系统中较好？

5-11 直线电动机较之于旋转电动机有哪些优、缺点？

第6章　机电传动控制系统中电动机的选择

电动机功率的选择与工作负载、电动机的种类和结构形式有关,本章要求在了解电动机的温度变化规律的基础上,理解并掌握电动机的选择原则。本章重点是掌握不同运行方式下电动机功率的选择方法。

电动机是机电传动系统中最常用的原动机,本章在介绍电动机的温度变化规律基础上,着重介绍电动机的选择原则与方法。

6.1　电动机的温度变化规律

电动机在运行时,不断地将电能转变成机械能,在能量的转变过程中必然有能量的损耗,损耗的能量大部分转变成热能,使电动机发热、温度升高。电动机温度升高与下降都有一个过程,都遵循指数变化规律。

在稳定的工作环境条件下,电动机开始转动前电动机的温度与周围介质的温度相同。电动机启动初期,电动机的温度与周围介质的温度相差很小,损耗所产生的热量只有少部分被散发出去,大部分被电动机吸收,使得电动机温度升高较快。随着电动机温度的逐渐升高,电动机同周围介质的温差越来越大,因而损耗产生的热量散发到介质中的比例逐渐增多,而被电动机吸收的比例逐渐减少,电动机温升逐渐变缓。当电动机温度升高到一定数值时,损耗产生的热量和散发到介质中的热量相等时,温升也就趋于稳定,达到最高温升。图 6-1 中曲线 1 所示为电动机的温度上升曲线,T_h 为发热时间常数,τ 为电动机温升。电动机温度上升的速度与电动机的效率和散热条件有关,一般情况下,一台小功率的电动机,运行 2～3 h 后温度才会趋于稳定。

在切断电源或负载减小时,电动机温度会逐渐下降。图 6-1 中曲线 2 为电动机的温度下降曲线,T_h' 为散热时间常数。

电动机绕组绝缘介质能够耐受的温度值有限,电动机运行时,其工作温度不应超过绝缘材料所允许的最高温度。如果电动机的工作温度超过了绝缘

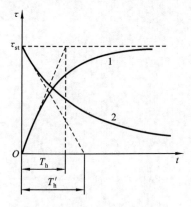

图 6-1　电动机的温度变化曲线

材料允许的最高温度,轻则会加速绝缘介质的老化进程,缩短电动机的寿命,重则会导致绝缘介质在短时间内炭化变质,进而损坏电动机。所以,电动机长期安全运行的必要条件是电动机工作温度不高于绝缘材料所允许的最高温度。目前,常用的绝缘材料有 E、B、F、H 四级,它们允许的最高温度分别为 120 ℃、130 ℃、155 ℃、180 ℃。

6.2　电动机功率选择的原则

电动机的功率反映了它的负载能力,对电动机的选择首先是对电动机功率的选择。如果选择的电动机功率过小,则不能使机械设备在正常工作状况下运行,无法完成相应的生产任务,即使电动机能够勉强拖动机械设备运转,由于电动机在过载条件下运行,也会造成电动机损坏或其他机械故障。如果选择的电动机功率过大,则会使设备的投资费用增加,电动机运行效率下降。

电动机的功率选择应根据以下原则进行。

(1) 允许温升　保证电动机在运行时的实际最高温度 θ_{max} 不高于电动机绝缘材料所允许的最高温度 θ_a,即

$$\theta_{max} \leqslant \theta_a$$

(2) 过载能力　电动机热惯性大,在短期内承受高于额定功率的负载时所达到的温度不会高于电动机绝缘材料所允许的最高温度,有一定的过载能力。但是,电动机的最大转矩 T_{max}(对于异步电动机)或最大电流 I_{max}(对于直流电动机)必须大于运行过程中可能出现的最大负载转矩 T_{Lmax} 和最大负载电流 I_{Lmax},即

$$T_{Lmax} \leqslant T_{max} = \lambda_m T_N \quad (对于异步电动机)$$

或
$$I_{Lmax} \leqslant I_{max} = \lambda_i I_N \quad (对于直流电动机)$$

式中:λ_m、λ_i 为电动机过载能力系数。

(3) 启动能力　为了保证电动机能够可靠启动,必须使

$$T_L < T_{st} = \lambda_{st} T_N$$

式中:λ_{st} 为电动机的启动能力系数;T_{st} 为电动机的启动转矩。

6.3　不同运行方式下电动机功率的选择

电动机的温升除了与负载大小有关外,还与负载的持续时间有关,即与电动机的运行方式有关。电动机的运行方式也称工作制,可分为连续工作制、短时工作制、重复短时(断续)工作制三类。

1. 连续工作制下电动机功率的选择

1) 负载恒定时电动机功率的选择

对于负载功率恒定的生产机械(如通风机、泵、重型车床主传动机构等),连续工作制

下,其电动机功率可根据负载功率 P_L 选择,即

$$P_N \geqslant P_L \tag{6-1}$$

此类电动机在连续运行时的负载图及温升曲线如图 6-2 所示。连续工作制电动机的启动转矩和最大转矩均大于额定转矩,故一般不需要校验启动能力和过载能力。仅在重载生产机械需要重载启动时,才校验启动能力。

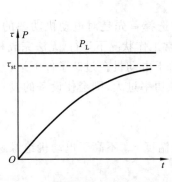

图 6-2　负载恒定、连续工作时的
负载图及温升曲线

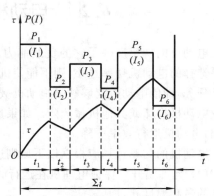

图 6-3　负载变动、连续工作时的
负载图及温升曲线

2) 负载变动时电动机功率的选择

在小型车床、自动车床等多数生产机械中,电动机所带的负载是变化的。如果按生产机械的最大负载来选择电动机的功率,则电动机的能力不能充分发挥;如果按最小负载来选择电动机的功率,其功率又不能够满足要求。所以,一般采用"等值法"来计算电动机的功率,即根据温升相同的原则,把实际的非恒定负载转化成一等效恒定负载,根据得到的等效恒定负载来确定电动机的功率。负载的大小可用电流、转矩或功率来表示。

电动机的温升取决于电动机的发热量,而电动机的发热量是由不变损耗 ΔP 和可变损耗 I^2R 两部分组成的。不变损耗包括铁耗和机械损耗,不随负载变化而变化;可变损耗为铜耗,随负载变化而变化。

下面以图 6-3 为例来说明如何将非恒定负载转变成等效恒定负载。

生产机械的工作时间为 $t_1, t_2, \cdots, t_6$,相应的负载电流为 $I_1, I_2, \cdots, I_6$,电动机在图示工作时间内的总损耗为

$$(\Delta P + I_1^2 R)t_1 + (\Delta P + I_2^2 R)t_2 + \cdots + (\Delta P + I_6^2 R)t_6$$

在等值的恒定负载下,在同一工作时间内,电动机的总损耗为

$$(\Delta P + I_d^2 R)(t_1 + t_2 + \cdots + t_6)$$

根据温升相同的原则,两种损耗应当相同,所以,其等效电流为

$$I_d = \sqrt{\frac{I_1^2 t_1 + I_2^2 t_2 + \cdots + I_6^2 t_6}{t_1 + t_2 + \cdots + t_6}} \qquad (6\text{-}2)$$

直流电动机(他励或并励)，或交流异步电动机工作在接近于同步转速时，$T = K_m \phi I$，由于磁通 Φ 不变，则 $T \propto I$，故上述等效电流公式可转化成等效转矩公式，即

$$T_d = \sqrt{\frac{T_1^2 t_1 + T_2^2 t_2 + \cdots + T_6^2 t_6}{t_1 + t_2 + \cdots + t_6}} \qquad (6\text{-}3)$$

对一般的生产机械来说，作出机械转矩负载图比较容易，所以等效转矩法应用较广。据此，在选择电动机的型号时，使额定转矩 $T_N \geqslant T_d$ 即可。

当准备选用的电动机具有较硬的机械特性，转速在整个工作过程中变化很小时，则可近似地认为功率 $P_d \propto T_d$，故上述等效转矩公式可转化成等效功率公式，即

$$P_d = \sqrt{\frac{P_1^2 t_1 + P_2^2 t_2 + \cdots + P_6^2 t_6}{t_1 + t_2 + \cdots + t_6}} \qquad (6\text{-}4)$$

用功率表示的负载图更易作出，故等效功率法应用范围更广。

在采用等效功率法选择电动机时，应当使 $P_N \geqslant P_d$。

采用等效方法选择电动机功率，只是考虑了电动机的发热问题。因此，根据电动机功率选择的原则，在按"等值法"初选电动机后，还应当校验其过载能力和启动转矩。

2. 短时工作制下电动机功率的选择

有一些生产机械如闸门启闭机、升降机等机械设备的夹紧装置，机床的快速移动装置等，其工作制的特点是短时工作、长期停车。所以，拖动这类机械的电动机工作时温升还未达到稳定值 τ_s 就已长时间停车，逐渐冷却到周围环境温度，如图 6-4 所示。这种工作制下，既可以选择短时工作制的电动机，也可选择连续工作制的普通电动机。

1）选用短时工作制的电动机

我国生产的短时工作制的电动机的标准运行时间有 10 min、30 min、60 min 和 90 min 四种。这类电动机铭牌上所标注的额定功率 P_N 和持续工作时间 t_s 是相对应的。例如 P_N 为 20 kW、t_s 为 30 min 的电动机，在输出功率是 20 kW 时只能连续运行 30 min，否则电动机将超过允许的温升。所以，应按照实际工作时间，选择与上述四种标准持续时间相接近的电动机。

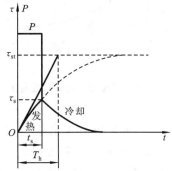

图 6-4　短时工作制下电动机的负载图及温升曲线

如果实际工作时间 t_P 与 t_s 差别较大，可根据等效功率法，将 t_P 下的实际负载功率 P_P 转换成 t_s 下的功率 P_s，即

$$P_s^2 t_s = P_P^2 t_P$$

$$P_s = P_P \sqrt{\frac{t_P}{t_s}} \tag{6-5}$$

然后选择短时工作制电动机,使其 $P_N \geqslant P_s$,再进行过载能力和启动能力校验。

2) 选用连续工作制的普通电动机

普通电动机的额定功率 P_N 是按长期运行设计的。如果将这种电动机用于短时工作,并且按照 $P_N \geqslant P_P$ 选择电动机,其中 P_P 为短时工作制下的实际负载功率,则电动机的能力将不能得到充分发挥。所以,可以按照电动机过载运行选择额定功率 P_N,即

$$P_N \geqslant \frac{P_P}{K} \tag{6-6}$$

式中:过载倍数 K 与 t_P/T_h 有关,如图 6-5 所示,其中 t_P 为短时实际工作的时间,T_h 为电动机的发热时间常数。

电动机短时运行时,如果负载是变化的,则可用前面介绍的"等值法"计算等效电流(转矩或功率),再按上述两种方法选择电动机。

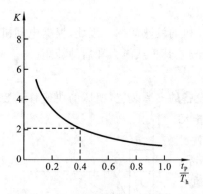

图 6-5　短时工作过载倍数与工作时间

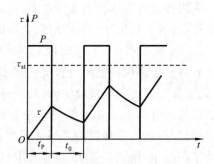

图 6-6　重复短时工作制下电动机的负载图和温升曲线

3. 重复短时工作制下电动机功率的选择

有一些生产机械(如桥式起重机、电梯、组合机床等)的主电动机,工作和停歇两个过程交替进行,且时间间隔较短。这类生产机械的工作特点是具有重复性和短时性,工作时间内电动机的温度不会达到稳态值,停歇时间内电动机的温度也不会降到环境温度,如图 6-6 所示。通常用暂载率(或持续率)ε 来表示此类生产机械的工作情况,可表示为

$$\varepsilon = \frac{工作时间}{工作时间 + 停车时间} \times 100\% = \frac{t_P}{t_P + t_0} \times 100\%$$

在重复短时工作制下,可视具体情况选择电动机。

1) 选用重复短时工作制电动机

我国生产的重复短时工作制电动机的标准暂载率(ε_s)有 15%、25%、40%、60%四种。

并且以 25% 作为额定负载暂载率 ε_{sN}，同时规定一个周期的总时间 $t_P + t_0$ 不超过 10 min。此类电动机在不同的 ε_s 值下，有不同的额定功率 P_{sN}（电动机的 ε_s 越大，电动机所允许输出的额定功率 P_{sN} 越小）。

此类电动机的选择方法是首先根据生产机械的负载图算出电动机的实际暂载率 ε，将实际暂载率 ε 与额定暂载率 ε_{sN} 进行比较，如果实际暂载率 ε 等于额定暂载率 ε_{sN}，只需从该电动机的产品目录中查出额定功率 P_{sN} 再进行选择即可，所选电动机的额定功率 P_{sN} 应略大于或等于生产机械的负载功率 P。如果实际暂载率 ε 不等于额定暂载率 ε_{sN}，则可按照等效原则进行换算，公式为

$$P_s = P \sqrt{\frac{\varepsilon}{\varepsilon_{sN}}} = P \sqrt{\frac{\varepsilon}{0.25}} \tag{6-7}$$

再按照 $P_{sN} \geqslant P_s$ 选取电动机。

2) 选用连续工作制的普通电动机

在没有合适的重复短时工作制电动机时，也可以选用连续工作制电动机，此时需将式 (6-7) 中的 ε_{sN} 看成 100%，再按上述方法选择相应的电动机。

重复短时工作制下，如果负载是变化的，仍可采用前面介绍的"等值法"算出等效功率，再按上述方法选择电动机，并进行过载能力校核。

在重复周期很短（$t_P + t_0 < 2$ min）时，启动、制动或正反转十分频繁，必须考虑启动、制动电流的影响，所以选择的电动机功率要稍大一些。

6.4　电动机功率选择的统计法和类比法

根据负载图按发热理论进行计算来选择电动机的方法，理论依据可靠，但计算过程复杂，而且前述各种方法是在一些假设条件下得到的；此外，对大多数的生产机械来说，找出具有代表性的典型负载图有困难，因此得到的结果差异往往较大。

统计法是比较实用的电动机功率选择方法。所谓统计法，就是对国内外同类型设备所选用的电动机额定功率进行统计和分析，并结合我国的生产实际情况，从中找出电动机功率与设备主要参数之间的关系，并用数学公式加以表达，以此作为设计新设备时选择电动机功率的主要依据。我国机床制造厂通常采用统计法对机床主电动机功率进行选择。例如：卧式车床主拖动电动机功率 P(kW) 的计算公式为

$$P = 36.5 D^{1.54}$$

式中：D 为工件的最大直径(m)。

以 C660 车床为例，其加工工件的最大直径 $D = 1.25$ m，按统计法计算主拖动电动机的功率为 $P = 36.5 \times 1.25^{1.54}$ kW $= 51.4$ kW，而实际选用了 60 kW 的电动机，两者的功率相当接近。

　　统计法虽然简单,也确有实用价值,但是这种方法带有一定的局限性,因为它不可能考虑到各种生产机械的实际工作特点与当前先进的技术条件,所以利用该方法初选电动机后,最好再通过试验的方法加以校验。

　　另一种实用方法为类比法,即对经过长期运行考验的同类生产机械的电动机容量进行调查研究,并对其主要参数和工作条件进行对比,从而确定新设计的生产机械所需电动机的容量。

6.5　电动机的种类、电压、转速和结构形式选择

1. 电动机类型的选择

　　满足生产机械对拖动系统启动、调速、制动、正反转、负载等要求,是电动机类型选择的基本原则。在此基础上,对电动机的选择要发挥机械与电气技术的各自优势,力求整个机电传动系统结构简单、运行可靠、维护方便、价格低廉。

　　(1) 对于不要求调速、对启动性能无过高要求的生产机械,应当优先选择一般的笼型异步电动机(如 YL、JS、Y 系列等)。若要求启动转矩较大,则可选用高启动转矩的笼型异步电动机。

　　(2) 对于要求经常启动和制动,且负载转矩较大,还有一定调速要求的生产机械,应考虑选用线绕式异步电动机(如 YR、YZR 系列等)。

　　(3) 对于需要几种速度,而不要求无级调速的生产机械,可选用 YD 等系列多速异步电动机。

　　(4) 对于需要恒转速运行的生产机械,且需要补偿电网功率因素的场合,应优先考虑选用 TD 等系列同步电动机。

　　(5) 对于需要大范围无级调速,且要求经常启动、制动、正反转的生产机械,则可以选用带调速装置的直流电动机或笼型异步电动机、同步电动机。

2. 电动机额定电压的选择

　　电动机额定电压与供电电压一致是电动机额定电压选择的基本原则,交流电动机额定电压应与供电电网电压一致。直流电动机的额定电压也要与电源电压相一致。

　　我国工厂内的交流低压一般为 380 V,交流高压为 3 kV 或 6 kV。中小型电动机的额定电压一般为 220/380 V(△/Y 接法)或 380 V(△接法),若采用 Y-△降压启动,就必须选用 380 V 的△接法的电动机;100 kW 以上的大功率交流电动机的额定电压一般为 3 kV 或 6 kV。

　　当直流电动机由单独的直流发电机供电时,额定电压常用 220 V 或 110 V;大功率电动机可提高到 600～800 V,甚至为 1 000 V。当电动机由晶闸管整流装置供电时,为了配合不同的整流电路形式,新改进的 Z3 型电动机除了原有的电压等级外,还增设了 160 V

（配合单相整流）及 440 V（配合三相桥式整流）两种电压等级；Z2 型电动机也增加了 180 V、340 V、440 V 等电压等级。

3. 电动机额定转速的选择

对于额定功率相同的电动机，额定转速越高，电动机尺寸和成本越小、重量越轻，因此选用高速电动机较为经济。但由于生产机械的工作机构所需转速一定，所以，电动机转速越高，传动机构转速比越大，传动机构也越复杂。因此，在确定电动机额定转速时，应全面考虑各方面因素，综合分析后再做出选择。

（1）对于不需要调速的高转速或中转速的机械，一般应选择相应额定转速的交流电动机直接与机械设备相连。

（2）对于不需要调速的低速运转机械设备，电动机的额定转速不宜选择过高。

（3）对于需要调速的机械，电动机的最高转速应与生产机械的最高转速相适应。

（4）对于经常启动、制动和反转的生产机械，主要以过渡过程能量损耗最小为条件来选择电动机的额定转速。其主要影响因素是电动机的飞轮转矩和额定转速，即 $GD^2 \cdot n^2$，所以应根据最小的 $GD^2 \cdot n^2$ 来选择电动机的额定转速。

4. 电动机的结构形式选择

根据电动机安装位置的不同，其结构形式可分为卧式（轴是水平的）和立式（轴是竖直的）两种。根据电动机与工作机构的连接方便和结构紧凑为原则来选择电动机的结构形式。如立式铣床、龙门铣床和立式钻床，应采用立式电动机更合适，它比卧式电动机少一对变换方向的锥齿轮。

根据电动机工作所适应的环境条件不同，电动机结构形式还可分为开启式、防护式、封闭式和防爆式四种。

（1）开启式　开启式电动机的定子两侧和端盖上有很大的通风口，价格便宜，散热条件良好，但灰尘、水滴、铁屑等物质容易侵入，从而影响电动机正常工作。此类电动机适用于干燥和清洁的环境条件，如电梯拖动用电动机等。

（2）防护式　防护式电动机的通风孔在电动机机壳的下部，通风冷却条件好，可防止水滴、铁屑等杂物从垂直方向或小于 45°方向落入电动机内部，但不能防止灰尘和潮气侵入，故适用于比较干燥、灰尘不多、无腐蚀性和爆炸性气体的场所，是目前工业上广泛应用的电动机类型。

（3）封闭式　封闭式电动机可以有效地防止灰尘、水滴、铁屑等杂物进入电动机内部。此类电动机适用于尘土多、潮湿、火灾隐患多和有腐蚀性气体的场所，如纺织厂、碾米厂、水泥厂、铸造厂等。

（4）防爆式　防爆式电动机是在封闭式结构基础上制成的电动机，适用于有易燃、易爆气体的场所，如油库、煤气站及瓦斯矿井等。

思考题与习题

6-1　电动机的温升有何规律？电动机的温升、温度及环境温度三者间有什么关系？

6-2　电动机的功率选择应遵循哪些基本原则？不同工作制下的电动机功率应如何选择？

6-3　何为计算电动机功率的"等值法"？

6-4　电动机在运行中,其电压、电流、功率、温升能否超过额定值？为什么？

6-5　如何选择电动机的类型、转速与结构形式？

第7章　继电器-接触器控制系统

本章要求在熟悉常用低压电器的功用、工作原理和电器表示符号的基础上,了解生产机械电气控制线路绘制方法,重点掌握继电器-接触器控制线路的基本控制环节组成及其工作原理,学会分析典型生产机械的控制线路,学会设计简单的控制线路。

目前,电气传动控制已向无触点、连续控制、弱电化、计算机控制的方向发展,但由于继电器-接触器控制系统所用的控制电路具有结构简单、维护方便、价格低廉等优点,且能够满足生产机械一般要求,所以仍然广泛应用于机床电气控制领域。

继电器-接触器控制系统主要研究控制生产机械动作的电动机启动、运行(根据生产实际要求实现正反转控制等)和停止(包括制动)。大部分生产机械的传动部分除了采用电动机外,还采用了液压、电磁器件进行控制,所以,电控对象除了电动机外,还包括对液压、电磁器件的控制。此外,控制电路还包括保护环节。对生产机械的动作控制可以采用刀开关或转换开关等进行手动控制,也可以采用电磁铁等动力机构实施自动控制。自动控制可以减轻工人的劳动强度,提高生产机械的生产率和产品质量,还可以实现远距离控制。本章主要介绍常用低压电器工作原理及其符号表示、继电器-接触器控制线路的绘制方法和基本控制线路,以及机电传动控制线路的分析和设计方法。

7.1　常用低压电器

凡是能对电能的生产、输送、分配和应用起到切换、控制、调节、检测及保护等作用的电工器械均称为电器。低压电器是指电压在500 V以下,用来接通或断开电路,以及用来控制、调节和保护用电设备的电气器具。

低压电器的品种繁多,分类的方法也很多,按用途可分为以下三类。

(1)控制电器　用来控制电动机的启动、制动、调速等动作,如开关电器、信号控制电器、接触器、继电器、电磁启动器、控制器等。

(2)保护电器　用来保护电动机和生产机械,使其安全运行,如熔断器、电流继电器、热继电器等。

(3)执行电器　用来带动生产机械运行和使机械装置保持在固定位置上的一种执行元件,如电磁阀、电磁离合器等。

7.1.1 控制电器

1. 开关电器

1) 刀开关

刀开关又称闸刀开关,一般用于不需要经常切断与闭合的交、直流低压电路中。一般的刀开关由手柄、刀极、刀夹座、绝缘底板等组成,它的结构如图 7-1 所示。推动手柄使刀极插入刀夹座中,电路即被接通。

常见的刀开关有胶盖刀开关和铁壳刀开关,它们内部均装有熔断器,兼有电路保护功能。刀开关安装时,手柄向上,不得倒装或平装。如果倒装,拉闸后手柄可能因自动下落引起误合闸而造成人身、设备安全事故。接线时,必须将电源线接在上端,负载线接在下端,以保证安全。

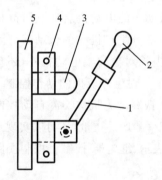

图 7-1　刀开关结构示意图

1—刀极(动触头);2—刀极支架和手柄;
3—刀夹座(静触头);4—接线端子;5—绝缘底板

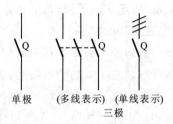

图 7-2　刀开关图形符号

刀开关按级数分为单极、双极与三极几种。在电气传动控制系统中刀开关用如图7-2所示的符号表示,其文字符号用 Q 或 QG 表示。

刀开关的选择应根据电流、电压和通断能力等参数来选择。刀开关的额定电压应等于或大于电路额定电压,其额定电流应等于或稍大于电路工作电流。若用刀开关来控制电动机,则必须考虑电动机的启动电流比较大,应选用额定电流大一级的刀开关。

胶盖刀开关主要用在工频 380 V、60 A 以下的电力线路中,作为一般照明、电热回路等的控制开关,也可作为分支路的配电开关。常用的系列有 HK1、HK2 系列。

铁壳刀开关应用于配电线路,作电源开关、隔离开关用,或用于电路保护,一般不用于直接通断电动机。常用的有 HR5、HH10 等系列。

2) 按钮开关

按钮开关通常用作短时间接通或断开小电流控制电路的开关。按钮是一种发令电器,属于主令电器(主令电器主要是用来切换控制线路的电器),其结构如图 7-3 所示。按钮开关是由钮帽 1、复位弹簧 2、桥式触点(动触点 3,动断静触点 4,动合静触点 5)等组成的。在电气传动控制系统中按钮开关用图 7-4 所示的符号表示,其文字符号为 SB,通常制成具有动合触点和动断触点的复合式结构。其工作原理是:按下钮帽 1,静触点 4 与动触点 3 断开,静触点 5 与动触点 3 闭合,从而控制了两条线路;松开钮帽 1,则动触点 3 在弹簧 2 的作用下恢复原位。指示灯式按钮可装入信号灯显示信号;紧急式按钮装有蘑菇形钮帽,以便于紧急操作;旋钮式按钮是用手扭动旋转来进行操作的。

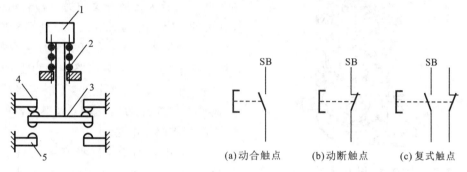

图 7-3　按钮开关结构示意图
1—钮帽;2—弹簧;3—动触点;4、5—静触点

(a)动合触点　　(b)动断触点　　(c)复式触点

图 7-4　按钮开关的图形符号及文字符号

　　按钮选择应根据电源种类、电压等级、所需触点数、使用场合及颜色等参数选择,常用的有 LA2、LA10、LA19、LA20 系列。

3) 选择开关

　　(1) 转换开关　转换开关又称组合开关,其操作与刀开关的操作不同,是左右旋转的平面操作。主要用于主电路中,作为电源的引入开关使用,可以用于启停一些小型的电动机,如小型砂轮机、冷却泵电动机或小型通风机等。

　　转换开关是由装在同一根方形转轴上的单个或多个单极旋转开关叠装在一起组成的,其结构如图 7-5 所示。

　　它的工作原理是:当轴转动时,一部分动触片插入相应的静触片中,使对应的线路接通,而另一部分断开。转换开关按极数,分为单极转换开关、双极转换开关与多极转换开关几种。其主要参数有额定电压、额定电流、极数、允许操作次数等。其中额定电流有 10 A、20 A、40 A、60 A、100 A 等几个等级。常用型号有 HZ5、HZ10、HZ15。

　　转换开关的选择应根据电源的种类、电压等级、电动机功率及所需触点数等参数进行。

　　万能转换开关是具有更多操作位置,能够接更多电路的一种手动电器。由于换接线路多,用途广泛,故称万能转换开关。万能转换开关常用于需要控制多回路的场合,在操作不太频繁的情况下,可以用于小容量电动机的启动、制动、调速或换向的控制。常用的

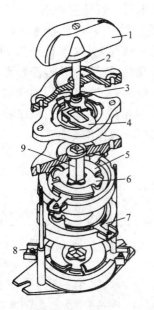

图 7-5　HZ-10/3 型转换开关结构

1—手柄；2—转轴；3—弹簧；
4—凸轮；5—绝缘垫板；6—动触点；
7—静触点；8—接线柱；9—绝缘方轴

万能转换开关有 LW8、LW6 系列。

转换开关在电气原理图中的画法及文字符号如图7-6所示。

图 7-6(a)中虚线表示操作位置，若在其相应触点下涂黑圆点则表示该触点处在闭合状态。另一种方法是用通断状态来表示，表中以"＋"(或"×")表示触点闭合，"－"(或无记号)表示分断。图 7-6(b)所示为转换开关的另一种表示方式，转换开关的文字符号为 SA(也可以用 QS 表示)。

(2) 主令开关　主令开关又称主令控制器，是用来频繁切换复杂多回路控制电路的主令电器。主令开关的触点容量小，不能直接控制主电路，而是经过接通、断开接触器及继电器的线圈电路，来间接控制主电路。

机床上用到的十字转换开关也属于主令开关，这种开关一般多用于多电动机拖动或需多重连锁的控制系统，如：在 X62W 万能铣床中，用于控制工作台垂直方向和横向的进给运动；在摇臂钻床中用于控制摇臂的上升和下降、放松和夹紧等动作。其主要有 LS1 系列。

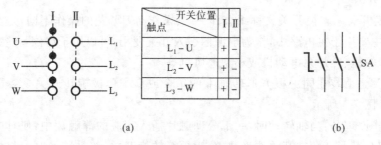

触点＼开关位置	I	II
$L_1 - U$	+	-
$L_2 - V$	+	-
$L_3 - W$	+	-

(a)　　　　　　　　　　　　(b)

图 7-6　转换开关的图形符号及文字符号

图 7-7 所示为主令开关的结构。手柄通过转轴 1 带动固定在轴上的凸轮 2，以实现动触点 7 和静触点 8 的断开与闭合。当凸轮的凸起部分压住滚子 3 时，杠杆 6 受压力克服弹簧 5 的弹簧力，绕轴 4 转动，使装在杠杆末端的动触点 7 离开静触点 8，电路断开。当凸轮的凸出部分离开滚子 3 时，在复位弹簧 5 的作用下，触点闭合，电路接通。其触点多为桥式触点，一般采用银及其合金材料制成，操作轻便、灵活。这样，只要安装一串不同形

状的凸轮(或按不同角度安装)就可以获得按一定顺序动作的触点。

在电气控制系统图中,主令开关的图形符号、触点合断表和转换开关类似。它的文字符号为 SL。

4) 行程开关

机床运动机构常常需要根据运动部件位置的变化来改变电动机的工作状态,即要求按行程进行自动控制,如工作台的往复运动、刀架的快速移动、自动循环控制等。电气控制系统中通常采用直接测量位置信号元件——行程开关来实现控制的要求。行程开关又称位置开关或限位开关,是机床上常用的另一种主令电器。

常用的行程开关有按钮式、滚轮式和微动式三种。

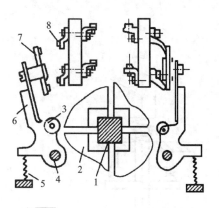

图 7-7　主令开关的结构

1—转轴;2—凸轮;3—滚子;4—轴;
5—弹簧;6—杠杆;7—动触点;8—静触点

(1) 按钮式行程开关　按钮式行程开关的构造与按钮相似,如图 7-8 所示。它的动作情况与复式按钮一样,即当撞块压下推杆时,其动断触点打开,动合触点闭合;当撞块离开推杆时,触点在弹簧作用下作用下恢复原状。这种行程开关的结构简单、价格便宜。缺点是触点的通断速度与撞块的移动速度有关,当撞块的移动速度较慢时,触点断开也缓慢,电弧容易使触点烧损,因此它不宜用在移动速度低于 0.4 m/min 的场合。常用的有 LX19 和 JLXK1 等系列。

(2) 滚轮式行程开关　滚轮式行程开关有两种结构形式:单轮结构和双轮结构。

单轮结构如图 7-9 所示,当滚轮 1 受到向左的外力作用时,上转臂 2 向左下方转动,下转臂 4 向右转动,并压缩右边的弹簧 8,同时下面的滑轮 5 也很快沿横板 6 向右转动,滑轮 5 滚动时又压缩弹簧 7,当滑轮 5 走过横板 6 的中点时,弹簧 7 使横板 6 迅速转动,因而使动断触点 10 迅速与右边静触点分开,并与左边的动合触点 11 闭合,这样就可减少电弧对触点的烧蚀,并保证动作的可靠性。这类开关适用于低速运动的机械。

当外力作用于单轮结构的滚轮时,触点动作;外力撤除时,触点便自动复位,故称可复位结构。

双轮结构的工作原理与单轮相似,只是其头部 V 形摆件上有两个互成 90° 的两个滚轮。当外力作用于其中一滚轮时,其相应触点动作,外力撤除时,其滚轮和触点保持动作后状态,要想复位,必须以同样大小、方向的力作用于另一只滚轮。因此,该结构称不可复位结构。

(3) 微动式行程开关　微动式行程开关简称微动开关。要求行程控制的准确度较高时,可采用微动开关,它具有体积小、重量轻、工作灵敏等特点,且能瞬时动作。微动开关还用来作为其他电器(如空气式时间继电器、压力继电器等)的触点。图 7-10 所示为微动开关的结构。微动开关有 LX5、LX11、LX31 等系列。

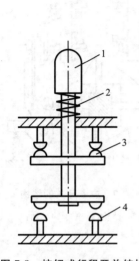

图 7-8　按钮式行程开关结构

1—推杆；2—弹簧；

3—动断触点；4—动合触点

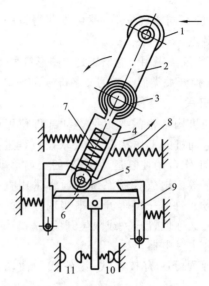

图 7-9　单轮式行程开关结构

1—滚轮；2—上转臂；3—盘形弹簧；4—下转臂；5—滑轮；6—横板；

7—压缩弹簧；8—弹簧；9—压板；10—动断触点；11—动合触点

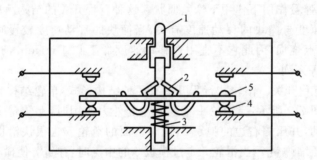

图 7-10　微动开关结构

1—推杆；2—弯形片状弹簧；3—压缩弹簧；4—动断触点；5—动合触点

如表 7-1 所示为行程开关的图形符号和文字符号。

表 7-1　行程开关的图形符号及文字符号

名　称	图 形 符 号		文 字 符 号
	动合触点	动断触点	
行程开关			ST
微动开关			SM

行程开关选择应根据运动部件对行程开关形式的要求、触点的种类和数量、电压、电流等参数进行。

5）自动空气开关

自动空气开关又称自动空气断路器，它相当于刀开关、熔断器、热继电器、欠电压继电器等的组合，是一种既有手动开关作用，又具有对电动机进行短路、过载、欠电压保护作用的器件，这种电器能在线路发生上述故障时自动切断电路。

图 7-11 所示为自动空气开关的工作原理图。操作机构手动或电动合闸，并由自由脱扣机构将主触点锁在合闸的位置上。过电流脱扣器的线圈和热脱扣器的热元件与主电路串联，失压脱扣器的线圈与电路并联。当电路发生短路或严重过载时，过电流脱扣器的衔铁被吸合，使自由脱扣机构动作。当电路过载时，热脱扣器的热元件产生热量增加，使双金属片向上弯曲，推动自由脱扣动作。

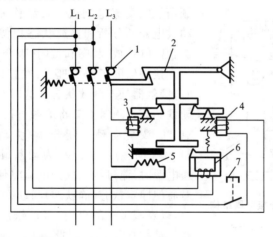

图 7-11　自动空气开关工作原理

1—主触点；2—自由脱扣机构；3—过电流脱扣器；4—分励脱扣器；
5—热脱扣器；6—失压脱扣器；7—按钮

机床上常用的自动空气开关有 DZ10 系列和 DW10 系列。自动空气开关的图形符号及文字符号如图 7-12 所示。

用自动空气开关实现短路保护比采用熔断器优越，因为当三相电路短路时，很可能只有一相熔体熔断，造成单相运行。而自动空气开关则不同，只要造成线路短路，自动空气开关就会跳闸，将三相电路同时切断，因此它广泛应用于要求较高的场合。

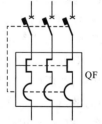

自动空气开关的选择应根据额定电压、额定电流及允许切断的极限电流等参数进行。目前常用的有 DZ-10、

图 7-12　自动空气开关符号

DZ5-20、DZ5-50 系列,适用于交流 500 V、直流 220 V 以下的电路。

2．接触器

接触器是一种用来接通或断开电动机或其他负载主电路的自动切换电器。它适用于频繁操作和远距离控制,是继电器-接触器控制系统中的重要元件之一。

接触器的基本参数有主触点的额定电流、主触点允许切断电流、触点数、线圈电压、操作频率、机械寿命和电寿命等。目前生产的接触器,其额定电流最大可达 2 500 A,允许接通次数为 150~1 500 次/h,其总寿命可达到 1 500 万~2 000 万次。

接触器种类很多,按其主触点通过电流的种类,可分为交流接触器和直流接触器两种,机床控制上以交流接触器应用最为广泛。

1) 交流接触器

交流接触器常用于远距离接通和分断,电压可至 1 140 V、电流可至 630 A,也可用于频繁控制交流电动机。其结构如图 7-13 所示。与手动式电器的分断和接通状态相似,接触器也有两种状态:常开(释放)状态和常闭(吸合)状态。

接触器的工作原理是:在接触器的励磁线圈断电时,接触器处于释放状态。这时在复位弹簧的作用下,动铁芯通过绝缘支架将动触桥推向最上端,因此,静触点 11-12 与动触点断开(称为动合触点),而静触点 21-22 与动触点闭合(称为动断触点)。当励磁线圈接通电源时,流过线圈内的电流将使铁芯中产生磁通,此磁通使固定铁芯(静铁芯)与动铁芯之间产生足够的吸力,以克服弹簧的反力,将动铁芯向下吸合,这时动触桥也被拉向下端。因此,原来闭合的动断触点 21-22 就被分断,而原来处于分断状态的动合触点 11-12 就

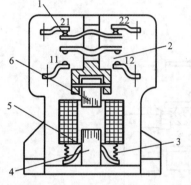

图 7-13　交流接触器结构

1—动断触点;2—动合触点;3—弹簧;
4—静铁芯;5—线圈;6—动铁芯

转为闭合。这样,控制励磁线圈的通电和断电,就可使接触器的触点由分断转为闭合,或由闭合转为分断,从而达到控制电路通断的目的。

接触器由电磁系统、触点系统、灭弧装置、弹簧和支架底座等部分组成。

(1) 电磁系统　交流接触器的电磁系统采用交流电磁机构。线圈通电后,衔铁在电磁吸力的作用下,克服弹簧的反力与铁芯吸合,带动动触点动作,从而接通或断开相应电路;线圈断电后,动作过程与上述相反。为了减小涡流和磁滞损耗,以免使铁芯过分发热,交流接触器的铁芯用硅钢片叠铆而成,并在铁芯的端面上装有分磁环(短路环)。交流接触器的吸引线圈(工作线圈)一般做成有架式的,避免与铁芯直接接触,形状较扁,用来改善线圈的散热情况。交流线圈的匝数较少,纯电阻较小,因此,在接通电路的瞬间,由于铁芯气隙大,电抗小,电流可达到工作电流的 15 倍,所以,交流接触器不适宜用于极频繁启动、停止的工作场合。而且要特别注意,千万不要把交流接触器的线圈接在直流电源上,

否则线圈将因电阻小而流过的电流过大而被烧坏。

（2）触点系统　触点是用来完成接触器接通和断开这个主要任务的。对触点的要求是：接通时导电性能良好、不跳（不振动）、噪声小、不过热，断开时能可靠地消除规定容量下的电弧。

根据用途的不同，接触器的触点可分为主触点和辅助触点。主触点用以接通或关断电流较大的主电路，一般由三对动合触点组成；辅助触点用于接通或关断小电流的控制电路，由动合和动断触点成对组成。

触点的接触形式可分为三种，即点接触、线接触、面接触，如图 7-14 所示。图 7-14（a）所示为点接触，它由两个半球形的触点或一个半球形与一个平面形触点构成。它常用于小电流的电器中，如接触器的辅助触点或继电器触点。图 7-14（b）所示为线接触，它的接触区域是一条直线。线接触形式多用于中等容量的触点，如接触器的主触点。图 7-14（c）所示为面接触，它可允许通过较大的电流。这种触点一般在接触表面上镶有合金，以减小触点接触电阻和提高耐磨性，多用作较大容量接触器的主触点。

(a) 点接触　　　　(b) 线接触　　　　(c) 面接触

图 7-14　交流接触器的触点接触形式

（3）灭弧装置　当触点断开大电流时，在动、静触点间会产生强烈电弧而烧坏触点，并使切断时间拉长。为使接触器可靠工作，必须使电弧迅速熄灭，故要采用灭弧装置。

常用灭弧方法有以下几种。

① 电动力灭弧　图 7-15（a）所示为简单电动力灭弧法，它利用触点回路本身的电动力 F 把电弧拉长，电弧在拉长的过程中迅速冷却，从而熄灭。如图 7-15（b）所示为采用双断口桥式触点的灭弧结构，它将整个电弧分为两段，利用电动力灭弧，效果较好。

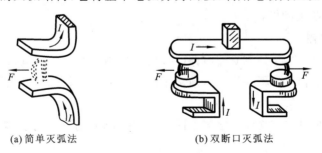

(a) 简单灭弧法　　　　　　(b) 双断口灭弧法

图 7-15　电动力灭弧

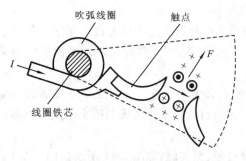

图 7-16 磁吹灭弧

② 磁吹灭弧 磁吹灭弧装置如图 7-16 所示。

在触点回路(主回路)中串接吹弧线圈(较粗的几匝导线,其间穿铁芯以增强导磁性),通电流后产生较大的磁通。触点分开的瞬间所产生的电弧就是载流体,它在磁通的作用下产生电磁力 F,把电弧拉长并冷却从而灭弧。电磁电流越大,吹弧的能力也越大。磁吹灭弧法在直流接触器中得到了广泛应用。

③ 栅片灭弧 图 7-17 所示为栅片灭弧的原理,栅片由表面镀铜的薄钢板制成,嵌装在灭弧罩内。发生电弧时,电弧周围产生磁场,导磁的钢片将电弧吸入栅片,电弧被栅片分割成许多串联的短电弧,当交流电压过零时电弧自然熄灭,两栅片间必须有 $150\sim250$ V电压,电弧才能重燃。这样,一方面电源电压不足以维持电弧,另一方面由于栅片的散热作用,电弧自然熄灭后很难重燃。这是一种常用的交流灭弧装置。

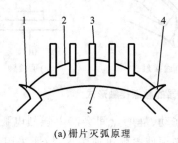

(a) 栅片灭弧原理

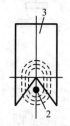

(b) 电弧进入栅片的图形

图 7-17 栅片灭弧

1—静触点;2—短电弧;3—灭弧栅片;4—动触点;5—长电弧

目前常用的交流接触器有 CJ10、CJ12、CJ12B、CJ20、CJX1 等系列。例如,CJ10-40 A,其主触点的额定工作电流为 40 A,可以控制额定电压为 380 V、额定功率为 20 kW 的三相异步电动机。

2) 直流接触器

直流接触器主要用于控制直流电路(主电路、控制电路和励磁电路等)。它的组成部分和工作原理同交流接触器一样。目前常用的是 CZ0 系列,直流接触器的结构如图 7-18 所示。

直流接触器的铁芯与交流接触器不同,因没有涡流的存在,因此一般用软钢或工程纯铁制成圆环。

由于直流接触器的吸引线圈通的是直流电,所以,没有冲击性的启动电流,也不会产生铁芯猛烈撞击现象,因而它的寿命长,适用于频繁启动、制动的场合。

接触器的图形符号和文字符号如图 7-19 所示。

选择接触器主要依据以下数据:电源种类(交流或直流);主触点额定电压和额定电流;辅助触点的种类、数量和触点的额定电流;电磁线圈的电源种类、频率和额定电压、额定操作频率等。

3．继电器

继电器是一种根据输入信号而动作的自动控制电器。它与接触器不同,主要用于反映控制信号,其触点通常接在控制电路中。继电器的种类很多,分类方法也很多,常用的分类方法如下。

(1) 按输入量的物理性质分为电流继电器、电压继电器、中间继电器、时间继电器、温度继电器等。

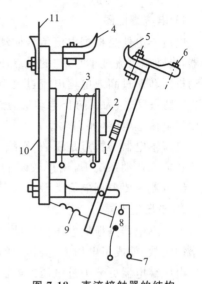

图 7-18　直流接触器的结构

1—衔铁;2—铁芯;3—线圈;4—静触点;

5—动触点;6、7、11—接线端;8—辅助触点;

9—反作用弹簧;10—底板

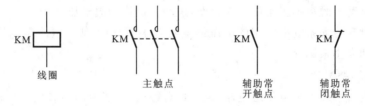

图 7-19　接触器的图形符号和文字符号

(2) 按动作时间分为快速继电器、延时继电器、一般继电器。

(3) 按执行环节的作用原理可分为有触点继电器、无触点继电器。

(4) 按动作原理分为电磁式继电器、干簧继电器、电动式继电器、热继电器、电子式继电器等。

由于电磁式继电器具有工作可靠、结构简单、制造方便、寿命长等一系列优点,故在机床电气传动系统中应用最为广泛,约有 90% 以上的继电器是电磁式的。继电器一般用来接通、断开控制电路,故电流容量、触点、体积都很小,只有当电动机的功率很小时,才可用某些中间继电器来直接接通和断开电动机的主电路。电磁式继电器有交流和直流之分,它们的主要结构和工作原理与接触器基本相同。下面介绍几种常用继电器。

1）电流继电器

电流继电器是根据电流信号而动作的。如在直流电动机的励磁线圈里串联一电流继电器，当励磁电流过小时，它的触点便打开，从而控制接触器，以切除电动机的电源，防止电动机因转速过高或电枢电流过大而损坏，具有这种性质的继电器称为欠电流继电器（如JT3-L型）；反之，为了防止电动机短路或电枢电流过大（如严重过载）而损坏电动机，就要采用过电流继电器（如JL3型）。

电流继电器的特点是匝数少，线径较粗，能通过较大电流。

在电气传动系统中，用得较多的电流继电器有JL14、JL15、JT3、JT9、JT10等型号。电流继电器主要根据电流类型和额定电流大小来选择。

2）电压继电器

电压继电器是根据电压信号动作的。如果把上述电流继电器的线圈改用细线绕成，并增加匝数，就成了电压继电器，它的线圈是与电源并联的。

电压继电器可分为过电压继电器和欠电压继电器两种。

（1）过电压继电器　当控制线路的电压超过允许的正常电压时，继电器将动作，控制切换电器（接触器），使电动机等停止工作，以保护电气设备不致因过高的电压而损坏。

（2）欠（零）电压继电器　控制线圈电压过低，将使控制线路不能正常工作（异步电动机因 $T \propto U^2$，不宜在电压过低的情况下工作），利用欠电压继电器在电压过低时动作，使控制系统或电动机脱离不正常的工作状态，这种保护称为欠电压保护。

在机床电气传动系统中常用的电压继电器有JT3、JT4型。电压继电器可根据线路的电压种类和大小来选择。

3）中间继电器

中间继电器本质上是电压继电器，但还具有触点多（多至六对或更多）、触点能承受的电流较大（额定电流为5～10 A）、动作灵敏（动作时间小于 0.05 s）等特点。

它的用途有两个。

（1）用来传递信号。当电流超过电压或电流继电器触头所允许通过的电流时，可用中间继电器作为中间放大器来控制接触器。

（2）用于同时控制多条线路。在机床电气传动系统中，中间继电器除了常用的JT3、JT4型外，目前用得最多的是JZ7型和JZ8型中间继电器。在可编程控制器和仪器仪表中还用到了各种小型继电器。

选用中间继电器时，主要是根据控制线路所需触点的多少和电源电压等级进行选择。

4）热继电器

热继电器是根据控制对象的温度变化来控制电流流通的继电器，即利用电流的热效应而动作的继电器。它主要用来避免电动机长时间过载。电动机工作时，是不允许超过额定温升的，否则会降低电动机的寿命。熔断器和过电流继电器只能保证通过电动机的电流不超过允许最大电流,不能反映电动机的发热情况。电动机短时过载是允许的,但长时间过载时电动机就要发热,因此,必须采用热继电器进行保护。图 7-20 所示为热继电器的结构。为反映温度信号,设有感应部分(发热元件与双金属片);为控制电流流通,设有执行部分(触点)。发热元件 1 用镍铬合金丝等材料做成,直接串联在被保护的电动机主电路内,它随电流的大小和时间的长短而发出不同的热量,这些热量可将双金属片 2 加热。双金属片由两种膨胀系数不同的金属片叠放而成,右层采用高膨胀系数的材料,如铜或铜镍合金,左层则采用低膨胀系数的材料,如因瓦钢。双金属片的一端是固定的,另一端为自由端,双金属片过度发热时便向左弯曲。热继电器有制成单个的(如常用的 JR14 系列),也有和接触器制成一体一同安放在磁力启动器的壳体之内的。目前一个热继电器内一般有两个或三个加热元件,通过双金属片和杠杆系统使动断触点动作。图 7-20 所示为 JR14-20/2 型的结构示意图。图中,感温元件 4 用作温度补偿装置,调节旋钮 10 用于整定电流。

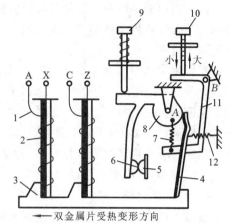

图 7-20　JR14-20/2 型热继电器的结构

1—发热元件;2—双金属片;3—绝缘杆(胶纸板);
4—感温元件(双金属片);
5—静触点;6—动触点;
7、12—弹簧;8—凸轮元件;
9—手动复位按钮;10—调节旋钮;11—杠杆

　　动作原理是:当电动机过载时,通过发热元件 1 和双金属片 2 的电流使双金属片 2 向左弯曲,双金属片 2 推动绝缘杆 3,绝缘杆 3 带动感温元件 4 左转,使感温元件 4 脱开凸轮元件 8,凸轮元件 8 在弹簧 7 的拉动下绕支点 A 沿顺时针方向旋转,从而使动触点 6 与静触点 5 断开,电动机因此而得到保护。

　　使用热继电器时应注意以下几个问题。

　　(1)为了正确地反映电动机的发热,在选用热继电器时应采用适当的热元件,热元件的额定电流与电动机的额定电流相等时,继电器便准确地反映电动机的发热。

　　(2)注意热继电器,特别是有温度补偿装置的热继电器所处的周围环境温度,应保证它与电动机有相同的散热条件。

　　(3)由于热继电器有热惯性,大电流出现时它不能立即动作,故热继电器不能用于短路保护。

　　(4)用热继电器保护三相异步电动机时,至少要用有两个热元件的热继电器,从而在不正常的工作状态下,对电动机进行过载保护。

　　应根据电动机的额定电流选择热继电器的型号、规格及热元件的电流等级。目前常用的热继电器有 JR14、JR15、JR16 等系列。

5）时间继电器

时间继电器是一种接收信号后，经过一定的延时后才能输出信号，实现触点延时接通或断开的控制电器。按动作原理与构造不同，其可分为电磁式、空气阻尼式、电动式和晶体管式等类型。

空气阻尼式时间继电器是利用空气阻尼作用获得延时功能的，有得电延时和失电延时两种类型，常用的有 JS7-A 和 JS16 系列。图 7-21 所示为 JS7-A 系列时间继电器的结构示意图，它主要由电磁系统、延时机构和工作触点三部分组成。图 7-21(a) 所示为得电延时型时间继电器，当线圈 1 通电后，铁芯 2 将衔铁 3 吸合（推板 5 使微动开关 16 立即动作），活塞杆 6 在塔形弹簧 8 作用下，带动活塞 12 及橡皮膜 10 向上移动，由于橡皮膜下方气室空气稀薄，形成了负压，因此活塞杆 6 不能迅速上移。当空气由进气孔 14 进入气室时，活塞杆 6 才逐渐上移。移到最上端时，杠杆 7 使微动开关 15 动作。延时时间即为自电磁铁吸引线圈通电时刻起到微动开关动作时为止的这段时间。通过调节螺杆 13 调节进气孔的大小，就可以调节延时时间。

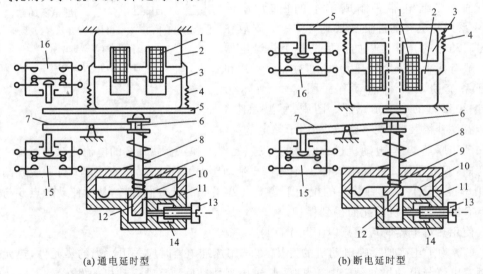

(a) 通电延时型　　　　　　　(b) 断电延时型

图 7-21　JS7-A 系列时间继电器动作原理图

1—线圈；2—铁芯；3—衔铁；4—复位弹簧；5—推板；6—活塞杆；7—杠杆；8—塔形弹簧；9—弱弹簧；
10—橡皮膜；11—气室腔；12—活塞；13—调节螺杆；14—进气孔；15、16—微动开关

当线圈 1 断电时，衔铁 3 在复位弹簧 4 的作用下将活塞 12 推向最下端。因活塞被往下推时，橡皮膜下方气室内的空气都通过橡皮膜 10、弱弹簧 9 和活塞 12 肩部所形成的单向阀，经上气室缝隙顺利排掉，因此延时微动开关 15 与不延时的微动开关 16 都迅速复位。

将电磁机构旋转 180°安装，可得到图 7-21(b) 所示的失电延时型时间继电器。它的工作原理与得电延时型相似，微动开关 15 在吸引线圈断电后延时动作。

空气阻尼式时间继电器的优点是结构简单、寿命长、价格低廉,还附有不延时的触点(瞬动触点),所以应用较为广泛。缺点是准确度低、延时误差大(10%～20%),因此在要求延时精度高的场合不宜采用。

时间继电器的选择应依据延时方式(得电延时或失电延时)与时间、延时触点与瞬时动作触点的种类与数量等参数进行。

6) 速度继电器

速度继电器常用于反接制动电路中。

JY1 型速度继电器的结构原理如图 7-22 所示。速度继电器的轴与电动机的轴相连接。永久磁铁的转子固定在轴上。装有鼠笼绕组的定子与轴同心且能独自偏摆,与永久磁铁间有一气隙。当轴转动时永久磁铁一起转动,鼠笼绕组切割磁力线产生感应电动势和电流,和笼型电动机原理一样。此电流与永久磁铁磁场作用产生转矩,使定子柄随轴的转动偏摆,通过定子柄拨动触点,使继电器触点接通或断开。当轴的转速下降到接近零速时(约 100 r/min),定子柄在动触点弹簧力的作用下恢复到原来的位置。

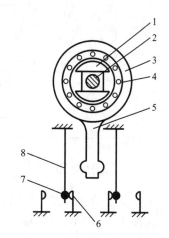

图 7-22　JY1 型速度继电器结构原理图

1—转子;2—电动机轴;3—定子;4—绕组;5—定子柄;6—静触点;7—动触点;8—簧片

常用的速度继电器除 JY1 型外,还有一种新产品 JFZO 型,其两组触点改用两组微动开关,因而动作速度不受定子柄偏摆的影响。其额定工作转速有300～1 000 r/min 与 1 000～3 000 r/min 两种。

速度继电器主要根据电动机的额定转速、触点的种类和数量进行选择。

继电器的文字符号和图形符号如表 7-2 所示。

表 7-2　继电器的符号

电器名称	文字符号	线圈符号	触点符号	
			动合(常开)触点	动断(常闭)触点
中间继电器	K	□ 或 □	╱	╲
电压继电器	KV	U> 或 U<	╱	╲
电流继电器	KA	I> 或 I<	自动复位 手动复位	自动复位 手动复位

电器名称	文字符号	线圈符号	触点符号	
			动合(常开)触点	动断(常闭)触点
热继电器	FR	热元件 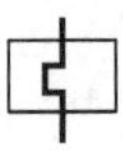		手动复位 
速度继电器	KS		 $\boxed{n>}$	 $\boxed{n>}$
时间继电器	KT	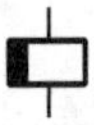 失电延时 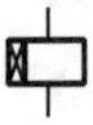　得电延时	 延时闭合 　延时断开	 延时闭合 　延时断开

7.1.2　保护电器　扫一扫

本节主要介绍熔断器。熔断器在低压配电电路中主要用于短路和严重过载保护。它具有结构简单、体积小、重量轻、工作可靠、价格低廉等优点,所以在强电和弱电系统中都得到了广泛的应用。

熔断器主要由熔体和放置熔体的绝缘管或绝缘底座(又称熔壳)组成。当熔断器串入电路时,负载电流流过熔体,熔体电阻上的损耗使其发热,温度上升。当电路正常工作时,发热温度低于熔化温度,故熔体长期不熔断。当电路发生过载或短路时,电流大于熔体允许的正常发热电流,使熔体温度急剧上升,超过其熔点而熔断,从而分断电路,保护电路和设备。熔体熔断后,更换上新熔体,电路可重新恢复工作。

熔断器从结构上分,有瓷插(插入)式、螺旋式和密封管式三种。机床电气线路中常用的是 RC1 系列插入式熔断器和 RL1 系列螺旋式熔断器,它们的结构如图 7-23 所示。

熔断器灭弧的方法大致有两种。一种是将熔体装在一个密封的绝缘管内,绝缘管由高强度材料制成,这种材料在电弧的高温下,能分解出大量的气体,使管内产生很高的压力,压缩电弧和增加电弧的电位梯度,以达到灭弧的目的。另一种如图 7-24 所示,是将熔体装在有绝缘砂粒填料(例如石英砂)的熔管内,在熔体断开电路产生电弧时,石英砂吸收电弧能量,金属蒸汽散发到砂粒的缝隙中,使熔体很快冷却下来,从而达到灭弧的目的。

熔断器的熔断时间 t 与通过熔体的电流 I 有关,它们之间具有反时限特性,称为熔断器的熔断特性,如图 7-25 所示。当通过熔体的电流 I 小于额定电流 I_N 的 1.25 倍时,熔体将长期工作;当熔体的电流 I 等于额定电流 I_N 的 1.6 倍时熔体应在 1 h 内熔断;熔体的电

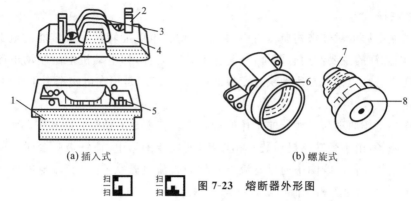

(a) 插入式　　　　　　　　　　(b) 螺旋式

图 7-23　熔断器外形图

1—瓷底座；2—动触点；3—熔体；4—瓷插件；5—静触点；6—瓷帽；7—熔心；8—底座

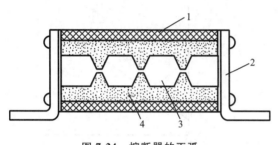

图 7-24　熔断器的灭弧

1—熔管；2—端盖及接线板；3—熔片；4—石英砂

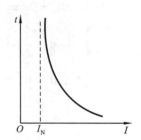

图 7-25　熔断器的熔断特性曲线

流 I 大于额定电流 I_N 的 2 倍时，熔体差不多是瞬间熔断。

熔断器的图形及文字符号如图 7-26 所示。

熔断器一般根据线路的工作电压和额定电流来选择。对于一般电路、直流电动机和线绕式异步电动机，熔断器按它们的额定电流选择；对于一般笼型异步电动机，熔断器不能这样选择，这是因为笼型异步电动机直接启动时的启动电流为额定电流的 4～7 倍，按额定电流选择时，熔体将即刻熔断。因此，为了保证所选

图 7-26　熔断器的图形及文字符号

的熔断器既能起到短路保护作用，又能使电动机启动，一般笼型异步电动机的熔断器按启动电流的 $1/K(K=1.6～2.5)$ 来选择。轻载启动、启动时间短时 K 应选大一些；重载启动、启动时间长时 K 应选小些。由于电动机的启动时间短，故这样选择的熔断器在电动机启动过程中是来不及熔断的。

7.1.3　执行电器

在机床电气控制系统中，除了会用到上面已经介绍的作为控制元件的接触器和继电器等电器外，还常用到电磁铁、电磁离合器、电磁工作台等执行电器。

1. 电磁铁

电磁铁通电后可对磁铁物质产生引力,是一种将电磁能转换为机械能的电器。在控制电路中,电磁铁的主要作用有两个:一是作为控制元件,如电动机抱闸制动电磁铁和使立式铣床变速进给机械由常速到快速变换的电磁铁等;二是用在电磁牵引工作台中,起到夹具的作用。

电磁铁的工作原理与接触器的工作原理相同。它主要由励磁线圈和铁芯组成。线圈通电后产生磁场,由于衔铁与机械装置相连接,所以线圈通电,衔铁被吸合时就带动机械装置完成一定的动作。线圈中通以直流电的称为直流电磁铁,通以交流电的称为交流电磁铁。图 7-27 所示为单相交流电磁铁的结构示意图。

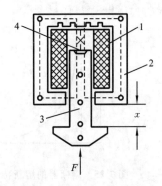

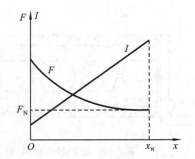

图 7-27　电磁铁的结构示意图

1—线圈;2—静铁芯;3—动铁芯;4—短路环

图 7-28　电磁铁的工作特性曲线

交流电磁铁线圈通电,吸引衔铁而减小气隙(x)时,由于磁阻减小,线圈内自感电动势和感抗增大,因此,电流逐渐减小,但同时气隙磁通减小,主磁通增加,电磁铁吸力将逐步增大,最后将达到 $1.5 \sim 2$ 倍的初始吸引力。$I = f(x)$、$F = f(x)$ 特性如图 7-28 所示。由此可看出,使用这种交流电磁铁时,必须注意使衔铁不要有卡住现象,否则衔铁不能完全吸合而留有一定的气隙,将使线圈因电流增大而严重发热甚至烧毁。交流电磁铁适用于操作不太频繁、行程较大和动作时间短的执行机构。常用的交流电磁铁有 MQ2 系列牵引电磁铁、MZD1 系列单相制动电磁铁和 MZS1 系列三相制动电磁铁。

直流电磁铁的线圈电流与衔铁位置无关,但电磁吸力与气隙长度关系很大,所以衔铁工作行程不能很大,由于线圈电感大,线圈断电时会产生过高的自感电动势,故使用时要采取措施消除自感电动势(常在线圈两端并联一个二极管或电阻)。直流电磁铁的工作可靠性好、动作平稳、寿命比交流电磁铁长,它适用于动作频繁或工作平稳可靠的执行机构。常用的直流电磁铁有 MZZ1A、MZZ2S 系列直流制动电磁铁和 MW1、MW2 系列起重电磁铁。

对经常制动和惯性较大的机械系统来说,用电磁铁制动电动机的机械制动方法应用得非常广泛,这种制动方法常称为电磁抱闸制动。

选用电磁铁时,应考虑机械所要求的牵引力、工作行程、通电持续率、操作频率等因素。

2. 电磁离合器

电磁离合器是利用表面摩擦或电磁感应来传递两个转动体间转矩的执行电器。由于它能够实现远距离操纵,控制能量小,便于实现机床自动化,同时动作快,结构简单,因此获得了广泛的应用。

按其工作原理分,电磁离合器的形式主要有摩擦片式、牙嵌式、磁粉式和感应转差式等。

图 7-29 所示为摩擦片式电磁离合器的结构。在主动轴的花键轴上装有主动摩擦片,它可沿花键轴自由移动,同时由于采用的是花键连接,所以主动摩擦片可以随主动轴一起旋转。从动摩擦片与主动摩擦片交替叠装,其外缘凸起部分卡在与从动齿轮固定在一起的套筒内,因此可随从动轮一起旋转,在主动、从动摩擦片未压紧之前,主动轴旋转时它不转动。

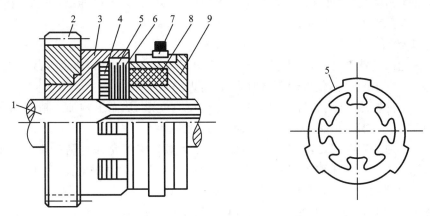

图 7-29 摩擦片式电磁离合器的结构

1—主动轴;2—从动齿轮;3—套筒;4—衔铁;5—从动摩擦片;
6—主动摩擦片;7—集电环;8—线圈;9—铁芯

当电磁线圈通入直流电而产生磁场时,在电磁吸力的作用下,主动摩擦片与衔铁被吸向铁芯,并将各摩擦片紧紧压住,主动摩擦片与从动摩擦片之间的摩擦力使从动摩擦片随主轴旋转,同时又使套筒及从动齿轮随主动轴旋转,从而实现力矩的传递。

电磁离合器线圈断电后,装在主动、从动摩擦片之间的圈状弹簧将使衔铁和摩擦片复位,离合器便失去传递力矩的作用。

3. 电磁卡具

电磁卡具在机床上应用很多,尤其是电磁工作台(或电磁吸盘),其在平面磨床上广为采用。

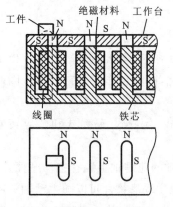

图 7-30 电磁工作台的结构

电磁工作台的结构形式很多,图 7-30 所示为其中的一种。在电磁工作台平面内嵌入铁芯极靴,并且用锡合金等绝磁材料将其与工作台相隔,线圈套在各铁芯柱上,当线圈中通有直流电时就会产生如图中虚线所示的磁通,工件放在工作台上,恰使磁通构成闭合回路,因此,工件就会被吸住。

当工件加工完毕需要离开时,只要将电磁工作台励磁线圈的电源切断即可。

电磁工作台较之于机械夹紧装置具有如下优点。

(1) 夹紧简单、迅速,可缩短辅助时间,夹紧工件时只需动作一次(机械夹紧需要固定许多点)。

(2) 能同时夹紧许多工件,而且可以是很小的工件,使用方便且可提高生产率。

(3) 加工精度高,工件在加工过程中由于发热变形时可以自由伸缩,不会产生弯曲变形,同时对夹紧表面无任何损伤。

它的缺点是:

(1) 只能固定铁磁材料,且夹紧力不大,断电时易将工件摔出,造成事故。为了防止事故,常采用零励磁保护,使线圈断电时,工作台即停止工作。

(2) 因工件发热,其热量将传到电磁工作台使它变形,从而影响加工精度,故为了提高加工精度,需要用冷却液冷却工件,从而降低工件温度。

(3) 工件加工后有剩磁,使工件不易取下,尤其对某些不允许有剩磁的工件如轴承,必须进行退磁。为了便于取下工件,常在线圈中通一反方向的退磁电流;为了比较彻底地去除工件的剩磁,另需用退磁器,常用的为 TC-1 型退磁器。

电磁工作台有永磁性的,它不存在断电将工件摔出的危险。

在电气传动系统中电磁铁、电磁离合器和电磁卡具的文字符号分别为 YA、YC 和 YH,它们的图形符号与接触器线圈的符号相同,仅是线条稍粗一些。

7.2 电气控制系统图的绘制与分析方法

为了表达生产机械电气控制系统工作原理,便于使用、安装、调试和检修控制系统,需要将电气控制系统中各电气元件(如接触器、继电器、开关、熔断器)及其连接用一定的图形表达出来,这样绘制出来的图就是电气控制系统图。在绘制电气控制系统图时,必须使用国家统一规定的电气图形符号。

7.2.1 电气控制系统图的绘制

常见的电气控制系统图有电气原理图、电气设备安装图、电气设备接线图。

1. 电气原理图

电气原理图反映了电气控制线路的工作原理和各元器件的作用及相互关系。图7-31所示为车床的控制线路的电气原理图。绘制电气原理图一般需遵循以下规则。

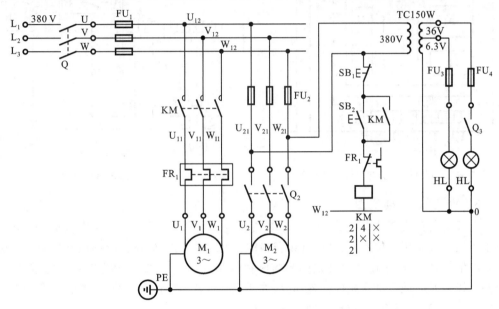

图 7-31 CW6132 车床电气原理图

（1）电气控制线路分为主电路和控制电路。主电路用粗线绘制（为方便看图，本书未采用粗线），放在电气原理图的左侧；控制线路部分用细线画，放在电气原理图的右侧。

（2）电气控制线路中的同一电器的各导电部件（如电器的线圈和触点）常常不画在一起，但需用同一文字符号标明。

（3）电气控制线路中各电器的触点应按照没有通电或没有施加外力的状态绘出。如接触器、继电器等电器的触点绘制按其线圈未通电状态绘制；按钮和行程开关等电器应按没有受到外力时触点的状态绘制；主令电器应按将手柄置于"零位"时触点的位置绘制。

2. 电气设备安装图

在明确了电气原理图的基础上，需要确定各电气设备在机械设备和电气控制柜中的实际安装位置。电气元件的安装位置应由机械设备的结构和工作要求来决定，电动机要和被拖动的机械部件在一起，行程开关应放在要取得信号的地方，电气元件应放在电气控柜内,操作元件则应放在操作方便的地方。电气设备安装图中的代号应与相关电路图及其清单上的代号保持一致,在电气元件之间应留有导线槽的位置,如图 7-32 所示。

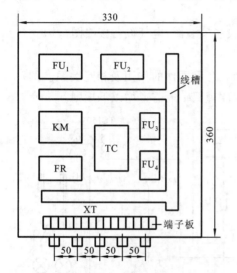

图 7-32　CW6132 车床电气设备安装图　　　　图 7-33　CW6132 车床电气设备接线图

3. 电气设备接线图

电气设备接线图的作用是在确定好电气设备安装图后,指导电气操作人员将各电气设备正确安装到相应位置,同时电气设备接线图也是电气人员检查维修电气电路的最直接参考依据,它反映了电气设备之间的实际接线情况。图 7-33 所示为电气设备接线图,绘制接线图时应把各电器元件的各部分(如触点与线圈)画在一起;文字符号、元器件连接顺序、线路号码编制都必须与电气原理图一致。

对控制装置的外部连接线应在图上表示清楚,并标明电源的引入点。

7.2.2　机床电气控制电路的分析步骤

在分析控制线路图时,首先需要研究控制机构的工作原理,进而根据电气原理图来分析主电路、控制电路和保护电路等。

1. 熟悉机床

分析控制电路前首先要了解机床的基本结构、运动形式、加工工艺过程、操作方法和机床对电气控制的基本要求等,然后根据控制电路及有关说明来分析该机床的各个运动形式是如何实现的,弄清各电动机的安装部位、作用、规格和型号,初步掌握各种电器的安装部位、作用及各操纵手柄、开关、控制按钮的功能和操纵方法,并注意了解与机床的机械、液压部分发生直接联系的各种电器的安装部位及作用,如行程开关、撞块、压力继电器、电磁离合器、电磁铁等。

2．主电路分析

从主电路入手，根据每台电动机和电磁阀等执行电器的控制要求，去分析它们的控制内容，控制内容包括启动、方向控制，调速和制动等。

如从主电路看机床用几台电动机来拖动，了解每台电动机的作用，这些电动机分别用哪些接触器或开关控制，有没有正反转控制，有没有电气制动；各电动机由哪个电器进行短路保护，由哪个电器进行过载保护，还有哪些保护设备；如果有速度继电器，应弄清楚它与哪台电动机有机械联系。

3．控制电路分析

（1）分析控制环节　根据主电路中每台电动机和电磁阀等执行器件的控制要求，逐一找出控制电路中的控制环节，利用基本环节的知识，按功能不同，划分出若干个局部控制线路来进行分析。

控制电路可以分为几个环节，每个环节一般主要控制一台电动机。将主电路中接触器的文字符号和控制电路中的相同文字符号一一对照，分清控制电路哪一部分电路控制哪一台电动机及如何控制，各个电器线圈通电后它的触点会引起或影响哪些动作，并弄清楚机械手柄和行程开关之间的关系等。

（2）分析辅助电路　辅助电路包括电源显示、工作状态显示、照明和故障报警等部分，它们大多是由控制电路中的元件来控制的，所以在分析时，还要对照控制电路进行分析。

（3）分析连锁与保护环节　机床对安全性和可靠性有很高的要求，实现这些要求，除了合理地选择拖动和控制方案外，还要在控制电路中设置一系列电气保护设备和进行必要的电气连锁设置。

（4）总体检查　经过"化整为零"，逐步分析了每一个局部电路的工作原理及各部分之间的控制关系后，还必须用"集零为整"的方法，检查整个控制电路，看是否有遗漏。特别是要从整体角度去进一步检查和理解各控制环件之间的联系，理解电路中每个元件所起的作用。

7.3　继电器-接触器控制线路的基本环节

本节主要介绍电动机的启动、正反转、制动、点动、连锁等控制环节。

7.3.1　笼型电动机的启动控制线路

笼型电动机有直接启动和降压启动两种方式。

1．直接启动控制线路

一般小型台钻和砂轮机都采用开关启动，如图 7-34 所示。

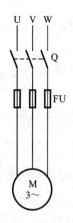

图 7-34　用开关直接启动线路

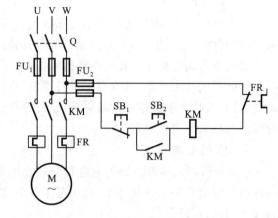

图 7-35　用接触器直接启动线路

图 7-35 所示为电动机采用接触器直接启动线路,许多中小型卧式车床的主电动机都采用这种启动方式。

控制线路中的接触器辅助触点 KM 是自锁触点,其作用是,当放开启动按钮 SB_2 后,仍可保持 KM 线圈通电,使电动机运行。通常将这种用接触器本身的触点来使其线圈保持通电的环节称为自锁环节。

2．降压启动控制线路

较大容量的笼型异步电动机一般都采用降压启动的方式启动。降压启动可以限制启动电流,减小启动时的冲击。笼型异步电动机的降压启动方式有 Y-△降压启动、定子串电阻降压启动、自耦变压器降压启动等。现将常用的 Y-△降压启动控制线路和定子串电阻降压启动控制线路介绍如下。

1）Y-△降压启动控制线路

在正常运行时,电动机定子绕组是连成三角形的,启动时把它连接成星形,启动即将完成时再恢复成三角形。目前 4 kW 以上的 J02、J03 系列的三相异步电动机定子绕组在正常运行时,都是接成三角形的,对这种电动机就可采用 Y-△降压启动。

图 7-36 所示为一种 Y-△降压启动控制线路,这个线路是靠时间继电器 KT 实现 Y-△转换的。按下按钮 SB_2,接触器 KM_1、KM_3 同时得电,其主触点闭合,控制线路使电动机接成星形;经过一段延时后,接触器 KM_3 断电,其主触点打开,同时接触器 KM_2 得电,KM_2 主触点闭合,则电动机就实现降压启动,而后再自动转换到正常速度运行。

KM_2 与 KM_3 的动断触点的作用是保证接触器 KM_2 与 KM_3 不会同时通电,以防止电源短路。KM_2 的动断触点同时也可使时间继电器 KT 断电(启动后不需要 KT 得电)。

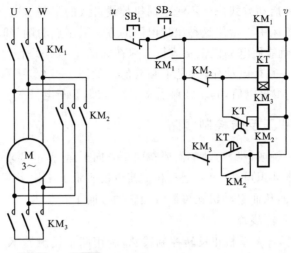

图 7-36　Y-△ 降压启动控制线路

2）定子串电阻降压启动控制线路

图 7-37 所示为定子串电阻降压启动控制线路。按下按钮 SB_2，接触器 KM_1 得电，电动机启动时在三相定子电路中串接电阻，使电动机定子绕组电压降低；同时时间继电器 KT 得电，经过一段延时后，接触器 KM_2 得电，将启动线路中的电阻短接，电动机仍然在正

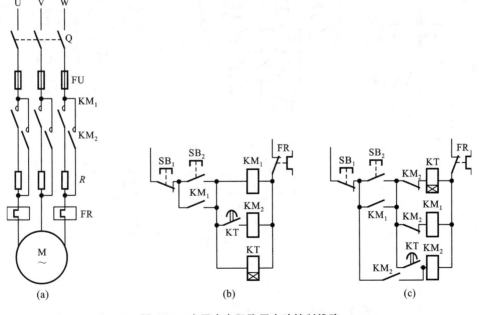

图 7-37　定子串电阻降压启动控制线路

常电压下运行。这种启动方式由于不受电动机接线形式的限制,设备简单,因而在中小型机床中也有应用。机床中也常用这种串接电阻的方法限制点动调整时的启动电流。

只要 KM$_2$ 得电就能使电动机正常运行。但在如图 7-37(b) 所示的线路图中,电动机启动后 KM$_1$ 与 KT 一直得电动作,这是不必要的。如图 7-37(c) 所示的线路图就解决了这个问题,接触器 KM$_2$ 得电后,其动断触点将 KM$_1$ 与 KT 断电,KM$_2$ 自锁。

7.3.2　电动机正反转控制线路

大多数机床的主轴或进给运动都需要在两个方向上运行,故要求电动机能够正反转。通过学习电机的基本知识可知,只要把三相交流电动机定子三相绕组任意两相调换,电动机定子相序即可改变,从而电动机就可以改变转动方向了。

1. 电动机正反转线路

图 7-38 所示为异步电动机正反转控制线路,利用两个接触器 KM$_1$ 和 KM$_2$ 来改变电动机定子绕组相序,从而实现对电动机的正反转控制。从图 7-38(b) 可知,按下按钮 SB$_2$,正向接触器 KM$_1$ 得电,主触点闭合,使电动机正转。按下停止按钮 SB$_1$,电动机停止。按下按钮 SB$_3$,反向接触器 KM$_2$ 得电,其主触点闭合,使得电动机定子绕组与正转时相比相序相反,电动机反转。

从主电路(见图 7-38(a))来看,如果 KM$_1$、KM$_2$ 同时通电动作,就会造成短路。在线

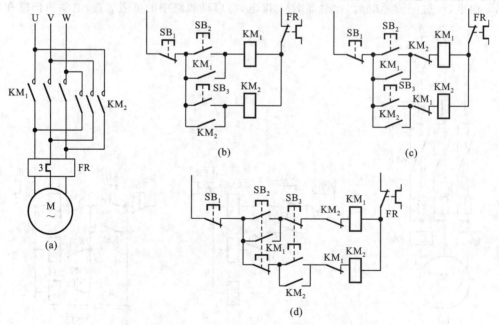

图 7-38　异步电动机正反转控制线路

路图 7-38(b)中,如果按下按钮 SB_2 又按下按钮 SB_3,就会造成短路事故,所以不能采用此种控制线路。如图 7-38(c)所示,把接触器的动断辅助触点互相串联在对方的控制回路中进行连锁控制,这样,当 KM_1 得电时,KM_1 的动断触点打开,使得 KM_2 不能通电,此时即使按下按钮 SB_3,也不会造成短路,反之也是如此。接触器辅助触点这种互相制约的关系称为"连锁"或"互锁"。

在机床控制线路中,这种连锁关系应用非常广泛。凡是有相反动作,如工作台上下、左右移动,机床主轴电动机都必须在液压泵电动机工作后才能启动。

按照如图 7-38(c)所示的控制线路控制电动机正反转,如果电动机正在正转,想要反转,必须先按停止按钮 SB_1 后,再按反向按钮 SB_3 才能实现,操作不方便。线路图 7-38(d)利用复合按钮 SB_2、SB_3 就可直接实现电动机的正反转变换。

很显然采用复合按钮还可以起到连锁作用,这是由于:按下按钮 SB_2 时,只有 KM_1 可以得电工作,KM_2 回路被切断;同时按下按钮 SB_3 时,只有 KM_2 得电,KM_1 回路被切断。

但只用按钮进行连锁,而不用接触器动断触点进行连锁,是不可靠的。在实际中可能出现这样的情况,由于负载电路或大电流的长期作用,接触器的主触点被强烈的电弧"烧焊"在一起,或者接触器的机构失灵,使衔铁卡住,总是处在吸合状态,这都可能使主触点不能断开,这时如果另一个接触器动作,就会造成电源短路事故。

如果是用接触器动断触点进行连锁,不论什么原因,只要有一个接触器处在吸合状态,它的连锁动断触点就必然会将另一个接触器线圈电路切断。

2. 正反转自动循环线路

在实际加工生产中,有些机床的工作台或刀架等需要做自动往复运动。图 7-39 所示为机床工作台往返循环的控制线路,它实质上是用行程开关来自动实现电动机正反转的。组合机床、龙门刨床、铣床的工作台常用这种线路实现往返循环。

ST_1、ST_2、ST_3、ST_4 为行程开关,按要求安装在固定位置上,当撞块压下行程开关时,其动合触点闭合,动断触点打开。

按下正向启动按钮 SB_2,接触器 KM_1 得电动作并自锁,电动机正转使工作台前进。当运行到 ST_2 时,撞块压下 ST_2,ST_2 动断触点使 KM_1 断电,但 ST_2 的动合触点使 KM_2 得电动作并自锁,电动机反转使工作台后退。当撞块又压下 ST_1 时,使 KM_2 断电,KM_1 又得电,电动机又正转使工作台前进,这样可一直循环下去。

SB_1 为停止按钮,SB_2 与 SB_3 为不同方向的复合启动按钮。之所以用复合启动按钮,是为了在改变工作台方向时,不按停止按钮即可直接操作。限位开关 ST_3 与 ST_4 安装在极限位置,当由于某种故障,工作台到达 ST_1(或 ST_2)位置,未能切断 KM_2(或 KM_3)时,工作台将继续移动到极限位置,压下 ST_3(或 ST_4),最终把控制回路断开,使电动机停止,避免工作台由于越出允许位置所导致的事故。因此,ST_3、ST_4 起限位保护作用。

上述这种用行程开关按照机床运动部件的位置或机件的位置变化所进行的控制,称

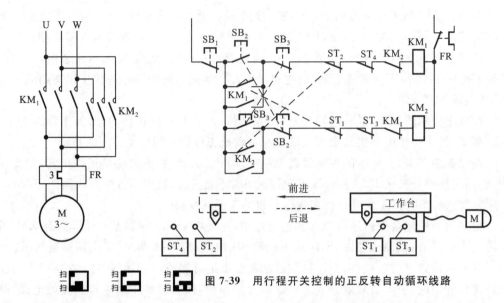

图 7-39　用行程开关控制的正反转自动循环线路

为按行程原则的自动控制,或称行程控制。行程控制是机床和生产自动线应用最为广泛的控制方式之一。

7.3.3　电动机制动控制线路

在生产过程中,电动机断电后,要求机床能够迅速停车和准确定位,而电动机断电后由于惯性,停机时间拖得很长,停机位置也不准确。这就要求必须对电动机采取有效的制动措施。

制动停机的方式有两大类:机械制动和电气制动。机械制动是指采用机械抱闸或液压装置制动,电气制动是指使电动机产生一个与原来转子的转动方向相反的制动力矩。机床中经常用到能耗制动和反接制动两种电气制动方式。

1. 能耗制动控制线路

能耗制动是指在三相异步电动机切除三相电源的同时,使定子绕组接通直流电源,在转速为零时再切除直流电源。这种制动方法实质上是把转子原来存储的机械能,转变成电能,又消耗在转子的制动上,所以称为能耗制动。

图 7-40(b)、(c)所示分别为用复合按钮与时间继电器实现能耗制动的控制线路。图中整流装置由变压器和整流元件组成。KM_2 为制动用接触器,KT 为时间继电器。图 7-40(b)所示是一种手动控制的简单能耗控制线路。要停车时,按下按钮 SB_1,到制动结束放开按钮。采用图 7-40(c)所示线路可实现自动控制,简化操作。控制线路工作过程如下:按下按钮 SB_2,KM_1 通电,电动机启动。按下按钮 SB_1,KM_1 断电,切断交流电源,接触器 KM_2 的线圈得电,主电路接通直流电源,能耗制动;与此同时,时间继电器 KT 通电,延

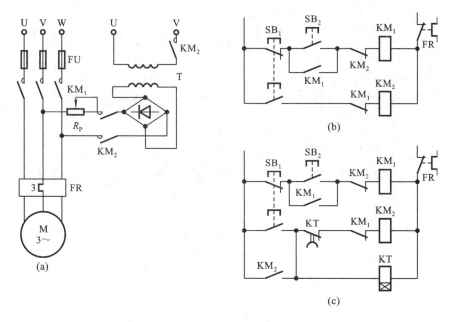

图 7-40　能耗制动控制线路

时一段时间后动作,使得 KM_2 的线圈断电,制动结束。

制动作用的强弱与通入直流电流的大小和电动机转速有关,在同样的转速下电流越大制动作用越强。一般取直流电流为电动机空载电流的 3～4 倍,过大会使定子过热。图 7-40 所示为直流电源中串接的可调电阻 R_P,可调节电流的大小。很显然,图 7-40(c)所示的能耗制动控制线路是用时间继电器按时间控制原则组成的电路。

2. 反接制动

反接制动实质上是改变异步电动机定子绕组中的三相电源相序,产生与转子转动方向相反的转矩来进行制动的。具体是:当停机时,先将三相电源反接;当电动机转速接近零时,再将三相电源切除。

图 7-41(b)、(c)所示为反接制动控制线路。在反接制动的过程中,当电源反接后,电动机转速将由正转急速下降到零,如果反接电源不及时切除,则电动机又会从零速反向运行。所以,必须在电动机制动到零时,立即将反接电源切断。控制线路是用速度继电器来"判断"电动机的停与转的。电动机与速度继电器的转子是同轴连接在一起的,电动机转动时,速度继电器的动合触点闭合,电动机停止时,动合触点打开。

图 7-41(c)所示控制线路的工作过程为:按下按钮 SB_2 则 KM_1 通电,电动机正向转动,此时速度继电器 KS 的动合触点闭合。当按下按钮 SB_1 时,KM_1 断电,KM_2 通电,开始制动。当电动机转速为零时,速度继电器 KS 的动合触点复位,KM_2 断电,制动结束。

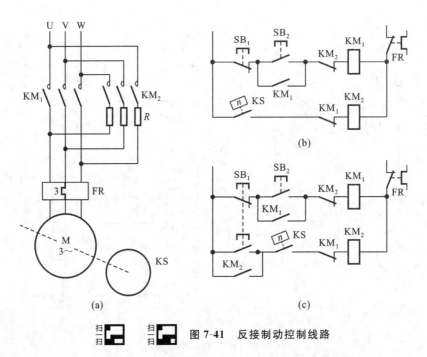

图 7-41 反接制动控制线路

但是图 7-41(b)所示线路有一个问题:在停机期间,为了调整工件,手动转动机床的主轴时,速度继电器的转子也将随着机床主轴旋转,其动合触点闭合,接触器 KM_2 得电动作,电动机接通电源进行反接制动,不利于调整工作。图 7-41(c)所示线路中采用复合按钮并在其动合触点上并联了 KM_2 的动合触点(使得 KM_2 能够自锁),解决了上述问题。这样在用手转动机床的主轴时,虽然速度继电器 KS 的动合触点闭合,但是只要不按停止按钮 SB_1, KM_2 就不会得电,反接制动电路也就不会工作。

说明:在主电路中串接电阻 R,是因为电动机反接制动电流很大,串接电阻可以防止电动机绕组过热。

能耗制动与反接制动相比较,具有制动准确、平稳、能量消耗小等优点,但制动力较弱,特别是在低速时尤为突出,适用于要求制动准确、平稳的场合,如磨床、龙门刨床及组合机床的主轴定位等。反接制动旋转磁场的相对速度大,定子电流也很大,制动效果显著。但制动过程中有冲击,对传动部件有害,能量消耗大,适用于不太经常启、制动的设备,如铣床、镗床、中型车床主轴的制动。

7.3.4 电气控制系统的保护环节

电气控制系统除了能满足生产机械的加工工艺要求外,还需要有各种保护措施,以实现机械设备的无故障运行。电气控制系统的保护环节主要用来保护电动机、电网、电气设备及人身安全等,它是电气控制系统中不可缺少的部分。

电气控制系统常用的保护环节有过载保护、短路电流保护、零电压和欠电压保护及弱磁保护等。

1. 短路保护

电动机绕组绝缘导线的绝缘皮损坏或线路发生故障,会造成短路。线路短路会造成电气设备损坏,所以在线路发生短路现象时,必须迅速将电源切断。常用的短路保护元件有熔断器和自动空气开关。

通常熔断器适用于对动作准确度和自动化程度要求较低的系统,如小容量的笼型电动机、一般的普通交流电源系统。使用熔断器做短路保护时,可能会出现一相熔断器熔断,造成单相运行的危险;但对于自动空气开关,只要发生短路,自动空气开关就会跳闸,可以将三相同时切断。空气开关结构复杂,适用于操作频率低的场合,广泛应用于要求较高的场合。

2. 过载保护

电动机若长时间过载运行,电动机绕组温升超过其允许值,电动机的绝缘材料的性能变差,会导致电动机损坏。常用的过载保护元件是热继电器。当电动机在额定电流下工作时,电动机绕组的发热形成的温升为额定温升,热继电器不动作;在过载电流较小时,热继电器要经过较长时间才动作;过载电流较大时,热继电器则在较短时间内就会动作。

由于热惯性的原因,热继电器不会受电动机短时过载冲击电流或短路电流的影响,能瞬时动作,所以在使用热继电器做过载保护的同时,还必须做短路保护。

3. 过电流保护

过电流保护广泛用于保护直流电动机和绕线转子异步电动机,对于三相笼式电动机,由于短时过流不会造成严重后果,故不采用过电流保护。

过电流往往是由于不正确的启动和过大的负载引起的,一般比短路电流小。在电动机运行中产生过电流的可能性要比产生短路的可能性更大,尤其是在频繁正反转、启动、制动电路中。直流电动机和绕线转子异步电动机线路中过电流继电器也起着短路保护的作用,一般过电流动作时的强度值为启动电流的 1.2 倍左右。

4. 零电压和欠电压保护

当电动机正在运行时,电源电压可能因某种原因消失,在电源电压恢复时,如果电动机自行启动,就可能造成生产设备的损坏,甚至造成人身伤亡事故。对电网来说,同时有许多电动机及其他用电设备自行启动也会引起不允许的过电流及瞬间网络电压下降。防止电压恢复时电动机自行启动的保护称为零电压保护。

当电动机正常运转时,电源电压过分地降低将引起一些电器释放,造成线路不正常工作,可能产生事故,电源电压过分地降低也会引起电动机转速下降甚至停转,因此,需要在电压降到一定允许值以下时将电源切断,这就是欠电压保护。

图 7-42 所示为电动机常用的保护接线图。短路保护使用熔断器 FU,过载保护使用

热继电器 FR,过流保护使用电流继电器 KA,零压保护使用电压继电器 KZ,低压保护使用电压继电器 KV。

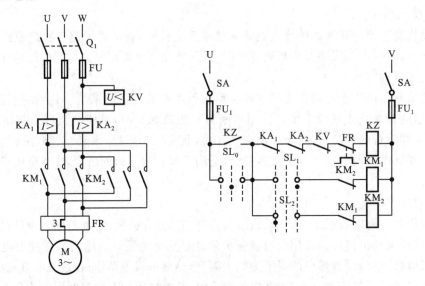

图 7-42　电动机常用保护接线图

5. 弱磁保护

直流电动机在磁场有一定强度时才能启动,如果磁场太弱,电动机的启动电流就会很大,直流电动机正在运行时磁场会突然减弱或消失,电动机的转速就会迅速升高,甚至发生飞车。因此可以通过电动机励磁回路串入弱磁继电器(欠电流继电器)来实现弱励磁保护。电动机在运行过程中,如果励磁电流消失或降低很多,弱磁继电器将释放,其触点动作切断主电路接触器线圈的电源,使电动机断电停车。

7.4　典型生产机械的继电器-接触器控制线路分析

7.3 节讨论了机床的基本控制线路,本节将以几种典型机床控制线路为例,进一步阐明各种典型控制线路的应用,分析机床控制线路的工作原理。

7.4.1　卧式车床的电气控制线路

在金属切削机床中,普通车床是占比重最大、应用最广的机床。

中小型车床电气控制线路的特点是:采用交流异步电动机拖动,因而控制线路简单,操作方便。其主轴电动机的启动和停止能实现自动控制。启动方式根据电动机的容量和电网容量来定:当电动机的容量在 5 kW 左右时,采用直接启动;容量在 10 kW 以上时,为避免电网冲击,可采用降压启动。

主电动机的制动有电气制动和机械制动两种方式,调速方式采用变速箱,以实现机械有级调速的目的。主轴旋转方向的改变主要有两种方法,第一种是电气方法,第二种是采用离合器的机械方法。也可两种方法同时使用,这可以根据不同的要求进行选择。车床一般设有一台笼型交流电动机来拖动冷却泵,实现刀具切削时的冷却,有的还设有一台润滑油泵电动机。

卧式车床在实际生产中应用广泛,下面介绍 C650 型卧式车床的电气控制原理图。C650 型卧式车床属于中型车床,图 7-43 所示为 C650 型卧式车床的电气控制线路。

1. 主电路

在 C650 型卧式车床电气控制系统中有三台电动机。主电动机 M_1 的功率为 30 kW,另外还有一台冷却泵电动机 M_2 和一台快速移动电动机 M_3。组合开关 Q_1 将三相电源引入,FU_1、FR_1 分别用于主电动机的短路保护和过载保护。R 为限流电阻,用于防止点动时连续的启动电流造成电动机过载。通过互感器 TA 接入电流表 A 来检测主电动机绕组的电流。熔断器 FU_2 用于电动机 M_2、M_3 的短路保护,接触器 KM_1、KM_2 为电动机 M_2、M_3 启动接触器。FR_2 用于电动机 M_2 的过载保护,因为快速电动机 M_3 只需短时工作,所以不设过载保护。

2. 控制线路的特点及工作原理

C650 卧式车床控制电路的特点是:

(1) 主轴可以点动调整;

(2) 主电动机能正反转,省掉了机械换向装置;

(3) 采用了电气反接制动,能迅速停车;

(4) 刀架移动加快,能提高工作效率。

1) 主轴点动控制

主轴由主电动机 M_1 拖动,线路中 KM_3 为电动机 M_1 的正转接触器,KM_4 为电动机 M_1 的反转接触器,K 为中间继电器。电动机 M_1 的点动控制是由点动按钮 SB_6 控制的,按下按钮 SB_6,接触器 KM_3 得电吸合,它的主触点闭合,电动机的定子绕组经限流电阻 R 和电源接通,电动机在低速下启动。松开按钮 SB_6,KM_3 断电,电动机停止转动。在点动过程中,中间继电器 K 线圈不通电,所以 KM_3 线圈不会自锁。

2) 主轴正反转控制

主电动机正转由正向启动按钮 SB_1 控制。按下按钮 SB_1 时,接触器 KM 首先得电工作,它的主触点闭合将限流电阻短接,接触器 KM 的辅助触点闭合使中间继电器 K 得电,它的辅助触点闭合,使接触器 KM_3 得电吸合,主电动机 M_1 正转启动。KM_3 的动合触点和 K 的动合触点闭合,将线圈 KM_3 线圈自锁。KM_4 的动断触点、KM_3 的动断触点分别串接在

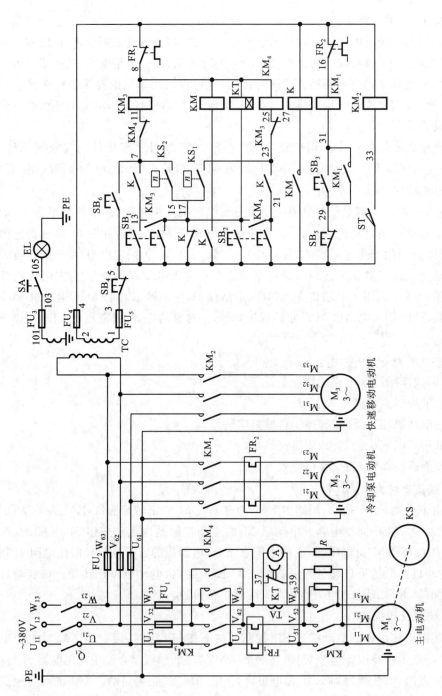

图 7-43　C650 型卧式车床电气控制线路

对方接触器线圈的回路中,起到了电动机正转与反转的电气互锁作用。反转由按钮 SB_2 控制,分析方法同上。

3) 主轴电动机的反接制动

C650 型卧式车床采用了反接制动方式,当电动机的转速接近零时,用速度继电器的触点给出信号切断电动机的电源。

速度继电器与被控电动机是同轴连接的。当电动机正转时,速度继电器的正转动合触点 KS_1 闭合;电动机反转时,速度继电器的反转动合触点 KS_2 闭合。当电动机正向转动时,接触器 KM_3、KM 和继电器 K 都处于得电状态,速度继电器的正转动合触点 KS_1 也是闭合的,这样就为电动机正转时的反接制动做好了准备。需要停车时,按下停止按钮 SB_4,接触器 KM 失电,其主触点断开,电阻 R 串入主电路。与此同时 KM_3 也失电,断开电动机的电源;同时 K 失电,K 的动断触点闭合。这样就使反转接触器 KM_4 的线圈通过 1—3—5—17—23—25 线路得电,电动机的电源反接,电动机处于反接制动状态。当电动机的转速下降到速度继电器的复位转速时,速度继电器 KS 的正转动合触点 KS_1 断开,切断接触器 KM_4 的通电回路,电动机断电,停止转动。电动机反转时的制动与正转时的制动相似。

4) 刀架的快速移动和冷却泵控制

M_3 为刀架的快速移动电动机,M_2 为冷却泵电动机。当用手柄压动行程开关 ST 后,接触器 KM_2 得电吸合,M_3 转动带动刀架快速移动。冷却泵电动机的启停是由按钮 SB_3 和 SB_5 控制 KM_1 来实现的。

此外,监视回路负载的电流表是通过电流互感器接入的。为防止电动机启动电流对电流表的冲击,线路中采用了一个时间继电器 KT。当启动时,KT 线圈通电,而 KT 的延时断开动断触点尚未动作,电流互感器二次侧电流只流经该触点构成闭合回路,电流表没有电流流过。启动后,KT 延时断开的动断触点断开,此时电流流经电流表,可反映出负载电流的大小。

7.4.2　钻床电气控制线路

钻床可以进行钻孔、镗孔、攻螺纹等各种加工,因此要求主轴运动和进给运动有较宽的调速范围。例如 Z3040 型摇臂钻床的主轴调速范围为 50∶1,正转最低转速为 40 r/min,最高为 2 000 r/min,进给调速范围为 0.05～1.60 r/min。它的调速是通过三相交流异步电动机和变速箱来实现的。

该钻床的主轴旋转运动和进给运动是由一台交流异步电动机来拖动的。主轴正反转是通过机械转换来实现的,故主轴电动机只有一个转向。

该摇臂钻床除了主轴旋转运动和进给运动外,还有摇臂的上升、下降及立柱、摇臂、主轴箱的夹紧与放松。摇臂的上升、下降由一台交流异步电动机拖动,立柱、摇臂、主轴箱的夹紧与放松是由另一台交流电动机拖动的。Z3040 摇臂钻床通过电动机拖动一台齿轮泵,供给夹紧装置所需要的压力油。摇臂的回转和主轴箱的左右移动通常采用手动方式。此外还有一台冷却泵电动机对加工的刀具进行冷却。

下面介绍 Z3040 型摇臂钻床的电气控制线路,如图 7-44 所示。

1. 主电路

摇臂钻床的主电路、控制电路、信号电路的电源均采用自动空气开关 QF_1 引入,自动开关中的过电流脱扣器作为短路保护元件取代了熔断器。主轴电动机只有一个转动方向,故只用了一个交流接触器 KM_1,而摇臂升降电动机和液压泵电动机要求正反转,故分别采用了 KM_2、KM_3、KM_4、KM_5 接触器。FR_1、FR_2 为主轴电动机和液压泵电动机过载保护用的热继电器,摇臂升降电动机和冷却泵电动机由于短时工作,因而不设过载保护。

2. 控制电路

控制电路的电源由控制变压器 TC 二次侧输出 110 V 供电,中间抽头 603 对地为信号灯电源(6.3 V),241 号线对地为照明变压器 TD 二次侧输出(36 V)。

1) 主电动机的控制

主电动机启动前,首先将自动空气开关 QF_1、QF_2、QF_3、QF_4 扳到接通状态,同时将配电盘的门关好。然后再将自动空气开关 QF_6 接通,电源指示灯亮。这时按下启动按钮 SB_1,中间继电器 K_1 通电并自锁,为主轴电动机和其他电动机的启动做好准备。当按下按钮 SB_2 时,交流接触器 KM_1 线圈通电并自锁,主电动机转动,同时主电动机旋转的指示灯 HL_4 亮。主轴的正反转变换是用手柄通过机械变换的方法实现的。

2) 摇臂的升降控制

摇臂的上升与下降属短时的调整工作,因此采用点动工作方式。按下按钮 SB_3,时间继电器 KT_1 通电吸合,它的瞬时动合触点(33-36)闭合,KM_4 线圈通电,液压泵电动机 M_3 得电反转,启动供给压力油,经分配阀进入摇臂松开油腔,推动活塞使摇臂松开。同时活塞杆通过弹簧片使行程开关 ST_2 的动断触点断开,KM_4 线圈断电,而 ST_2 的动合触点(17-21)闭合,KM_2 线圈通电,它的主触电闭合,电动机 M_2 旋转,使摇臂上升。

如果摇臂没有松开,ST_2 的动合触点(17-21)不能闭合,摇臂升降电动机就不会转动,这样保证了只有摇臂可靠松开后方可使摇臂上升或下降。

当摇臂上升到所需位置时,松开按钮 SB_3,KM_2 和 KT_1 断电,摇臂升降电动机 M_2 断电停止,摇臂停止上升。经过时间继电器 KT_1 的延时整定(1~3 s)后,KT_1 失电延时闭合的动断触点(47-49)闭合,KM_5 线圈经 7—47—49—51 号线得电,液压泵电动机 M_3 正转,使压力油经分配阀进入摇臂的夹紧油腔,摇臂夹紧。同时活塞杆通过弹簧片使 ST_3 的动断触点(7-47)断开,KM_5 线圈断电,电动机 M_3 停止转动,完成一次摇臂的"松开—上升—夹紧"动作。

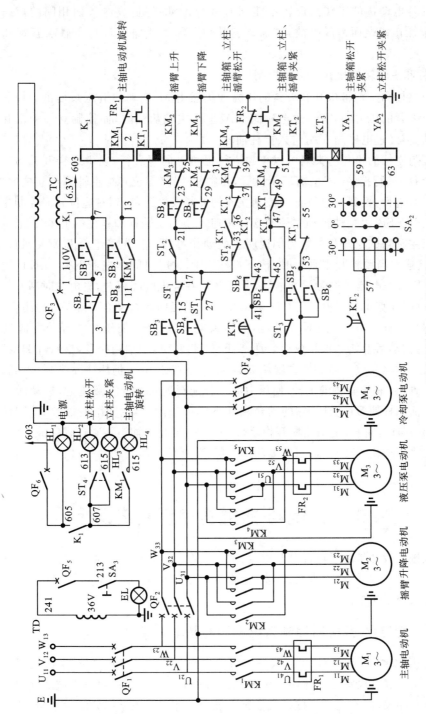

图 7-44 Z3040 摇臂钻床的电气控制线路

摇臂升降电动机的正转与反转不能同时进行,否则将造成电源两相间的短路。为了避免由于操作错误而造成事故,在摇臂上升和下降的线路中进行了触点互锁和按钮互锁。

3) 立柱和主轴箱的松开与夹紧控制

用来使立柱和主轴箱松开和夹紧的压力油仍然由 M_3 拖动的液压泵提供。控制主轴箱的松开与夹紧的压力油,需经过电磁阀 YA_1 进入主轴箱油缸,而控制立柱的松开与夹紧的压力油,需经过电磁阀 YA_2 进入立柱油缸。

主轴箱与立柱的松开与夹紧可以单独进行也可以同时进行,它由组合开关 SA_2 和按钮 SB_5(或 SB_6)进行控制。SA_2 有三个位置,在中间位置(零位)时,主轴箱与立柱的松开、夹紧动作同时进行,扳到左边位置时控制立柱的夹紧或松开,扳到右边位置时控制主轴箱的夹紧或松开。SB_5 为主轴箱和立柱的松开按钮,SB_6 为主轴箱和立柱的夹紧按钮。

下面以主轴箱的松开和夹紧为例说明它的动作过程。首先将组合开关扳到右侧,触点(57-59)接通。当要松开主轴箱时,按下按钮 SB_5,这时时间继电器 KT_2 和 KT_3 线圈同时通电。KT_2 为失电延时型时间继电器,所以 KT_2 在通电瞬间闭合,失电延时断开的动合触点(7-57)闭合,使 YA_1 通电,经过 $1\sim3$ s 后,KT_3 的延时闭合动合触点(7-41)闭合,通过 3—5—7—41—43—37—39 使 KM_4 通电,液压泵电动机反转,使压力油经分配阀进入主轴箱液压缸,推动活塞使主轴箱放松。活塞杆使 ST_4 复位,主轴箱松开,指示灯 HL_2 亮,至此主轴箱松开过程完成。当要使主轴箱夹紧时,按下按钮 SB_6,仍然让 YA_1 通电,经过 $1\sim3$ s 后,KM_5 通电,液压电动机正转,使压力油经分配阀进入主轴箱液压缸,推动活塞使主轴箱夹紧。活塞杆使 ST_4 受压,它的动合触点(607-615)闭合,主轴箱夹紧指示灯 HL_3 亮,动断触点(607-613)断开,主轴箱松开指示灯 HL_2 灭,至此主轴箱夹紧过程完成。

如果想将立柱松开或夹紧,只需要将 SA_2 扳到左侧位置,其他动作过程与主轴箱动作过程相似。

7.5　继电器-接触器控制系统设计

生产机械一般都是由机械部分与电气部分组成的。具体设计时:首先要明确机械设备的技术要求,拟定总体技术方案;其次,应根据要求设计电气原理图,选择电气元件;最后编写电气系统说明书。

7.5.1　继电器-接触器控制系统设计的基本内容

继电器-接触器控制部分是生产机械不可缺少的重要组成部分,它对生产机械能否正确与可靠地工作起着决定性的作用。生产机械高效率的生产方式使得机械部分的结构与电气控制密切相关,因此生产机械电气控制系统的设计应与机械部分的设计同步进行、密切配合。

继电器-接触器控制系统的设计内容主要包括：

（1）拟定电气设计任务书（给出技术条件）；

（2）确定电气控制传动方案，选择电动机；

（3）设计电气控制原理图；

（4）选择电气元件，并编制电器元件明细表；

（5）设计操作台、电气控制柜及非标准电气元件；

（6）设计机床电气设备布置总图、电气安装组，以及电气接线图；

（7）编写电气系统说明书和使用操作说明书。

以上电气设计各项内容，必须以国家有关标准为依据。在具体的设计过程中，可根据生产机械的总体技术要求和控制线路的复杂程度不同，对以上设计内容进行增减。

7.5.2　电气控制线路设计举例

设计 CW6163 型卧式车床的电气控制线路。

1. 控制要求

（1）机床主运动和进给运动由电动机 M_1 集中传动，主轴运动的正反向（满足螺纹加工要求）靠两组摩擦片式离合器完成。

（2）主轴采用液压制动器。

（3）刀架快速移动由单独的快速电动机 M_3 拖动。

（4）进给运动的纵向左右运动、横向前后运动，以及快速移动，都集中由一个手柄操纵。

所用电动机型号及其参数如表 7-3 所示。

表 7-3　CW6163 型卧式车床所用电动机型号及规格参数

名　　称	编　号	型　　号	额 定 功 率	额 定 电 压	额 定 电 流	额 定 转 速
主电动机	M_1	Y160M-4	11 kW	380 V	23.0 A	1 460 r/min
冷却泵电动机	M_2	JCB-22	0.15 kW	380 V	0.43 A	2 790 r/min
快速移动电动机	M_3	Y90S-4	1.1 kW	380 V	2.8 A	1 400 r/min

2. 电气控制线路设计

1）主电路设计

根据电气传动的要求，由接触器 KM_1、KM_2、KM_3 分别控制电动机 M_1、M_2、M_3，如图 7-45 所示。机床的三相电源由电源引入开关 Q 引入。主电动机的过载保护由热继

电器 FR_1 实现,它的短路保护由机床的前一级配电箱中的熔断器实现。冷却泵电动机 M_2 的过载保护由热继电器 FR_2 实现。快速移动电动机 M_3 由于是短时工作,不需做过载保护。电动机 M_2 及 M_3 采用熔断器 FU_1 共同做短路保护。主电路控制线路如图 7-45 所示。

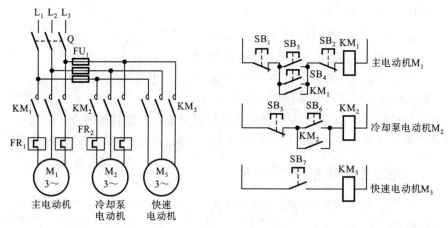

图 7-45 主电路及部分控制电路

2) 控制电路设计

考虑到操作的方便性,对主电动机 M_1 可在床头操作板上和刀架拖板上分别设启动和停止按钮 SB_1、SB_2、SB_3、SB_4 进行操纵。如图 7-45 所示,接触器 KM_1 与控制按钮组成可实现自锁的启、停控制线路。

冷却泵电动机 M_2 由按钮 SB_5、SB_6 进行启停操作,装在床头板上。

快速电动机 M_3 工作时间短,为了使操作灵活由按钮 SB_7 与接触器 KM_3 组成点动控制线路,如图 7-45 所示。

3) 信号指示与照明电路

可设电源指示灯 HL_2(绿色),在电源开关 Q 接通后,立即发光显示,表示机床电气线路已处于供电状态。设指示灯 HL_1(红色)表示主电动机是否运行。这两个指示灯(分别由 KM_1、KM_2 控制)可由接触器 KM_1 的动合触点和动断触点两对辅助触点进行切换通电显示。

在操作面板上设有交流电流表 A,它串联在电动机主电路中,用以指示机床的工作电流。这样可根据电动机的工作情况调整切削用量,使主电动机尽量满载运行,以提高生产率和电动机的功率因素。

4) 控制电路电源

考虑安全可靠及满足照明指示灯的要求,采用变压器供电,控制线路 127 V,照明灯

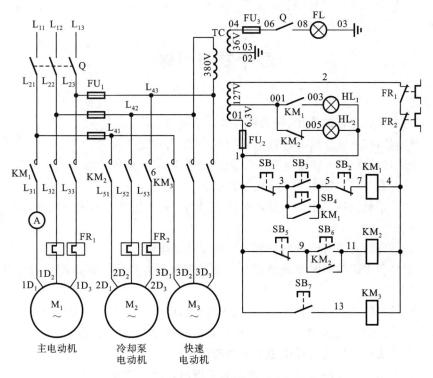

图 7-46　CW6163 型卧式车床电气原理图

36 V,指示灯 6.3 V。

5）绘制电气原理图

根据各局部线路之间的关系和电气保护线路,绘制电气原理图,如图 7-46 所示。

3. 选择电气元件,编制元件明细表

电气原理图绘制完毕后,应根据被控对象的要求选择各电气元件。本控制系统需要按照要求选择热继电器、接触器、开关电器(电源引入开关 Q 和按钮)等。

在确定好电气元件后,应编制出电气元件明细表。明细表要注明各元件的型号、规格及数量等。

4. 绘制电气设备安装接线图

根据电气原理图及电气元件在电气控制柜内的布置图,进一步绘制电气安装接线图。接线图要表示出各电气元件的相对位置及各元件的相互关系,因此要求接线图中各电气元件的相对位置与实际的安装位置一致,并且同一元件画在一起。接线图中各电气元件的符号与原理图中的应一致。各部分线路之间接线和对外接线都应通过端子板进行,同时注明外部接线的去向。

思考题与习题

7-1　写出下列电器的作用、图形符号和文字符号：

(1) 熔断器；(2) 组合开关；(3) 按钮开关；(4) 自动空气开关；

(5) 交流接触器；(6) 热继电器；(7) 时间继电器；(8) 速度继电器。

7-2　继电器与接触器的主要区别是什么？

7-3　交流接触器铁芯上的短路环起什么作用？若此短路环断裂或脱落，在工作中会出现什么现象？为什么？

7-4　自动空气开关有哪些脱扣装置？各起什么作用？

7-5　继电器 JS7 的延时原理是什么？如何调整延时范围？画出图形符号并解释各触点的动作特点。

7-6　电动机的启动电流很大，启动时热继电器应不应该动作？为什么？

7-7　电动机的短路保护、过电流保护和长期过载(热)保护有何区别？

7-8　为什么电动机要设零电压和欠电压保护？

7-9　在电动机的控制线路中，熔断器和热继电器能否相互代替？为什么？

7-10　常用的降压启动方法有哪几种？电动机在什么情况下应采用降压启动？定子绕组为 Y 形接法的三相异步电动机能否用 Y-△降压启动？为什么？

7-11　设计一控制线路，线路控制要求为：M_1 启动后，M_2 才能启动；M_2 先停止，经过一段时间后，M_1 才自动停止；M_2 可以单独停止；两台电动机均有短路保护和过载保护。

7-12　根据下列要求设计三相笼型异步电动机的控制线路：(1) 能正反转；(2) 采用能耗制动；(3) 有短路、过载、失压和欠压保护等。

7-13　试设计可从两处对一台电动机实现连续运行和点动控制的电路。

7-14　试设计 M_1 和 M_2 两台电动机顺序启、停控制线路。控制线路要求：

(1) M_1 启动后，M_2 立即自动启动；(2) M_1 停止后，延时一段时间，M_2 才自动停止；

(3) M_2 可以点动调整工作；　　(4) 两台电动机均有短路和长期过载保护。

7-15　设计某机床主轴电动机控制线路图。控制线路要求：

(1) 可正反转，且可反接制动；　　(2) 正转可以点动，可在两处控制启、停；

(3) 有短路保护和长期过载保护；(4) 有安全工作照明灯及电源信号灯。

7-16　设计一条自动运输线的继电器-接触器控制电路，由两台笼型异步电动机拖动。M_1 拖动运输机，M_2 拖动卸料机。控制线路要求：

(1) M_1 启动后，经过一段时间，才允许 M_2 启动；(2) M_2 停止后，才允许 M_1 停止。

第8章 电动机的计算机控制技术

本章要求通过了解计算机及其控制技术的基本知识和电动机计算机控制系统的基本组成和特点，了解计算机控制技术在电动机控制系统中的应用。

机电系统的运动状态变化主要是通过控制电动机的运行状态来实现的。在早期的机电系统中，电动机控制主要是使用模拟电路来实现的模拟量控制，系统结构复杂，控制精度也不高。

随着科学技术不断进步，机电产品功能日益强大，现代机电系统的运动状态也越来越复杂，系统的控制要求也越来越高，电动机控制开始越来越多地应用计算机控制技术。电动机的计算机控制使控制系统具有数值运算、逻辑判断及信息处理的功能，实现了一些新的控制方法，具备了一些新的功能和特性。

鉴于篇幅的限制，本章主要介绍计算机及其控制技术的基本知识，介绍电动机计算机控制系统的基本组成和特点，并且以步进电动机的控制系统为例，简单介绍数字信号处理器、单片机等在电动机控制中的应用。至于较系统、完整的计算机原理和计算机控制方面的知识，读者可以从专门的课程或参考书中获得。

8.1 计算机控制技术基础

自动控制系统通常由控制器、过程通道、执行机构、被控对象等组成。控制器是控制系统的核心，选用的控制器不同，组成的控制系统也不同，使用计算机作为控制器就形成了计算机控制系统。计算机控制技术涉及检测、计算机、通信、自动控制、微电子等多方面的知识，用定性或定量的方法研究计算机控制系统的性能，还须借助一定的数学工具，建立系统模型，并且利用相应的分析手段进行系统的分析和综合。

在工业控制中，被控对象的多样性决定了我们要根据被控对象的特性、控制的要求来选择合适的控制计算机。本节将概略介绍计算机控制技术的基础知识，以及数字信号处理器、单片机、可编程控制器等电动机控制中常用计算机的特点。

8.1.1 计算机控制系统的组成及特点

1. 计算机控制系统的组成

计算机控制技术包括硬件技术和软件技术两部分。硬件是计算机控制系统的基础。软件用于完成信息的处理工作，并对计算机接口和外部设备进行控制，包括系统软件和应用软件两大部分。软件是计算机控制系统的关键部分。

典型的计算机控制系统的硬件主要包括：主机、过程控制通道、被控对象和常用的外设。随着计算机网络技术的快速发展，网络设备也成为计算机控制系统硬件不可缺少的一部分。

主机是指用于控制的计算机，它主要由 CPU、存储器和接口三大部分组成，是整个系统的核心。根据使用要求，主机可以选用功能特点不同的计算机，如单片机、PLC、工业PC 等。它主要完成数据和程序的存取、程序的执行、控制外部设备和过程通道中的设备等工作，实现对被控对象的控制，实现人机对话和网络通信。由于 CPU 及网络技术的发展和广泛应用，主机还要完成对一些含 CPU 的设备和网络设备的控制。

过程通道是在计算机和被控对象之间设置的信息传送和转换的连接通道，是被控对象与主机进行信息交换的通道。根据信号方向和形式，过程控制通道可分为：模拟量输入通道、模拟量输出通道、数字量输入通道、数字量输出通道。

2. 计算机控制系统的控制过程

（1）信息的获取 计算机通过其外部设备获取被控对象的实时信息和输入指令性信息。输入信号可以是数字信号或模拟信号，必要时需进行信号转换。

（2）信息的处理 计算机根据预先编好的程序对从外部设备获取的信息进行分析处理。

（3）信息的输出 计算机将最终处理完的信息通过外部设备送到控制对象处，通过显示、记录或打印等操作输出其处理或获取信息的情况。同样，输出信号也可以是数字信号或模拟信号，必要时需进行信号转换。

3. 计算机控制系统的特点

（1）灵活性好 计算机控制系统的控制功能是由软件来实现的，若要改变控制规律，一般不必改变系统的硬件结构，而只要改变软件的编制就能方便、灵活地实现多种控制。计算机控制系统通用性强、灵活性大、功能易于扩展和修改，在控制上具备很大的柔性。各个硬件模块可以在系统总线上相互连接和进行扩充，即使是已构成的系统，需要时也可以在系统总线上加以扩展。

（2）实时性好 计算机控制系统具备实时处理控制过程中随机发生的各种事件的能力。

（3）存储能力强 计算机控制系统中存储器的容量很大，存储时间也几乎不受限制，这使得系统可以存储各种过程信息，不仅可以采集现场的信息，而且可以保存过去的信息，可以存放各种数据和表格，以便采用查表的方法解决各种非线性函数、误差补偿函数、单值和双位函数的运算等问题。

（4）逻辑运算能力强 计算机具有很强的数值运算能力、丰富的逻辑判断功能，再加上计算机控制系统强大的存储能力，系统可以进行分析、判断，实现复杂控制。

（5）精度高　计算机控制系统控制精度与计算机的字长有关,适当增加字长就能方便地获得高精度的稳态调速特性。

（6）稳定性好　数字控制避免了模拟电子器件易受时间、温度和环境条件等因素影响的固有缺陷,具有良好的稳定性。

（7）可靠性高　由软件替代硬件实现功率开关器件的触发控制、反馈信号的检测和调节、非线性的闭环调节控制、过程的诊断和保护等,减少了元器件的数目,简化了系统的硬件结构,提高了系统工作的可靠性。

（8）具有自诊断能力　计算机可以对过程的各种参数进行监测,发现参数越限就进行报警,甚至使保护机构动作,还可对系统的某些部位进行巡回检测,根据检测所得信息,判断发生故障的性质和位置,预测可能发生的故障,以便维护人员及时处理,避免事故的发生和恶化。在某些关键部位或设备损坏时,系统可以自动切除损坏部件或设备,并将备用部件或设备投入运行。

（9）抗干扰能力强　计算机控制系统的干扰通常来自电源与现场连接的输入/输出电路,电源通常采用电源滤波器及必要的屏蔽接地措施,输入/输出一般采用光电隔离器进行隔离,因此系统的抗干扰能力可以得到充分保证。

（10）多功能　计算机控制系统除了完成控制功能以外,还可以实现一些其他功能,如显示、打印、通信、计算和管理等。

4. 常用计算机控制方式

针对不同的被控对象和不同的控制要求,计算机控制系统所采用的控制方式不同。根据计算机控制系统的功能及结构特点,可以将机械系统的计算机控制系统分为操作指导控制系统、直接数字控制系统(DDC)、监督控制系统(SCC)、分布控制系统(DCS)、现场总线控制系统(FCS)、计算机集成制造系统(CIMS)等。

8.1.2　常用的计算机

由于系统的要求和复杂程度不同,根据选用控制器的不同,机电系统可以分为几种典型类型,如单片微处理器控制系统、工业计算机控制系统、可编程控制器控制系统及总线式计算机控制系统等。而且随着微电子技术和微型计算机的发展,这几种不同类型的系统目前互有交叉和覆盖。下面介绍控制系统较常用的几种计算机。

1. 数字信号处理器

数字信号处理器(DSP)是指面向信号处理任务的实时处理应用而设计的一类特殊的微处理芯片,它在信号处理系统中承担按规定的算法完成信号处理的任务。DSP有为实现某一具体特定功能设计的不可编程DSP,如傅里叶变换(FFT)处理器等,还有可以通过编程实现不同的信号处理功能、具有通用性和灵活性的可编程DSP。

DSP是一种专门用于处理数字信号的微处理器,适合用来做高速重复运算,如做数字滤波或快速傅里叶分析、数据图像处理等。DSP 内部设有硬件乘法器,可高速执行乘法运算,而且乘法器与算术逻辑单元(ALU)是并行工作的,其运算速度极快。由于具有灵活的位操作指令、数据块传送能力、大型程序和数据的存储器地址空间,存储器地址的布局变换等,DSP 被广泛应用于高性能交流调速、交流伺服系统的数字控制。

DSP 作为面向信号处理任务和计算密集型任务的器件,既可以单独应用,又可以和其他的处理器或多个 DSP 一起,构成多处理器系统,因此,与专用的信号处理器相比,其使用更灵活,适应性更强。但就某些专用性能的实时处理功能而言,DSP 不如专用信号处理器性能高。DSP 的信号处理系统的设计与常规的处理器系统设计相似。DSP 的信号处理系统结构简单,设计规范,在硬件组成上通常只需加上所需的存储器芯片和必需的接口电路,软件设计通常使用汇编语言。大多数 DSP 的硬件组成及软件开发、支持工具和手段齐全,应用软件丰富,能给用户带来较大的方便。

目前,专为电动机控制设计的 DSP 产品具有高速的实时算术运算能力,又集成了电动机控制所需的外围部件,其性能价格比较高,使用者只需外加较少硬件就能构成高性能的电动机调速控制系统。

2. 单片微型计算机(单片机)

采用计算机控制时,总要选用 CPU、ROM、RAM、定时/计数器、I/O 接口、A/D 转换、D/A 转换等芯片组成最小微机系统。为了适应这种需要,通常在一块芯片上直接集成这些部件,形成单片机。就其组成而言,可以说一块单片机芯片就是一台计算机。近年来,单片机发展很快,性能不断提高,特别表现在指令执行周期的缩短和 CPU 字长的增加上。

为了提高通用性,便于组装和维修,常将各功能部件做成各种模块,如存储器模块、A/D 转换模块、D/A 转换模块、I/O 扩展模块、键盘接口模块、显示器接口模块等,而且各类模块接口引脚用法规定符合一定的总线标准,如 STD 总线、工业 PC 总线标准等的规定。

用于电动机控制的单片机,在设计时有意削减了其计算功能,加强了其控制功能,减少了存储容量,调整了接口配置,打破了按逻辑功能划分的传统做法。不求规模,力争小而全,因而它体积小、功能强、价格便宜、通用性强,特别适合于简单的电动机控制系统,或者在复杂电动机控制系统中作为前级信息处理电路或局部功能控制器,故又称微控制器。

目前国内比较普遍使用的单片机种类和型号较多,可根据各自特点分别应用于不同的场合。

3. 可编程控制器

可编程序逻辑控制器(programmable logical controller,PLC)简称可编程控制器,是在继电接触器控制技术和计算机控制技术的基础上发展起来的一种新型工业自动控制设备。它以微处理器为核心,集自动化技术、计算机技术、通信技术为一体,目前被广泛应用于自动化控制的各个领域中。

可编程控制器是专为在工业环境下应用而设计的。它采用可编程序的存储器，在其内部存储和执行逻辑运算、顺序控制、定时、计数和算术运算等操作指令，并通过数字式和模拟式的输入和输出实现各种控制。

可编程控制器具有逻辑控制、定时控制、计数控制、步进控制、A/D 与 D/A 转换、数据处理、通信与联网、监测控制等功能，具有功能强、使用简单方便、可靠性高、抗干扰能力强、通用性好、开发周期短、体积小、重量轻、结构紧凑、功耗低等特点，是机电系统的理想控制器。

目前，可编程控制器的应用领域日益扩大，其技术及产品在朝高速化、智能化、网络化、标准化、系列化、小型化、廉价化方向不断继续发展，使其功能更强、可靠性更高、使用更方便、应用更广泛。

8.1.3　数字控制器

控制器的控制规律设计是计算机控制系统设计的关键。在一般的模拟控制系统中，控制器的控制规律是由模拟硬件电路实现的，要改变控制规律就要更改硬件电路。而在微型计算机控制系统中，控制规律是用软件实现的，计算机执行预定的控制程序，就能实现对被控参数的控制。因此，要改变控制规律，只要改变控制程序就可以了，这就使控制系统的设计更加灵活方便。特别是可以利用计算机强大的计算、逻辑判断、记忆、信息传递能力，实现更为复杂的控制，如非线性控制、逻辑控制、自适应控制、自学习控制及智能控制等。计算机控制系统设计则是指在给定系统性能指标的条件下，设计出控制器的控制规律和相应的数字控制算法。

数字控制器的设计分为连续化设计和离散化设计两种。数字控制器的连续化设计是忽略控制回路中所有的零阶保持器和采样器，采用连续系统的设计方法，得出连续控制器（模拟控制器），然后通过某种近似，将连续控制器离散化为数字控制器；数字控制器的离散化设计是直接应用采样控制理论设计出满足控制指标的数字控制器。

1. 基本概念

（1）采样　工程上，被控对象的连续信号和计算机接收和处理的离散信号（数字）需要通过 A/D、D/A 转换器得到。把连续信号转换成离散信号的过程称为采样过程，这一过程是通过采样器（采样开关器）来实现的。

（2）零阶保持器　将离散的采样信号恢复为连续信号的装置称为保持器。零阶保持器是把前一个采样时刻 nT 的采样保持到下一个采样时刻 $(n+1)T$ 的元件。它可以消除采样信号中的干扰信号，是计算机控制系统的基本元件之一。

（3）Z 变换　拉普拉斯变换是线性连续控制系统分析和设计的主要数学工具，而 Z 变换则是线性离散控制系统分析和设计的主要数学工具。

（4）离散系统的数学描述　在线性连续系统中，微分方程和传递函数是描述连续系统运动的数学模型。同样，在线性离散系统中，差分方程和脉冲传递函数则是描述离散系统运动的数学模型。

2. 数字控制器的设计

1）数字控制器的连续化设计

数字控制器的连续化设计是通过近似地将连续控制器离散化为数字控制器，并由计算机来实现。数字控制器的连续化设计内容包括：设计假想的连续控制器；选择采样周期 T；离散化；设计计算机实现的控制算法；校验。数字控制器的连续化设计是立足于连续控制系统控制器的设计，在计算机上进行数字模拟来实现的。在被控对象的特性不太清楚时，可充分利用成熟的连续化设计技术，把设计移植到计算机上予以实现。

2）数字控制器的离散化设计方法

由于控制任务需要，当所选择的采样周期比较长或对控制质量要求比较高时，必须从被控对象的特性出发，直接根据计算机控制理论（如采样控制理论）来设计数字控制器，这类方法称为离散化设计方法。离散化设计技术比连续化设计技术更具有普遍意义，它完全根据采样控制系统的特点进行分析和综合，并导出相应的控制规律和算法。数字控制器的离散化设计内容包括：根据控制系统性能指标要求和其他约束条件，确定所需闭环的脉冲传递函数 $\Phi(z)$；求广义对象的脉冲传递函数 $G(z)$；求数字控制器的脉冲传递函数 $D(z)$；根据 $D(z)$ 求取控制算法的递推计算公式。

不论是按连续系统进行控制系统设计，还是按离散系统进行控制系统设计，都可采用基于经典控制理论的常规控制策略或基于现代控制理论的先进控制策略，采用哪种控制策略往往与被控对象的过程特点、得到的数学模型及对系统的控制精度要求有关，与采用哪种方法无直接关系。

3. 数字 PID 控制

PID 是 proportional（比例）、integral（积分）、differential（微分）三者的缩写。在过程控制中，按误差信号的比例、积分和微分进行控制的调节器简称 PID 调节器，它是技术成熟、应用最为广泛的一种调节器。

1）控制算法

控制算法建立在控制对象的数学模型上，数学模型即描述各输入量与各输出量之间的数学关系的。控制算法直接影响控制系统的调节品质，是决定整个系统性能指标优劣的关键。

由于控制系统种类繁多，所以控制算法也各不相同，每个控制系统都有一个特定的控制规律，并且有相应的控制算法。比如：在数控机床中，常用的控制算法有逐点比较法和数字积分法；在直接数字控制系统中，常用的有 PID 控制算法及其改进算法；在位置数字随动系统中,常用的有实现最少拍控制的控制算法。另外,还有模糊控制、最优控制、自适应控制等控制算法。在进行系统设计时,究竟选择哪一种控制算法,主要取决于系统的特性和要求达到的控制性能指标。

在确定控制算法时,注意所选定的控制算法应能满足控制速度、控制精度和系统稳定性的要求。

2) 数字 PID 控制算法

PID 控制由于具有参数整定方便、结构改变灵活(如 PI 结构、PD 结构、PID 结构)、控制效果较佳的优点,获得了广泛的应用。特别是当被控对象的结构和参数不能被完全掌握,或得不到精确的数学模型时,采用 PID 控制可以获得良好的控制效果。

在计算机控制系统中,数字 PID 控制器是指用计算机软件按 PID 控制规律编制的应用程序,因此数字 PID 控制器也称数字 PID 控制算法。

8.2　电动机计算机控制系统的组成与特点

电动机计算机控制技术是以电动机为对象,包含电力电子技术、微电子技术、计算机控制技术和传感器技术等多学科交叉的机电一体化技术。电动机计算机控制系统的设计是多学科的综合应用过程,既要求具备计算机硬件、软件的知识与硬件、软件的设计能力,还要求掌握生产过程的工艺性能及被测参数的测量方法,以及被控对象的动态、静态特性等。

8.2.1　电动机计算机控制系统的基本组成

电动机计算机控制系统一般由电动机、变流装置、传感器和控制单元所构成。控制方式有模拟(量)控制和数字(量)控制两种,控制硬件可以是 DSP、单片机、PLC 等。

电动机计算机控制系统框图如图 8-1 所示。系统中,电动机是被控制对象,计算机起控制器的作用,对给定信号、反馈信号等输入进行处理,并按照设定的控制规律输出数字控制信号。输出的数字量信号有的经放大后可直接驱动诸如变流装置的数字脉冲触发部件,有的则要经 D/A 转换变成模拟量,再经放大后对电动机有关参数进行调节控制。

在电动机计算机控制系统中,计算机输入/输出信号有许多种。例如,输入信号有:用于频率或转速设定的运行指令;用于闭环控制和过流、过压保护的电动机电流、电压反馈量;用于转速、位置闭环控制的电动机转速、转角信号;用于缺相或瞬时停电保护的交流电源电压采样信号等。输出信号有:变流装置功率半导体元件的触发信号;用于控制输出电压、电流的频率、幅值和相位信号;电动机系统的运行和故障状态指示信号;上位机或系统的通信信号等。

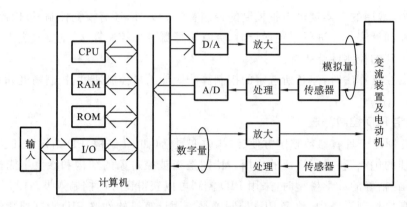

图 8-1　电动机计算机控制系统框图

8.2.2　电动机计算机控制系统的功能和特点

1. 电动机控制系统中计算机实现的主要功能

1）逻辑控制功能

可以代替模拟、数字电路和继电控制电路实现逻辑控制,具有较强的逻辑判断、记忆功能,控制灵活迅速,工作准确可靠。

2）运算、调节和控制功能

可以利用软件实现各种控制规律,特别是可以实现较复杂的控制规律,如矢量变换控制、转矩直接控制及各种智能控制(模糊控制、神经元网络控制等)。这些高性能控制离开计算机的实时在线运算和控制是无法实现的。

3）自动保护功能

可以对电源的瞬时停电、失压、过载和电动机系统的过流、过压、过载、功率半导体器件的过热及工作状态进行保护或干预,使之安全运行。

4）故障监测和实时诊断功能

可以实现开机自诊断、在线诊断和离线诊断。开机自诊断是在开机运行前由计算机执行一段诊断程序,检查主电路是否缺相、短路,熔断器是否完好,计算机自身各部分是否正常等,确认无误后才允许控制系统运行。在线诊断是在系统运行中周期性地扫描、检查和诊断各规定的监测点,发现异常情况发出警报并分别处理,甚至做到自恢复;同时以代码或文字形式给出故障类型,并有可能根据故障前后数据的分析、比较,判断故障原因。离线诊断是在故障定位困难的情况下,首先封锁驱动信号,冻结故障发展,同时进行测试推理,操作人员可以有选择地输出有关信息进行详细分析和诊断。控制系统采用计算机故障诊断技术可有效地提高整个系统运行的可靠性。

2. 电动机控制系统采用计算机控制的特点

1）具有高精度的稳态调整性能

由于电动机系统的控制精度可以通过选择计算机字长来控制，适当增加字长就能方便地获得高精度的稳态调速特性。此外，数字控制避免了模拟电子器件易受温度、电源电压、时间等因素影响的固有缺陷，使控制系统具有稳定的控制性能。

2）较高的控制质量

由于计算机具有极强的数值运算能力，丰富的逻辑判断功能，拥有大容量的存储单元，可用于实现复杂的控制策略，从而可获得较高的控制质量。

3）方便灵活地实现多种控制

由于计算机控制系统的控制功能是由软件来实现的。若要改变控制规律，一般不必改变系统的硬件结构，只要改变软件的编制就能方便、灵活地实现多种控制。控制系统通用性强、灵活性大，功能易于扩展和修改，具备很好的柔性。

4）系统可靠性高

电动机系统采用计算机控制，可由软件替代硬件实现功率开关器件的触发控制、反馈信号的检测和调节、非线性的闭环调节控制、过程的诊断和保护等，从而减少元器件的数目，简化系统的硬件结构，提高系统工作的可靠性。

5）控制的运算速度可能比较慢

由于控制一般是由一个CPU来实现的，具有串行工作的特点，相比模拟控制中的多个模拟器件并行工作方式，数字控制存在一个运算速度的问题，这需要通过选用高速计算机或由多台计算机并行处理来解决。

8.3　步进电动机的计算机控制

对于步进电动机，可以用缓冲寄存器、环形分配器、控制逻辑电路及正、反转控制门等把输入的脉冲转换成环形脉冲，以控制步进电动机的转速和正反向运动。但这种方法的缺点是线路复杂，改变控制方案困难。自从微处理器问世以来，步进电动机控制器的设计出现了新的方向，各种DSP、单片机、PLC的迅猛发展和普及应用，为设计功能很强而价格低廉的步进电动机控制器提供了先进的技术保证。

使用计算机控制系统，由软件代替脉冲分配器的功能，实现对步进电动机的走步数、转向及速度控制等，不仅可使线路简化、成本下降，而且可使系统的可靠性大大加强。特别是可根据系统的需要，灵活改变步进电动机的控制方案，因而应用起来更加灵活。

8.3.1　步进电动机的控制方式

步进电动机在机电系统中可应用于开环控制系统和闭环控制系统。下面分别加以介绍。

1. 步进电动机的开环控制

步进电动机的开环控制有串行和并行两种方式。

1) 串行控制

具有串行控制功能的单片机系统与步进电动机驱动电源之间有较少的连线。这种系统中,驱动电源必须含有环行分配器。这种控制方式的功能框图如图 8-2 所示。

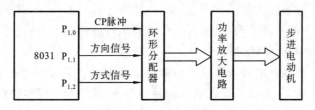

图 8-2 串行控制功能框图

2) 并行控制

用计算机系统的数条端口线直接控制步进电动机各相驱动电路的方法称为并行控制。在步进电动机驱动电源内不包括环形分配器,其功能必须由计算机系统完成。计算机系统实现脉冲分配器的功能又有两种方法:第一种是纯软件方法,即完全用编程来实现相序的分配,直接输出各相导通或关断的控制信号,主要有寄存器移位法和查表法;第二种是软、硬件相结合的方法,有专门设计的编程器接口,计算机向接口输出形式简单的代码数据,而接口输出的是步进电动机各相导通或关断的控制信号。并行控制方案的功能框图如图 8-3 所示。

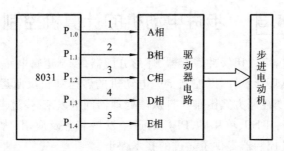

图 8-3 并行控制功能框图

2. 步进电动机的闭环控制

开环控制的步进电动机驱动系统,其输入的脉冲不依赖于转子的位置,而是事先按一定的规律给定的。其缺点是步进电动机的输出转矩、加速度在很大的程度上取决于驱动电源和控制方式。而且对于不同的步进电动机或不同负载的同一种步进电动机,很难找到通用的加减速规律,因此步进电动机性能指标的提高受到了限制。

　　闭环控制是直接或间接地检测转子的位置和速度,然后通过反馈和适当的处理,自动给出驱动的脉冲指令。采用闭环控制,不仅可以实现更加精确的位置控制,获得更高、更平稳的转速,而且可以在步进电动机的许多其他领域获得更大的通用性。

　　步进电动机的输出转矩是励磁电流和失调角的函数。为了获得较高的输出转矩,必须考虑电流的变化和失调角的大小,这对开环控制来说是很难的。

　　根据不同的使用要求,步进电动机的闭环控制也有不同的方案,主要有核步法控制、延迟时间法控制、带位置传感器的闭环控制等。

　　采用光电脉冲编码器作为位置检测元件的闭环控制功能框图如图 8-4 所示。其中编码器的分辨率必须与步进电动机的步距角相匹配。这种闭环控制不同于通常的控制技术中的闭环控制,步进电动机由计算机发出的一个初始脉冲启动,后续控制脉冲由编码器产生。

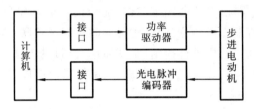

图 8-4　步进电动机闭环控制功能框图

　　编码器直接反映切换角这一参数。然而编码器相对于步进电动机的位置是固定的。因此发出相切换的信号也是一定的,只能是一种固定的切换角数值。采用时间延迟的方法可获得不同的转速。在闭环控制系统中,为了扩大切换角的范围,有时还要插入或删除切换脉冲。通常在加速时要插入脉冲,而在减速时要删除脉冲,从而实现步进电动机的加速和减速控制。

　　在切换角固定的情况下,如负载增加,则步进电动机转速将下降。要实现匀速控制,可利用编码器测出步进电动机的实际转速(编码器两次发出脉冲信号的时间间隔),以此作为反馈信号不断地调节切换角,从而补偿由负载所引起的转速变化。

8.3.2　步进电动机的 DSP 控制

　　利用 DSP 可以很方便地产生脉冲信号。DSP 集成了通用定时器和脉宽调制输出通道,并提供了使用定时器周期寄存器的周期值和比较寄存器的比较值来实现产生 PWM 波的方法。

　　DSP 带有功能强大的通用 I/O 接口和 PWM 输出功能,能同时输出多路 PWM 波形,改变 PWM 的频率可实现步进电动机的精确定位和速度控制。利用 DSP 中的事件管理器单元,PWM 的输出控制极为方便,它有以下一些特性:

（1）可根据电动机频率变化的需要快速地改变 PWM 的载波率；

（2）可根据电动机的需要快速改变 PWM 的脉冲宽度；

（3）可实现功率驱动的保护中断；

（4）由于比较和周期寄存器的自动重载，可使 CPU 的负担最小。

DSP 可以实现步进电动机的加、减速控制。对步进电动机的加、减速控制常用的是查表法，就是将相邻脉冲之间的时间间隔放入一张表中，每发一个脉冲就依次从表中取出相应的延时数据，从而使步进电动机实现变速。查表法控制简单，但在速度精度要求很高的情况下，延时表很大，并且控制不够灵活，在最大速度或加速度改变以后都要修改延时数据表，运算量很大。

利用 DSP 的运算速度快的特点，通过软件编程计算，可以将步进电动机的速度按脉冲顺序逐个地改变，在控制上灵活性很大。

DSP 可以有多个分别独立的通用定时器，能分别输出脉冲和方向信号，控制多台步进电动机的运转；可以控制单轴独立运动，也可同时控制多轴联动。

利用 DSP 来对步进电动机进行控制，实现简单、控制灵活，此外，还可以结合 DSP 的外围器件（如 A/D 转换器、正交编码器脉冲电路、串行通信接口等），使得整个系统的功能更加强大。

8.3.3　步进电动机的单片机控制

步进电动机的驱动电路根据控制信号工作。在步进电动机的单片机控制中，控制信号由单片机产生。其基本控制作用如下。

（1）控制换相顺序　步进电动机的通电换相顺序严格按照步进电动机的工作方式进行。通常把通电换相这一过程称为脉冲分配。例如，三相步进电动机的单三拍工作方式，其各相通电的顺序为 A→B→C，通电控制脉冲必须严格按照这一顺序分别控制 A、B、C 相的通电和断电。

（2）控制步进电动机的转向　通过前面介绍的步进电动机原理可以知道：如果按给定的工作方式正序通电换相，步进电动机就正转；如果按反序通电换相，则电动机就反转。

（3）控制步进电动机的速度　如果给步进电动机发一个控制脉冲，它就走一步，再发一个脉冲，它就会再走一步。两个脉冲的间隔时间越短，步进电动机就转得越快。因此，发送脉冲的频率决定了步进电动机的转速。调整单片机发送脉冲的频率，就可以对步进电动机进行调速。

下面介绍如何用单片机实现上述控制。

1. 脉冲分配

实现脉冲分配（也就是通电换相控制）的方法有两种：软件法和硬件法。

软件法是完全用软件的方式，按照给定的通电换相顺序，通过单片机的 I/O 接口向驱动电路发出控制脉冲。采用软件法时,在步进电动机运行过程中要不停地产生控制脉冲,将占用大量的 CPU 时间,可能使单片机无法同时进行其他工作,所以硬件法更常用。

所谓硬件法实际上是使用脉冲分配器芯片,来进行通电换相控制。由于采用了脉冲分配器,单片机只需提供步进脉冲,进行速度控制和转向控制,脉冲分配的工作由脉冲分配器来自动完成,因此,CPU 的负担减轻许多。

2. 速度控制

步进电动机的速度控制通过调整单片机发出步进脉冲的频率来实现。对于软件脉冲分配方式,通常采用调整两个控制字之间的时间间隔来实现调速。

第一种是通过软件延时的方法。改变延时的时间就可以改变输出脉冲的频率,这种方法编程简单,不占用硬件资源,但会使 CPU 长时间等待,因此没有实际价值。

第二种是通过定时器中断的方法。在计算机中断服务子程序中进行脉冲输出操作,调整定时器的定时常数就可以实现调速。这种方法占用 CPU 时间较少,在各种单片机中都能实现,是一种比较实用的调速方法。

3. 运行控制

步进电动机的运行控制包括位置控制和加、减速控制。

1) 位置控制

步进电动机的位置控制是指控制步进电动机带动执行机构从一个位置精确地运行到另一个位置。步进电动机的位置控制是步进电动机的一大优点,它不用借助位置检测器而只需简单的开环控制就能达到足够的位置精度,因此应用很广。

步进电动机的位置控制需要两个参数。一是步进电动机控制的执行机构当前的位置参数,称为绝对位置。其极限是执行机构运动的范围,超越了这个极限就应报警。二是从当前位置移动到目标位置的距离,可以用折算的方式将这个距离折算成步进电动机的步数。这个参数是外界通过键盘或可调电位器旋钮输入的,所以折算的工作应该在键盘程序或 A/D 转换程序中完成。

对步进电动机进行位置控制的一般做法是:步进电动机每走一步,步数减一,如果没有失步存在,当执行机构到达目标位置时,步数正好减到零。因此,用步数等于零来判断是否移动到目标位置,作为步进电动机停止运行的信号。

绝对位置参数为人机对话的显示参数,或者实现其他控制目的的重要参数(作为越界报警参数),因此必须提前给出。它与步进电动机的转向有关,当步进电动机正转时,步进电动机每走一步,绝对位置加一;当步进电动机反转时,绝对位置随每次步进减一。

2) 加、减速控制

步进电动机驱动执行机构从一个点移动到另一个点时,要经历加速、恒速和减速过程。如果启动时一次性将速度升到给定速度,启动频率会超过极限启动频率,使步进电动机发生失步现象,不能正常启动。如果到终点时突然停下来,出于惯性作用,步进电动机会发生过冲现象,导致到位不准确。如果非常缓慢地升、降速,步进电动机虽然不会产生失步和过冲现象,但执行机构的工作效率会受到影响。所以,对步进电动机的加、减速有严格的要求,那就是保证在不失步和过冲的前提下,用最快的速度移动到指定位置。

为了满足加、减速要求,步进电动机运行通常按照加、减速运行曲线进行。加、减速运行曲线没有固定的模式,一般根据经验和试验得到。

思考题与习题

8-1　电动机计算机控制系统的基本组成是什么?

8-2　在电动机的计算机控制系统中,输入/输出计算机的信号有哪些?

8-3　电动机计算机控制系统的功能和特点是什么?

8-4　可编程控制器具有哪些特点?

8-5　步进电动机的控制方式有哪些?

8-6　单片机是如何实现对步进电动机的控制的?

第 9 章　电力电子技术

本章要求掌握常见的电力半导体器件的基本工作原理和特性、基本电力半导体器件的驱动电路及其特点,以及利用电力电子技术进行调压和变频的基本原理;了解脉宽调制原理及其控制方法。

电力电子技术是有效地使用电力半导体器件,实现对电能的高效变换和控制的一门技术,它包括对电压、电流、频率和波形等的变换和控制。其按内容构成主要可划分为电力电子器件、能量变换主电路和控制电路三个部分。目前,电力电子技术的应用已深入工业生产和社会生产的各个方面。典型的用途如用于直流传动、交流传动、电动机励磁、电镀及电加工、直流输电和无功补偿,并可用在中频感应加热电子开关、交流不间断电源、稳定电源等中。

9.1　电力半导体器件

常用的电力半导体器件按控制方式来分类,可分为不可控器件、半可控器件和全可控器件。不可控器件包括整流二极管、快速恢复二极管、肖特基二极管等。半可控器件包括普通晶闸管、高频晶闸管、双向晶闸管、光控晶闸管等。全可控器件包括功率晶体管(BJT)、功率场效应管(power MOSFET)、绝缘栅双极型晶体管(IGBT)、静电感应晶体管(SFT)、可关断晶闸管(GTO)、静电感应晶闸管(SITH)等。

9.1.1　晶闸管

晶闸管(thyristor)是硅晶体闸流管的简称,是一种大功率半可控元件,俗称可控硅(silicon controlled rectifier,SCR)。晶闸管的出现起到了弱电控制与强电输出之间的桥梁作用,这一方面是由于晶闸管在功率变换能力上的突破,另一方面是由于实现了弱电对以晶闸管为核心的强电变换电路的控制。晶闸管用来控制电动机,具有效率高、控制特性好、反应快、寿命长、可靠性高、维护容易、体积小、重量轻等优点。

1. 晶闸管的结构

晶闸管的外形大致有三种:塑封形、螺栓形和平板形。塑封形晶闸管多见于额定电流在 10 A 以下的情况,螺栓形晶闸管的额定电流一般为 10～200 A,平板形晶闸管用于额定电流在 200 A 以上的情形。晶闸管工作时,由于器件损耗而产生热量,需要通过散热器降低管芯温度,器件外形是为便于安装散热器而设计的。

晶闸管是三端(阳极 A、阴极 K、门极 G)四层半导体开关器件,它由单晶硅薄片 P_1、N_1、

P_2、N_2共四层半导体材料叠成,形成三个 PN 结。其内部结构和图形符号如图 9-1 所示。

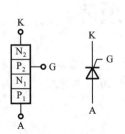

图 9-1　晶闸管内部结构及图形符号

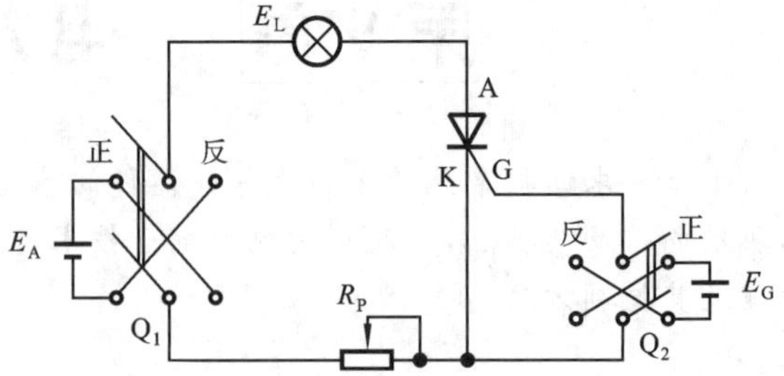

图 9-2　晶闸管的导通和关断实验电路

2. 晶闸管的工作原理

晶闸管的导通和关断条件可通过如图 9-2 所示的实验说明。利用双刀双掷开关 Q_1 和 Q_2 来正向或者反向接通电源,通过灯泡和电流表来观察晶闸管的通断情况。

1) 实验步骤及现象

(1) 当 Q_1 向右反向闭合时,晶闸管承受反向阳极电压,不论门极承受何种电压,灯泡都不亮,这说明此时晶闸管处于关断状态。

(2) 当 Q_1 向左正向闭合时,晶闸管承受正向阳极电压,仅当 Q_2 正向闭合即门极也承受正向电压时灯泡才亮。

(3) 晶闸管一旦导通,不论 Q_2 正接、反接还是断开,都保持导通状态不变。这说明此时门极失去了控制作用。

(4) 要使晶闸管关断,可以去掉阳极电压,或者给阳极加反压,也可以降低正向阳极电压数值或增大回路电阻,使流过晶闸管的电流小于一定数值。

2) 结论

(1) 晶闸管的导通条件:在晶闸管的阳极和阴极间加正向电压,同时在它的门极和阴极间也加正向电压,两者缺一不可。

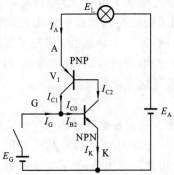

图 9-3　晶闸管工作原理示意图

(2) 晶闸管一旦导通,门极即失去控制作用,因此门极所加的触发电压一般为脉冲电压。晶闸管从关断变为导通的过程称为触发导通。

(3) 晶闸管的关断条件　使流过晶闸管的阳极电流小于维持电流 I_H,或者在阳极与阴极之间加上反向电压。维持电流 I_H 是保持晶闸管导通的最小电流。

晶闸管的 PNPN 结构又可以等效为两个互补连接的三极管,其中 N_1 和 P_2 既是一个三极管的集电极又是另一个管子的基极,如图 9-3 所示。

当晶闸管加正向阳极电压,门极也加上足够的门极电压时,则有电流 I_G 从门极流入 NPN 管的基极,即 I_{B2},经 NPN 管放大后的集电极电流 I_{C2} 流入 PNP 管的基极,再经 PNP 管的放大,其集电极电流 I_{C1} 又流入 NPN 管的基极,如此循环,产生强烈的增强式正反馈过程,使两个晶体管很快饱和导通,从而使晶闸管由关断迅速地变为导通。流过晶闸管的电流取决于外加电源电压和主回路的阻抗的大小。晶闸管一旦导通后,即使 $I_G=0$,因电流 I_{C1} 在内部直接流入 NPN 管的基极,晶闸管也仍将继续保持导通状态。若要晶闸管关断,只有降低阳极电压到零或对晶闸管加上反向阳极电压,使 I_{C1} 的电流减少至 NPN 管接近关断状态,即流过晶闸管的阳极电流小于维持电流,晶闸管才可恢复关断状态。

3. 晶闸管的伏安特性

晶闸管的阳极与阴极间的电压和阳极电流之间的关系,称为晶闸管的伏安特性,如图 9-4 所示。

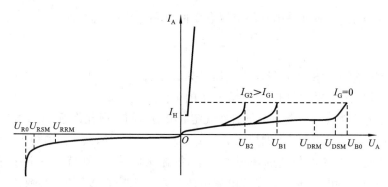

图 9-4　晶闸管的伏安特性曲线

图中第一象限为正向特性曲线。当 $I_G=0$ 时,如果在晶闸管两端所加正向电压 U_A 未增到正向转折电压 U_{B0} 时,器件都处于正向关断状态,只有很小的正向漏电流。当 U_A 增到 U_{B0} 时,漏电流将急剧增大,器件导通,正向电压降低,此时晶闸管的伏安特性和二极管的正向伏安特性相仿。通常不允许采用这种方法使晶闸管导通,因为这样的多次导通会造成晶闸管损坏。一般采用对晶闸管的门极加足够大的触发电流使其导通,门极触发电流越大,正向转折电压越低。

晶闸管的反向伏安特性如图 9-4 中第三象限的曲线所示,它与整流二极管的反向伏安特性相似。处于反向关断状态时,只有很小的反向漏电流,当反向电压超过反向击穿电压 U_{R0} 时,反向漏电流将急剧增大,造成晶闸管反向击穿而损坏。

4. 晶闸管的主要参数

(1)额定电压 U_R　在门极开路($I_G=0$)、器件额定结温度条件下,正向和反向折转电压的 80%(或分别减 100 V)分别规定为断态正向重复峰值电压 U_{DRM} 和断态反向重复峰值电压 U_{RRM}。通常把 U_{DRM} 和 U_{RRM} 中较小的一个数值标作器件型号上的额定电压。

由于在电路中可能偶然出现较大的瞬时过电压而损坏晶闸管,因此通常将电路中晶闸管正常工作峰值电压的 $2\sim3$ 倍的电压值作为设计时晶闸管的额定电压,以确保用电安全。

(2) 通态峰值电压 U_{TM}　规定为额定电流下的管压降峰值,一般为 $1.5\sim2.5$ V,且随阳极电流的增大而略微增加。额定电流下的通态平均电压降一般为 1 V 左右。

(3) 额定电流 I_R　在环境温度不大于 $40\ ℃$、标准散热及全导通的条件下,晶闸管元件可以连续通过的工频正弦半波电流(在一个周期内)的平均值,称为额定通态平均电流,简称额定电流,用 I_T 表示。

$$I_T = \frac{1}{2\pi}\int_0^\pi I_m \sin\omega t\,\mathrm{d}(\omega t) = \frac{I_m}{\pi}$$

晶闸管的发热主要是由通过它的电流有效值 I_e 决定的,有

$$I_e = \sqrt{\frac{1}{2\pi}\int_0^\pi I_m^2 \sin^2\omega t\,\mathrm{d}(\omega t)} = \frac{I_m}{2}$$

则对于正弦半波电流,通过晶闸管的电流有效值 I_e 和平均值 I_T 的关系为

$$\frac{I_e}{I_T} = \frac{\pi}{2} = 1.57 \tag{9-1}$$

由于晶闸管等电力电子半导体开关器件热容量很小,实际电路中的过电流又不可能避免,故在设计应用中通常留有 $1.5\sim2.0$ 倍的电流安全裕量。

(4) 浪涌电流 I_{TSM}　它是指晶闸管在规定的极短时间内所允许通过的冲击电流值。通常 I_{TSM} 比额定电流 I_R 大 4π 倍。例如额定电流为 100 A 的元件,其 I_{TSM} 值为 $1.3\sim1.9$ kA。

(5) 维持电流 I_H　在规定的环境温度下,控制极断路时,维持元件继续导通的最小电流称为维持电流,用 I_H 表示。维持电流一般为几十至一百多毫安,其数值与元件的温度成反比。例如,在 120 ℃ 时的维持电流约为 25 ℃ 时的一半。当晶闸管的正向电流小于这个电流时,晶闸管将自动关断。

(6) 擎住电流 I_L　晶闸管在触发电流作用下被触发导通后,只要晶闸管中的电流达到某一临界值,就可以把触发电流撤除,这时晶闸管仍自动维持通态,这个临界电流值称为擎住电流,用 I_L 表示。通常擎住电流 I_L 要比维持电流 I_H 大 $2\sim4$ 倍。

9.1.2　其他电力半导体器件

1. 双向晶闸管

双向晶闸管(TRIAC)的外形与普通晶闸管类似,可直接工作于交流电源下,其控制极对电源的两个半周均有触发控制作用,即双方向均可由控制极触发导通,它相当于将两只普通的晶闸管反并联,故称为双向晶闸管或交流晶闸管。

图 9-5 所示为双向晶闸管的图形符号与等效电路。图中引线分别为阳极 $1(T_1)$、控制极(G)、阳极 $2(T_2)$。通常以 T_1 作为电压测量的基准点。当控制极无信号输入时,与晶

闸管相同，T_2 与 T_1 端子间不导电。倘若 T_2 所施加的电压高于 T_1，而控制极加正极性或负极性信号，即可使晶闸管导通，电流自 T_2 流向 T_1；若 T_1 所施加的电压高于 T_2，如控制极加正极性或负极性信号，亦可使晶闸管导通，电流自 T_1 流向 T_2。

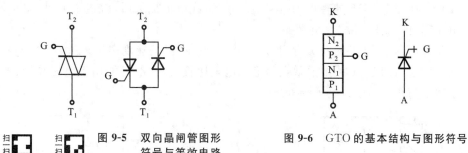

图 9-5　双向晶闸管图形
符号与等效电路

图 9-6　GTO 的基本结构与图形符号

2. 可关断晶闸管

可关断晶闸管(GTO)是一种全控型电力电子器件，其基本结构及电路符号如图 9-6 所示。GTO 的结构特性与晶闸管(SCR)极为相似，它与晶闸管比较有下列优点。

(1) GTO 的控制极可以控制元件的导通和关断。只要在 GTO 的控制极加不同极性的脉冲触发信号，就可以控制其导通与关断，但 GTO 所需的控制电流远比晶闸管的大。

(2) GTO 的动态特性较晶闸管好。一般来说，两者导通时间相差不多，但关断时间 GTO 只需 1 μs 左右，而晶闸管需要 5～30 μs。

GTO 主要应用于直流调压和直流开关电路中，因其不需要关断电路，故电路简单，工作频率也可提高。

3. 电力晶体管

电力晶体管(GTR)是一种双极性大功率高反压晶体管，可在高电压和强电流下使用，也称功率晶体管或巨型晶体管。GTR 大多为 NPN 型。电力晶体管在应用中多数作为功率开关使用，主要要求其有足够的容量(高电压、大电流)、适当的增益、较高的工作速度和较低的功率损耗等。当 GTR 饱和导通时，其正向压降为 0.3～0.8 V，而晶闸管的正向压降一般为 1 V 左右。

目前，GTR 在交直流调速、不间断电源、中频电源等电力变流装置中应用广泛。在中小功率应用方面是取代晶闸管的自关断器件之一。

4. 电力场效应晶体管

电力场效应管(MOSFET)有三个电极，栅极 G、漏极 D 和源极 S。由栅极控制漏极和源极之间的等效电阻，使场效应管处于关断或导通状态。场效应管可分为结型场效应管和绝缘栅型场效应管两大类。图 9-7 所示为常用的绝缘栅型电力 MOSFET 的基本结构、图形符号和外接电路。

电力 MOSFET 有如下特点。

（1）电力 MOSFET 用栅极电压控制漏极电流,驱动功率小,驱动电路简单。

（2）电力 MOSFET 具有正的电阻温度系数,在电流加大时,温度上升,电阻也增大,可对电流起自限流作用,热稳定性好。

（3）电力 MOSFET 的开关时间可为 10～100 ns,开关速度很快,工作频率很高。

（4）电力 MOSFET 的主要缺点是通态电阻比较大,一般只能用于电压较低、电流较小的小功率高频率的电力电子装置。

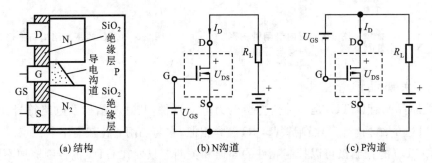

(a) 结构　　　　　(b) N沟道　　　　　(c) P沟道

图 9-7　电力 MOSFET 基本结构、图形符号及外接电路

5. 绝缘栅双极晶体管

绝缘栅双极晶体管(IGBT)从结构上可以看作一种复合器件,其图形符号和内部结构等效电路如图 9-8 所示。其输入控制部分为 MOSFET,输出级为双极结型三极晶体管,因此兼有 MOSFET 和 GTR 的优点:是电压控制器件,具备输入阻抗高、驱动功率小、开关速度快、工作频率高、饱和压降低、电压与电流容量较大、安全工作区域宽等特点。目前已有 2 500～3 000 V、800～1 800 A 的 IGBT 器件产品,可供几千千伏安以下的高频电力电子装置选用。

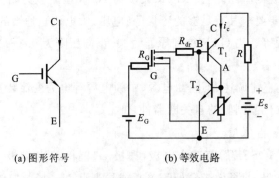

(a) 图形符号　　　　　(b) 等效电路

图 9-8　IGBT 符号及内部结构等效电路

9.2　电力半导体器件的驱动电路

电力电子器件的驱动电路是电力电子主电路与控制电路之间的接口，是电力电子装置的重要环节，对整个装置的性能有很大的影响。驱动电路对半控型器件只需提供开通控制信号，对全控型器件则既要提供开通控制信号，又要提供关断控制信号。采用性能良好的驱动电路可使电力电子器件工作在较理想的开关状态，缩短开关时间，减小开关损耗，对提高装置的运行效率、可靠性和安全性都有重要的意义。

9.2.1　半控型电力半导体器件的驱动电路

典型的半控型原件是晶闸管，控制晶闸管导通的驱动电路称为触发电路。对触发电路的要求如下。

（1）为了使器件被可靠地触发导通，触发脉冲的数值必须大于门极触发电压 U_{CT} 和门极触发电流 I_{CT}，即具有足够的触发功率。但其数值又必须小于门极正向峰值电压 U_{CM} 和门极正向峰值电流 I_{CM}，以防止晶闸管门极的损坏。

（2）为了保证控制的规律性，各晶闸管的触发电压与其主电压之间具有严格的相位关系，即保持同步，这样可以得到周期性的输出信号。

（3）为了使变流电路输出的电压连续可调，触发脉冲应能在一定的范围内进行移相。例如，单相全控桥电阻负载要求触发脉冲移相范围为 $180°$，而三相全控桥电感性负载（不接续流管时）要求触发脉冲的移相范围是 $90°$。

（4）多数晶闸管电路还要求触发脉冲的前沿要陡，以实现精确的触发导通控制。当负载为电感性负载时，晶闸管的触发脉冲必须具有一定的宽度，以保证晶闸管的电流上升到擎住电流以上，使器件可靠导通。

常见的触发脉冲电压波形如图 9-9 所示。

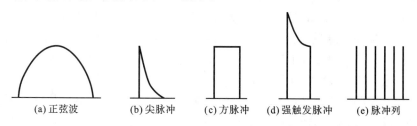

(a) 正弦波　　(b) 尖脉冲　　(c) 方脉冲　　(d) 强触发脉冲　　(e) 脉冲列

图 9-9　常见的触发脉冲电压波形

晶闸管的导通控制信号由触发电路提供，触发电路的类型按组成器件分为：单结晶体管触发电路、晶体管触发电路、集成触发电路和计算机数字触发电路等。由单结晶体管组成的触发电路，具有线路简单、可靠、前沿陡、抗干扰能力强、能量损耗小、温度补偿性能好等优点,广泛应用于对中小容量晶闸管的触发控制。

1. 单结晶体管的结构和特性

单结晶体管是一种特殊的半导体器件,它有三个电极——一个发射极和两个基极,故又称双基极二极管,其结构、等效电路及图形符号如图 9-10 所示。

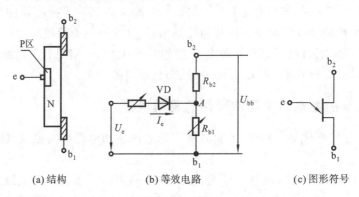

(a) 结构   (b) 等效电路   (c) 图形符号

图 9-10 单结晶体管

在 N 型硅半导体基片的一侧引出两个基极,b_1 为第一基极,b_2 为第二基极,在硅片的另一侧用合金或扩散法渗入 P 型杂质,引出发射极 e。因为发射极 e 与 b_1 和 b_2 之间是一个 PN 结,所以相当于一只二极管。两个基极之间是硅片本身的电阻,呈纯电阻性。等效电路中的 R_{b1} 为第一基极与发射极之间的电阻;R_{b2} 为第二基极与发射极之间的电阻。

如果两个基极间加入一定的电压 U_{bb}(b_1 接负极、b_2 接正极),则点 A 电压为

$$U_A = \frac{R_{b1}}{R_{b1} + R_{b2}} U_{bb} = \eta U_{bb} \tag{9-2}$$

式中:$\eta = R_{b1}/(R_{b1} + R_{b2})$ 称为单结晶体管的分压系数(或分压比),它是一个很重要的参数,其数值与管子的结构有关,一般在 0.3~0.9 之间。

当发射极 e 上所加正向电压 U_e 小于 U_A 时,由于 PN 结承受反向电压,故发射极只有极小的反向电流,这时,R_{b2} 呈现很大的阻值;当 $U_e = U_A$ 时,$I_e = 0$;随着 U_e 的继续增加,I_e 开始大于零,这时,PN 结虽然处于正向偏压状态,但由于硅二极管本身有一定的正向压降 U_D(一般为 0.7 V),因此,在 $U_e - U_A < U_D$ 时,I_e 不会有显著的增加,这时单结晶体管处于关断状态,这一区域称为截止区,如图 9-11 所示。

当 $U_e = U_A + U_D$ 时,由于 PN 结承受了正向电压,发射极 e 对第一基极 b_1 开始导通,随着发射极电流 I_e 的增加,PN 结沿电场方向朝 N 型硅片注入大量空穴型载流子到第一基极 b_1 与电子复合,于是 R_{b1} 迅速减小。R_{b1} 的减小促使 U_A 降低,导致 I_e 进一步增大,而 I_e 的增大,又使 R_{b1} 进一步减小,促使 U_A 急剧下降,因此,随着 I_e 的增加,U_e 将不断下降,呈现出负阻特性。开始出现负阻特性的点 P 称为峰点,该点的电压和电流分别称为峰点电压 U_p 和峰点电流 I_p。随着 I_e 的不断增加,U_e 下降到某一点 V,此时 R_{b1} 便不再有显著变

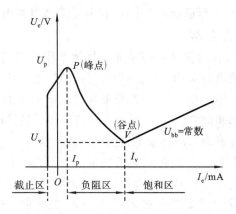

图 9-11   单结晶体管的特性曲线

化,U_e 也不再继续下降,而是随着 I_e 按线性关系增加,点 V 称为谷点,该点的电压和电流称为谷点电压 U_v 和谷点电流 I_v。对应于由峰点 P 至谷点 V 的负阻特性段称为负阻区,谷点以后的线段称为饱和区。当 $U_e < U_v$ 时,发射极与第一基极间便恢复关断。

2. 单结晶体管的自振荡电路

利用单结晶体管可组成自振荡电路,如图 9-12(a)所示。它的工作原理如下。

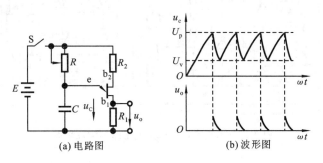

(a) 电路图   (b) 波形图

图 9-12   单结晶体管的自振荡电路

假设在接通电源前,电容 C 上的电压为零,当合上电源开关 S 时,电源 E 一方面通过 R_1、R_2 将电压加于单结晶体管的 b_1 和 b_2 上,同时又通过充电电阻 R 向电容 C 充电,电压 U_e 便按指数曲线逐渐升高。在 U_e 较小时,发射极电流极小,单结晶体管的发射极 e 和第一基极 b_1 之间处于关断状态;当电容两端的电压 u_c 经充电达到单结晶体管的峰点电压 U_p 时,e 和 b_1 间由关断变为导通,电容 C 通过发射极 e 与第一基极 b_1 迅速向电阻 R_1 放电,由于 R_1 阻值较小(一般只有 $50 \sim 100\ \Omega$),而导通后 e 与 b_1 之间的电阻更小,因此,电容 C 的放电速度很快,于是在 R_1 上得到一个尖峰脉冲输出电压 u_o。由于 R 的阻值较大,当电容上的电压降到谷点电压时,经 R 供给的电流便小于谷点电流,不能满足导通的要求,于是 e 与 b_1 之间电阻 R_{b1} 迅速增大,单结晶体管便恢复关断。此后电源 E 又对电容 C 充电,这样电容 C 反复进行充电放电,在电容 C 上形成锯齿波电压,在 R_1 上形成脉冲电压,如图 9-12(b)所示。

3. 单结晶体管触发电路

图 9-12 所示的单结晶体管振荡电路不能直接用来作为晶闸管的触发电路,因为,晶闸管的主电路是接在交流电源上的,二者不能保证同步。实际应用的晶闸管触发电路,必须使触发脉冲与主电路电压同步,要求在晶闸管承受正向电压的半周内,控制极获得第一个正向触发脉冲的时刻都相同。图 9-13 所示为单结晶体管触发电路,这种电路在中小型可控整流装置中用得十分普遍。向触发电路供电的变压器 T(称为同步变压器)与主电路共一电源,由 T 次级提供的电压,经桥式整流后成为直流脉动电压,再经稳压管削波,在稳压管两端获得梯形波电压 u_s。这一电压在电源电压过零点时也降到零,将此电压供给单结晶体管触发电路,则每当电源电压过零时,b_1 与 b_2 之间的电压也降到零。e 与 b_1 之间导通,电容 C 上的电压通过 e 与 b_1 及 R_1 回路很快地放掉,使电容每次均能从零开始充电,从而获得与主电路的同步。移相控制时只要改变 R,就可以改变电容电压 u_C 上升时间,亦即改变电容开始放电产生脉冲使晶闸管触发导通的时刻,从而达到移相的目的。采用削波电源的主要目的是增大触发电路的移相范围。通常单结晶体管的移相范围可达到 $30°\sim150°$。

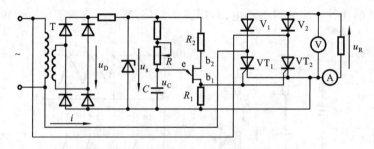

图 9-13　单相半控桥式整流电路的触发电路

9.2.2　全控型电力半导体器件的驱动电路

下面对典型的全控型器件 GTO、GTR、电力 MOSFET 和 IGBT,按电流驱动型和电压驱动型分别进行讨论。应该说明的是,驱动电路可以是由分立器件构成的驱动电路,也可以是由集成电路组成的集成驱动电路,但目前的趋势是采用专用的集成驱动电路,而且为达到参数最佳配合,应首先选择使用电力电子器件的生产厂家专门为其器件开发的集成驱动电路。

1. 电流驱动型器件的驱动电路

GTO 及 GTR 属电流型驱动器件,本节以 GTO 为例进行说明。GTO 的门极控制电路包括导通电路、关断电路和反偏电路。GTO 的触发导通过程与普通晶闸管相似,而关断则不同,门极控制技术的关键在于关断。影响关断的因素主要有:被关断的阳极电流、负载阻抗的性质、工作频率、缓冲电路、关断控制信号波形及温度等。

1) 导通控制

导通控制要求门极电流脉冲的前沿陡、幅度高、宽度大及后沿缓。这是因为组成整体器件的各 GTO 所具有特性的分散性,如果门极正向电流上升沿不陡,就会使先导通的 GTO 的电流密度过大。门极电流脉冲上升沿陡峭,可以使所有的 GTO 几乎同时导通,从而使电流分布趋于均匀。如果门极正向电压脉冲的幅度和宽度不足,可能会造成部分 GTO 尚未达到擎住电流,门极脉冲就已经结束的情况,致使部分导通的 GTO 承担全部的阳极电流而过热损坏。后沿则应尽量缓,后沿过陡会产生振荡。

2) 关断控制

GTO 的关断控制是靠门极驱动电路从门极抽出 P_2 基区的存储电荷来实现的,门极负电压越大,关断得越快。门极负电压一般要达到或接近门极与阴极间雪崩击穿电压值,并要求保持较长时间,以保证 GTO 可靠关断。有时甚至在 GTO 下一次导通之前,门极负电压都不衰减到零,以防止 GTO 误导通。门极关断电流脉冲的幅度取 $1/5 \sim 1/3$ 阳极电流值,关断脉冲电流的陡度需达到 $50 \ A/\mu s$。门极关断负脉冲宽度约为 $100 \ \mu s$,且强负脉冲宽度达到 $30 \ \mu s$ 时,即可保证 GTO 能可靠关断。

3) 门极驱动电路

门极驱动电路按输出是否通过脉冲变压器或光耦合器件,分为直接驱动和间接驱动两种类型。

直接驱动时门极驱动电路直接和 GTO 门极相连,其优点是:输出电流脉冲的前沿陡度好,易于消除寄生振荡。其缺点是:驱动电路中的半导体开关器件必须直接承担 GTO 的门极电流,故开关器件的电流较大、功耗大、效率低。此外,直接驱动电路与 GTO 主电路具有同样的电位,对控制系统来说不太安全。

间接驱动时驱动电路通过脉冲变压器与 GTO 门极相连,其优点是:GTO 主电路与门极控制电路之间用脉冲变压器或光耦合器件实现电气隔离,控制系统较为安全;脉冲变压器变换阻抗的作用,可使驱动电路的脉冲功率放大器件的电流大幅度减小。其缺点是:输出变压器的漏感使输出电流脉冲前沿陡度受到限制,输出变压器的寄生电感和电容易产生寄生振荡,影响 GTO 的正确开通和关断。此外,隔离器件本身的响应速度将影响驱动信号的快速性。

图 9-14 所示为一个典型的直接耦合式 GTO 驱动电路。该电路的电源由高频电源经二极管整流后提供;二极管 VD_1 和电容 C_1 提供 $+5 \ V$ 电压;VD_2、VD_3 和 C_2、C_3 构成倍压整流电路,提供 $+15 \ V$ 电压;VD_4 和电容 C_4 提供 $-15 \ V$ 电压。场效应晶体管 V_1 导通时,输出正脉冲;V_2 导通时输出正脉冲平顶部分;V_2 关断而 V_3 导通时输出负脉冲;V_3 关断后电阻 R_3 和 R_4 提供门极负偏压。

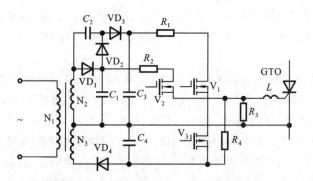

图 9-14　典型的直接耦合式 GTO 驱动电路

2. 电压驱动型器件的驱动电路

电力 MOSFET 和 IGBT 是电压驱动型器件。

（1）对电压驱动型器件的驱动电路的要求　驱动脉冲要有足够快的上升和下降速度，即脉冲的前后沿要陡峭。导通时以低电阻对栅极电容充电，关断时为栅极电荷提供低电阻放电回路，以提高开关速度。电力 MOSFET 的栅源极之间和 IGBT 的栅射极之间都有数千皮法的极间电容，为快速建立驱动电压，要求驱动电路具有较小的输出电阻。

为了使器件可靠导通，导通脉冲电压的幅度应高于管子的开启电压；为了防止误导通，在管子关断时提供负的栅-源或栅-射电压。一般使电力 MOSFET 导通的栅源极间驱动电压取 $10 \sim 15$ V，使 IGBT 导通的栅射极间驱动电压取 $15 \sim 20$ V。关断时的负驱动电压取 $-15 \sim -5$ V。电力 MOSFET 和 IGBT 开关时所需驱动电流为栅极电容的充放电电流，极间电容越大，所需的驱动电流也越大。

（2）驱动电路　图 9-15 所示为电力 MOSFET 的一种驱动电路。当无输入信号时，高速放大器 A 输出负电平，V_3 导通，输出负驱动电压。当有输入信号时，高速放大器 A 输出正电平，V_2 导通，输出正驱动电压。

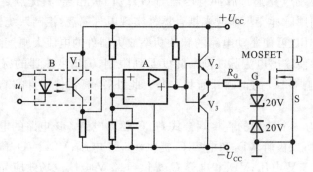

图 9-15　电力 MOSFET 的一种驱动电路

常见的专为驱动电力 MOSFET 而设计的混合集成电路有三菱公司的 M57918L，其输入信号电流幅值为 18 mA,输出最大脉冲电流为 +2 A 和 -3 A,输出驱动电压为 +15 V 和 -10 V。

IGBT 的驱动多采用专用的混合集成驱动器。常用的有三菱公司的 M579 系列(如 M57962L 和 M57959L 等)和富士公司的 EXB 系列(如 EXB840、EXB841、EXB850 和 EXB851 等)。同系列不同型号的驱动器其引脚和接线基本相同,只是适用被驱动器件的容量、开关频率及输入电流幅值等参数不同而已。

9.3　晶闸管调压电路

晶闸管调压电路可分为直流斩波电路和交流调压电路。这两种电路的共同点是:利用晶闸管及其他电力半导体器件作为无触点开关,接于电源与负载之间,使其输出波形是电源波形的一部分,从而得到可调的负载电压。其中晶闸管器件接在直流电源与负载之间,用以改变加在负载上直流平均电压的电路,称为直流斩波电路,它是一种直流-直流变换电路。而晶闸管器件接在交流电源与负载之间,用以改变负载所得交流电压有效值的电路,通常称为交流调压电路。

9.3.1　直流斩波电路

1. 直流斩波器的工作原理

采用晶闸管做无触点开关的直流斩波电路的原理如图 9-16 所示。图中:U_d 是固定的直流电源;L 是包括电机电枢绕组在内的平波电抗器电感;直流电动机 D 是负载;由于电动机是电感性负载,电动机的电流不能突变,在晶闸管关断时应为电动机电感能量的释放建立一个通道,该通道称为续流回路,VD_R 是续流二极管。图 9-16(b)所示为斩波后输出电压的波形。

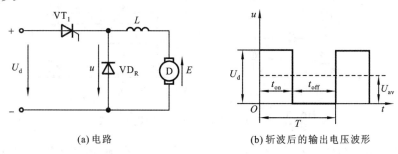

(a) 电路　　　　　　　　　　　　　(b) 斩波后的输出电压波形

图 9-16　晶闸管直流斩波电路与电压波形

设在 t_{on} 期间内晶闸管斩波器工作,则直流电源 U_d 与负载接通,在 t_{off} 期间内,斩波器关断,负载电流经过续流二极管 VD_R 对负载续流,则负载端就被短接,这样在负载端产生

经过斩波的直流电压 u,其输出电压的平均值

$$U_{av} = U_d \frac{t_{on}}{t_{on} + t_{off}} = U_d \frac{t_{on}}{T} = k_z U_d \tag{9-3}$$

式中：t_{on} 为晶闸管 T_1 的导通时间；t_{off} 为晶闸管 T_1 的关断时间；T 为斩波周期，$T = t_{on} + t_{off}$；k_z 为斩波电路的工作率或占空比。

由式(9-3)可见，负载电压受斩波电路工作率控制。欲改变斩波电路的工作率可以采用改变晶闸管的导通时间 t_{on} (脉冲宽度调制)、改变斩波周期 T (频率调制)或者同时改变导通时间 t_{on} 和斩波周期 T 三种方法。

除在输出电压调节范围要求较宽时采用混合调制以外，一般都是采用频率调制或者脉冲宽度调制，原因是采用这两种方法时控制电路比较简单。又由于当输出电压的调节范围要求较宽时，如果采用频率调制，则势必要求频率在一个较宽的范围内变化，这就使得滤波器的设计比较困难，如果负载是直流电动机，在输出电压较低的情况下，较长的关断时间会使流过电动机的电流断续，使直流电动机的运转性能变差。所以在斩波电路中，比较常用的还是脉冲宽度调制。

2. 斩波器电路

图 9-17 所示为简单的斩波电路，一般可作为直流回路中的晶闸管直流开关。图中，R_{fz} 为负载电阻，VT_2 为辅助晶闸管。当 VT_1 导通时，负载上有电流流过。R、C、VT_2 构成了 VT_1 的关断电路。当 VT_1 未导通时，VT_1 承受正向电压 E。任意时刻触发 VT_1，可在任意时刻获得负载电压。VT_1 导通后，电容 C 充上电压，极性为左负右正，使 VT_2 承受正向电压。在 VT_1 导通后的任意时刻触发 VT_2 时，VT_2 立即导通、电容 C 上的电压突加在 VT_1 两端，使其承受反向电压而关断。进行连续控制时，在负载上可得到周期或非周期、脉宽可任意调节的方波脉冲。

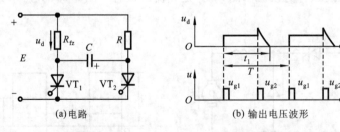

(a) 电路　　　　(b) 输出电压波形

图 9-17　斩波电路及其输出电压波形

这种斩波电路结构简单，但工作时在换流电阻 R 上有损耗，减小损耗的办法是提高阻值，但这会使电容 C 的充电常数增大。当 VT_1 导通时，立即触发 VT_2，则由于 C 上电压未来得及充到足够大，VT_2 承受的正向电压会不够大而不能可靠导通，即不能可靠关断 VT_1。故这种电路只适用于输出电压脉宽较宽的小功率电路。

9.3.2　交流调压电路

采用相位控制方式的交流电力控制电路称为交流调压电路,通常是将两个晶闸管反向并联后串接在每相交流电源与负载之间,在电源的每个半周期内触发一次晶闸管,使之导通。通过控制晶闸管开通时所对应的相位,可以方便地调节交流输出电压的有效值,从而达到交流调压的目的。

1. 单相交流调压电路

单相交流调压电路的几种基本形式如图 9-18 所示。在这几种电路形式中,应用最广的是如图 9-18(a)所示的反向并联交流调压电路。反向并联交流调压电路线路简单、成本低,在工业加热、灯光控制、小容量感应电动机调速等场合得到了广泛应用。

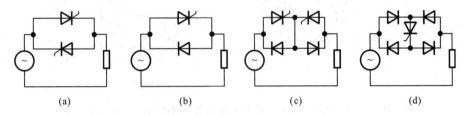

(a)	(b)	(c)	(d)

图 9-18　单相交流调压电路的基本形式

另外,交流调压电路的工作状态和负载性质有很大关系,因此本节将以单相反向并联交流调压电路为代表,分别讨论其在不同性质负载下的工作情况。

1) 电阻性负载

反向并联交流调压电路带电阻性负载时的电路原理与工作波形如图 9-19 所示。在交流输入电源 u_i 的正半周,给正向晶闸管 VT_1 发触发脉冲,VT_1 导通,此时输出电压等于输入电源电压。由于是电阻性负载,在电压下降到过零点时输出电流也为 0,VT_1 自然关断。当 u_i 在负半周时,给反向晶闸管 VT_2 发触发脉冲,得到反向的输出电压及电流。同理,VT_2 也在电压过零点时自然关断。由图 9-19(b)可以看出,在电阻性负载下输出电压波形是电源电压波形的一部分,负载电流和负载电压的波形相同。图中电压 u_T 为晶闸管两端电压。

在交流调压电路的控制中,正负触发脉冲分别距其正、负半周电压过零点的角度为 α,称为触发角或控制角。晶闸管在一个周期内导通的电角度 θ,称为导通角。正、负半周的起始时刻($\alpha=0$)均为电压过零点。在稳态情况下,为使输出波形对称,应使正、负半周 α 角相等。

根据图 9-19(b)所示波形图可以得出,负载电阻 R 上的交流输出电压的有效值 U_o 为

$$U_o = \sqrt{\frac{1}{\pi} \int_\alpha^\pi (\sqrt{2}U_i \sin\omega t)^2 \, \mathrm{d}(\omega t)} = U_i \sqrt{\frac{2(\pi-\alpha)+\sin 2\alpha}{2\pi}} \tag{9-4}$$

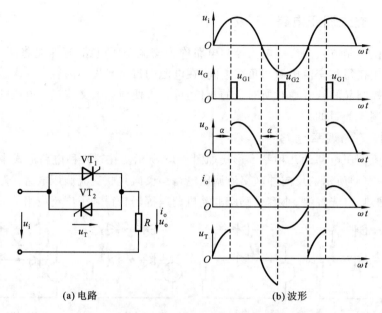

(a) 电路   (b) 波形

图 9-19 反向并联交流调压电路带电阻性负载时的电路原理与工作波形

式中：U_i——输入电压有效值。

在此电路中，α 的移相范围为 $0\sim\pi$。当 $\alpha=0$ 时，U_o 有最大值，$U_o=U_i$；当 $\alpha=\pi$ 时，$U_o=0$，期间随着 α 的增大，U_o 逐渐减小。由此可以看出，在交流调压电路中，通过调节控制角 α 的大小，可以达到调节输出电压的目的。

负载电流有效值 I_o 为

$$I_o = \frac{U_o}{R} = \frac{U_i}{R}\sqrt{\frac{2(\pi-\alpha)+\sin 2\alpha}{2\pi}} \tag{9-5}$$

任何一个晶闸管在一个周期中的电流平均值 I_{dT} 均为

$$I_{dT} = \frac{1}{R}\left[\frac{1}{2\pi}\int_{\alpha}^{\pi}\sqrt{2}U_i\sin\omega t\,\mathrm{d}(\omega t)\right] = \frac{\sqrt{2}U_i}{2\pi R}(1+\cos\alpha) \tag{9-6}$$

晶闸管电流有效值 I_T 为

$$I_T = \sqrt{\frac{1}{2\pi}\left(\frac{\sqrt{2}U_i}{R}\sin\omega t\right)^2\mathrm{d}(\omega t)} = \frac{U_i}{R}\sqrt{\frac{2(\pi-\alpha)+\sin 2\alpha}{4\pi}} = \frac{1}{\sqrt{2}}I_o \tag{9-7}$$

由式(9-7)可知，当 $\alpha=0$ 时，晶闸管电流有效值最大为 $I_{Tmax}=0.707U_i/R$，因此在选择晶闸管的额定电流时，可以通过最大有效值确定晶闸管的通态平均电流 I_{TA}，即

$$I_{TA} = \frac{I_{Tmax}}{1.57} = 0.45\frac{U_i}{R} \tag{9-8}$$

根据定义，可以得出输入电源侧的功率因数 η 为

$$\eta = \frac{P_i}{S} = \frac{P_o}{S} = \frac{U_o I_o}{U_i I_o} = \sqrt{\frac{2(\pi - \alpha) + \sin 2\alpha}{2\pi}} \tag{9-9}$$

式(9-9)中没有考虑电路产生的损耗,因此输入有功功率等于负载上的有功功率。由于相位控制产生的基波电流滞后及高次谐波的影响,交流调压电路的功率因数较低,尤其是当 α 角增大、输出电压减小时,功率因数也随之逐渐降低。

2) 电感性负载

交流调压电路可以带电阻性负载,也可以带电感性负载,如感应电动机或其他电阻电感混合负载等。图 9-20 所示为单向晶闸管反向并联接电感性负载的单相交流调压电路。

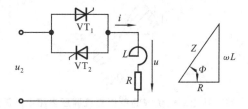

图 9-20 接电感性负载的单相交流调压电路

当电源电压由正半波过零反向时,由于负载电感中产生的感应电动势要阻止电流变化,电压过零时电流还未到零,晶闸管关不断,故还要继续导通到负半周。晶闸管导通角 θ 的大小,不但与触发控制角 α 有关,而且与负载阻抗角 Φ 有关。其中,负载阻抗角 $\Phi = \arctan(\omega L/R)$,相当于在电阻电感负载上加入纯正弦交流电压时,其电流滞后于电压的角度为 Φ。触发控制角 α 越小则导通角 θ 越大。负载阻抗角 Φ 越大,表明负载感抗越大,自感电动势使电流过零的时间越长,因而导通角 θ 越大。

为了更好地分析单相交流调压电路在电感性负载下的工作情况,此处分 $\alpha > \Phi$、$\alpha = \Phi$、$\alpha < \Phi$ 三种工况分别进行讨论。

（1）$\alpha > \Phi$ 电流电压波形如图 9-21(a)所示,$\alpha > \Phi$,$\theta < 180°$,正、负半波电流断续。α 愈大,θ 愈小。即 α 的移相范围为 $\Phi \sim 180°$ 时,可以得到连续可调的交流电压。

（2）$\alpha = \Phi$ 正、负半周电流临界连续,相当于晶闸管失去控制,如图 9-21(b)所示。

（3）$\alpha < \Phi$ 在这种情况下,如图 9-21(c)所示,若 VT_1 管先被触发导通,而且 $\theta > 180°$。如果采用窄脉冲触发,当 u_{g2} 出现时,VT_1 管的电流还未到零,VT_1 管关不断,VT_2 管不能导通。等到 VT_1 管中流过电流为零并关断时,u_{g2} 脉冲已经消失,此时 VT_2 管虽受正向电压,但也无法导通。到第三个半波时,u_{g1} 又触发 VT_1 管导通。这样负载电流只有正半波部分,出现很大直流分量,电路不能正常工作。因而带电感性负载时,晶闸管不能用窄脉冲触发。可采用宽脉冲或脉冲列触发,这样即使 $\alpha < \Phi$,在刚开始触发晶闸管的几个周波内,两管的电流波形还是不对称的。但经过几个周波后,负载电流即成为对称连续的正弦波,电流滞后电压 Φ 角。

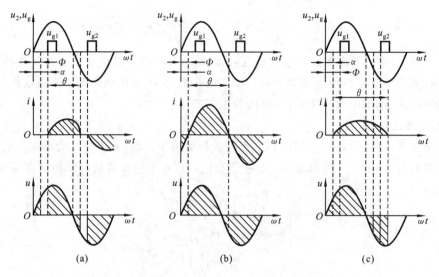

图 9-21　接电感性负载的单相交流调压电路电压波形

综上所述,单相交流调压有如下特点。

(1) 带电阻性负载时,负载电流波形与单相桥式可控整流交流侧电流一致。改变触发控制角 α 可以连续改变负载电压的有效值,达到交流调压的目的。

(2) 带电感性负载时,不能用窄脉冲触发,否则当 $\alpha < \Phi$ 时,会出现一个晶闸管无法导通,并产生很大直流分量,烧毁熔断器或晶闸管。

(3) 带电感性负载时,最小触发控制角 $\alpha = \Phi$,所以 α 的移相范围为 $\Phi \sim 180°$;带电阻性负载时的移相范围为 $0° \sim 180°$。

2. 三相交流调压电路

当相位控制的交流调压电路所带负载为感应电动机或其他三相负载时,需要采用三相交流调压电路。图 9-22 所示为三相交流调压电路的基本形式。

(1) 对于无零线的星形和三角形负载电路,至少有一相正向晶闸管与另一相反向晶闸管同时导通,才能构成相应的电流回路。

(2) 在三相交流调压电路的电流通路中有两个晶闸管,为了保证电路起始工作时两个晶闸管能同时导通,应采用宽脉冲或者双窄脉冲的触发形式,且宽脉冲的宽度应大于 60°。

(3) 在三相交流调压电路中,晶闸管的触发脉冲顺序应与相应的交流电源电压相序一致,并且与电源同步。

(4) 在一般情况下,晶闸管控制角 α 的起始点应为各相晶闸管开关的自然换相点。

(5) 当三相中均有晶闸管导通时,电路处于平衡工作状态,负载上的相电压波形等于电源相电压,在带电阻性负载的情况下各相晶闸管在该相相电压过零点时关断。当三相中只有两相晶闸管导通时,导通相的负载相电压等于两相之间电源线电压的一半,未导通

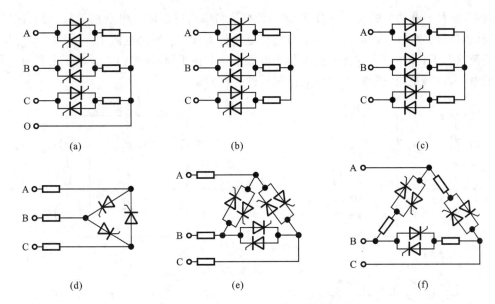

图 9-22　三相交流调压电路的基本形式

相的负载电压为 0,在线电压过零点时原导通的晶闸管关断。

9.4　逆变电路

整流是把交流电变换成直流电供给负载,而逆变是整流的逆过程,也就是将直流电转换成交流电的过程。在许多场合,同一套晶闸管或其他可控电力电子变流电路既可做整流又可做逆变,这种装置称为变流装置或变流器。根据逆变输出交流电能去向的不同,又可将逆变分为有源逆变和无源逆变。有源逆变是以电网为负载,将逆变输出的交流电能回送到电网。无源逆变是以用电器为负载,逆变电路将输入的直流电能变成交流电能输送给负载,供负载如交流电动机、电炉等应用。

9.4.1　有源逆变电路

用单相桥式可控整流电路给直流电动机供电,为使电流连续而平稳,在回路中串接平波电抗器 L_d。为便于分析,忽略变压器漏抗与晶闸管正向压降等的影响,这样,就形成了一个由单相可控整流电路供电的晶闸管-直流电动机系统。在正常情况下,系统有两种工作状态,其电压波形分别如图 9-23 和图 9-24 所示。

1. 整流状态($0 < \alpha < \pi/2$)

在图 9-23 中,设变流器工作于整流状态。经分析可知,大电感负载在整流状态时 $U_d = 0.9U_2\cos\alpha$,控制角 α 的移相范围为 $0° \sim 90°$,U_d 为正值,输出端点 P 电位高于点 N 电位,

并且 U_d 应大于电动机的反电动势 E，才能使变流器输出电能供给电动机运行。此时电能由交流电网向直流电源(即直流电动机的反电动势 E)馈电，回路电流 $I_d = (U_d - E)/R$，在整流状态下，晶闸管大部分时间工作于电源电压的正半周，承受的关断电压主要为反向关断电压，且其正向关断时间对应着晶闸管的控制角 α。

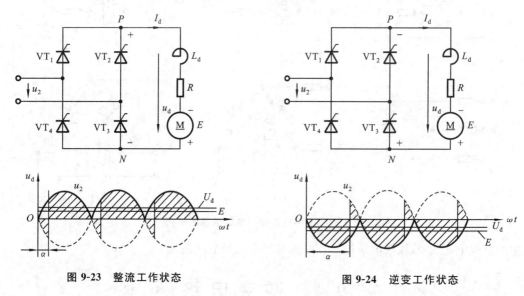

图 9-23　整流工作状态　　　　　　　图 9-24　逆变工作状态

2. 逆变状态($\pi/2 < \alpha < \pi$)

在图 9-24 中，设直流电动机作为发电机运行(或回馈制动)，由于晶闸管元件的单向导电性，回路中电流不能反向，欲改变电能的传送方向，只有改变电动机电流的流动方向，即改变电动机端电压的极性。在图 9-24 中，反电动势 E 的极性已反过来，实现电动机将机械能转变为电能，做回馈制动运行，而此时在变流器侧必须有能吸收电能并将其反馈回电网的吸收装置。也就是说，变流器直流侧输出电压平均值 U_d 的极性也必须反过来，即点 N 的电位应高于点 P 的电位，且直流电动机的反电动势 E 应大于 U_d，此时回路电流 $I_d = (E - U_d)/R$，电路内电能的流向与整流时相反，电动机输出电功率，电网则作为负载吸引点功率，实现有源逆变。为了防止过电流，应使 E 的数值不要比 U_d 大得过多。在恒定励磁下，E 取决于电动机的转速，而 U_d 则由调节控制角 α 来实现。调节控制角 α 不但可以调节 U_d 的大小，而且可以改变 U_d 的极性，当 $\pi/2 < \alpha < \pi$ 时，U_d 为负值，正适合于逆变工作的范围。在逆变工作状态下，晶闸管的大部分时间都工作于交流电源的负半周，承受的关断电压主要为正向关断电压，且其反向关断时间对应着晶闸管的逆变角 $\beta(\beta = \pi - \alpha)$。

由上述有源逆变工作状态的原理分析可知，实现有源逆变必须同时满足两个基本条件：其一是外部条件，即要有一个能提供逆变能量的直流电源，如上例的电机电动势 E，这个直流电动势是从变流器直流侧逆向送回交流电网的电能源泉，直流电动势的极性及大小应能使电能从直流侧输出到变流器;其二是内部条件,即变流器控制角在 $\alpha>\pi/2$ 的范围内工作,使变流器输出的平均电压 U_d 的极性与整流状态相反,大小和直流电动势配合,完成反馈直流电能回交流电网的功能。

9.4.2　无源逆变电路

无源逆变是将直流电转变为负载所需要的不同频率和电压值的交流电。实现无源逆变的装置称为无源逆变器(简称逆变器),因无源逆变经常与变频这一概念联系在一起,所以又称变频器。

1. 逆变器的工作原理

图 9-25(a)所示为单相桥式逆变电路,四个桥臂由开关构成,输入直流电压 E,逆变器负载是电阻 R。当将开关 Q_1、Q_4 闭合,Q_2、Q_3 断开时,电阻上得到左正右负的电压;间隔一段时间后将开关 Q_1、Q_4 打开,Q_2、Q_3 闭合,电阻上得到右正左负的电压。若以频率 f 交替切换 Q_1、Q_4 和 Q_2、Q_3,在电阻上就可以得到图 9-25(b)所示的电压波形。显然这是一种交变的电压,随着电压的变化,电流也从一个臂转移到另外一个臂,通常将这一过程称为换相。对逆变器来说,关键的问题就是换相。

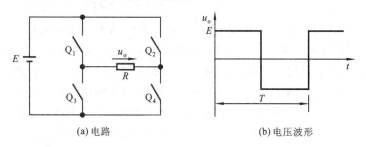

(a)电路　　　　　　　　　　　　　(b)电压波形

图 9-25　逆变器工作原理

换相方式主要有以下几种。

(1)器件换相　如图 9-25(a)所示电路中的开关,实际是各种半导体开关器件的一种理想模型。使用全控器件时可以用控制极信号使其关断,换相控制就会更加简单。

(2)电网换相　可控整流电路和三相交流调压电路,无论其工作在整流状态还是有源逆变状态,都是借助于电网电压实现换相的,都属于电网换相。在换相时,只要把负的电网电压施加在欲关断的晶闸管上即可使其关断。

(3)负载换相　凡是负载电流的相位超前于负载电压的场合,都可以实现负载换相。当负载为电容性负载时,即可实现负载换相;当负载为同步电动机时,由于可以控制励磁电流使负载呈电容性,因而也可以实现负载换相;将负载与其他换相元器件接成并联或串联谐振电路,使负载电流的相位超前于负载电压,且超前时间大于管子关断时间,就能保证管子完全恢复关断,实现可靠换相。

　　图 9-26 所示为基本的负载换相逆变电路,四个桥臂均由晶闸管组成。其负载是电阻、电感串联后再和电容并联,整个负载工作在接近并联谐振状态而略呈电容性。在实际电路中,电容往往是为改善负载功率因数,使负载略呈电容性而接入的。在直流侧串入了一个很大的电感 L_d,因而在工作过程中可以认为 i_d 基本上没有脉动。

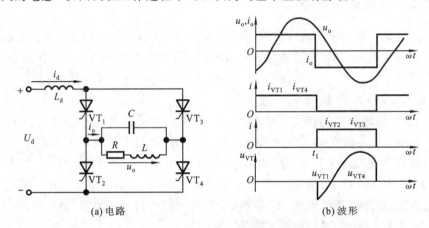

(a) 电路　　　　　　　　　　(b) 波形

图 9-26　负载换相逆变电路及工作波形

　　(4) 强迫换相　设置附加的换相电路,给欲关断的晶闸管强迫施加反向电压或反向电流的换相方式称为强迫换相。由换相电路内的电容直接提供换相电压,称为直接耦合式强迫换相,又称电压换相,图 9-27(a)所示。在晶闸管 VT 处于通态时,预先将电容 C 按图中所示极性充电。如果合上开关 Q,就可以使晶闸管被施加反向电压而关断。通过换相电路内的电容和电感的耦合来提供换相电压或换相电流,则称为电感耦合式强迫换相,又称电流换相。图 9-27(b)、(c)所示为电感耦合式强迫换相电路。

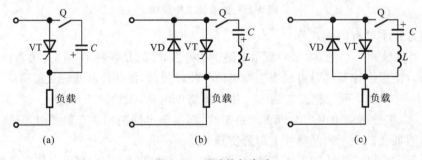

(a)　　　　　　　　　(b)　　　　　　　　　(c)

图 9-27　强迫换相电路

2. 基本逆变器电路

　　(1) 半桥逆变电路　图 9-28(a)所示为半桥逆变电路,直流电压 U_d 加在两个串联的足够大的电容两端,并使得两个电容的连接点为直流电源的中点,即每个电容上的电压为 $U_d/2$。

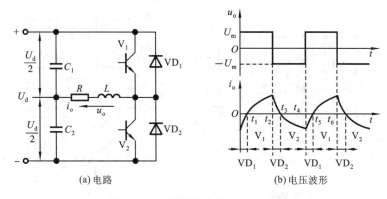

(a)电路　　　　　　　　　　　　(b)电压波形

图 9-28　半桥逆变电路与电压波形

电路工作时,两只电力晶体管 V_1、V_2 基极信号交替正偏和反偏,V_1 和 V_2 交替导通与关断。若电路负载为电感性负载,其工作波形如图 9-28(b)所示,输出电压为矩形波,幅值 $U_m=U_d/2$。负载电流 i_o 波形与负载阻抗角有关。设 t_2 时刻之前 V_1 导通,电容 C_1 两端的电压通过导通的 V_1 加在负载上,极性为右正左负,得负载电流 i_o 由右向左。t_2 时刻给 V_1 关断信号,给 V_2 导通信号,则 V_1 关断,但电感性负载中的电流 i_o 方向不能突变,于是 VD_2 导通续流,电容 C_2 两端电压通过导通的 V_2 加在负载两端,极性为左正右负。在 t_3 时刻 i_o 降至零,VD_2 关断,V_2 导通,i_o 开始反向。同样,在 t_4 时刻给 V_2 关断信号、给 V_1 导通信号后,V_2 关断,i_o 方向不能突变,由 VD_1 导通续流。t_5 时刻 i_o 降至零,VD_1 关断,V_1 导通,i_o 反向。

由以上分析可见,当 V_1 或 V_2 导通时,负载电流与电压同方向,直流侧向负载提供能量;而当 VD_1 或 VD_2 导通时,负载电流与电压方向相反,负载中电感的能量向直流侧反馈,反馈回的能量暂时储存在直流侧电容中,电容起缓冲作用。由于二极管 VD_1、VD_2 是负载向直流侧反馈能量的通道,故称反馈二极管;同时 VD_1、VD_2 也起着使负载电流连续的作用,因此又称续流二极管。

(2)全桥逆变电路　如图 9-29(a)所示,全桥逆变电路采用了四个 IGBT 作全控开关器件。直流电源两端接有大电容 C,使电源电压稳定。电路中有四个桥臂,桥臂 1、4(分别对应 V_1、V_4)和桥臂 2、3(分别对应 V_2、V_3)组成两对。两对桥臂交替各导通 180°,其输出电压 u_o 的波形和图 9-28(b)所示的半桥电路 u_o 波形相同,也是矩形波,但其幅值高出一倍,$U_m=U_d$。在直流电压和负载都相同的情况下,其输出电流 i_o 的波形当然也和图 9-28(b)中 i_o 的形状相同,但幅值增加一倍。

前面分析的都是 u_o 的正、负电压各为 180°矩形脉冲时的情况。在这种情况下,要改变输出交流电压的有效值只能通过改变直流电压 U_d 来实现。

在阻感负载下,还可以采用移相的方式来调节逆变电路的输出电压,这种方式称为移相调压。移相调压实际上就是调节输出电压脉冲的宽度。在图 9-29(a)所示的单相全桥

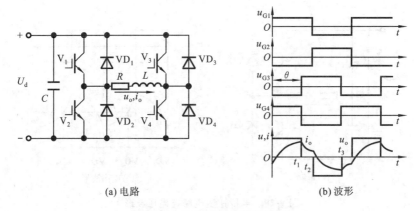

(a) 电路　　　　　　　　　　　　(b) 波形

图 9-29　全桥逆变电路及波形

逆变电路中,各 IGBT 的栅极信号仍为 $180°$ 正偏、$180°$ 反偏,并且 V_1 和 V_2 的栅极信号互补,V_3 和 V_4 的栅极信号互补,但 V_3 的基极信号不是比 V_1 落后 $180°$,而是只落后 $\theta(0°<\theta<180°)$。也就是说,V_3、V_4 的栅极信号不是分别和 V_2、V_1 的栅极信号同相位,而是前移了 $180°-\theta$。这样,输出电压 u_o 就不再是正、负各为 $180°$ 的脉冲,而是正、负各为 θ 的脉冲。各 IGBT 的栅极信号 $u_{G1}\sim u_{G4}$ 及输出电压 u_o、输出电流 i_o 的波形如图 9-29(b)所示。

设 t_1 时刻前 V_1 和 V_4 导通,输出电压 u_o 为 U_d,t_1 时刻 V_3 和 V_4 栅极信号反向,V_4 关断,因负载电感中的电流 i_o 不能突变,V_3 不能立刻导通,VD_3 导通续流。因为 V_1 和 VD_3 同时导通,所以输出电压为零。到 t_2 时刻 V_1 和 V_2 栅极信号反向,V_1 关断,而 V_2 不能立刻导通,VD_2 导通续流,和 VD_3 构成电流通道,输出电压为 $-U_d$。到负载电流过零并开始反向时,VD_2 和 VD_3 关断,而 V_4 不能立刻导通,VD_4 导通续流,u_o 再次为零。以后的过程和前面类似。这样,输出电压 u_o 的正、负脉冲宽度就各为 θ。改变 θ,就可以调节输出电压。

在纯电阻性负载下,采用上述移相方法也可以得到相同的结果,只是 $VD_1\sim VD_4$ 不再导通,不起续流作用。在 u_o 为零期间,四个桥臂均不导通,负载也没有电流。

9.5　脉冲宽度调制控制

脉冲宽度调制(pulse width modulation,PWM)控制,是通过对一系列脉冲的宽度进行调制,来等效地获得所需要波形(含形状和幅值)。前面介绍过的直流斩波电路,当输入电压和输出都是直流电压时,可以把直流电压信号分解成一系列脉冲,通过改变脉冲的占空比来获得所需的输出电压。在这种情况下调制后的脉冲列是等幅的,也是等宽的,仅仅是对脉冲的占空比进行控制,这是 PWM 控制中最为简单的一种情况。本节将重点介绍正弦波脉宽调制(SPWM)在逆变器中的应用。

9.5.1　SPWM 控制的基本原理

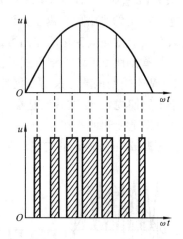

图 9-30　用 PWM 波代替正弦半波

将图 9-30 所示正弦波的正半周波形划分为 N 等份,将每一等份的正弦曲线与横轴所包围的面积用一个与此面积相等的等高矩形脉冲代替,就得到如图9-30所示的脉冲序列。这样,由 N 个等幅而不等宽的矩形脉冲所组成的波形与正弦波的正半周等效,正弦波的负半周也可用相同的方法来等效。完整的正弦波用等效的 PWM 波表示,就成为正弦波脉宽调制 SPWM 波。

图 9-31 所示为单相桥式 SPWM 逆变电路,负载为电感性负载,IGBT 管为开关器件。对 IGBT 管的控制方法为:在正半周期,让 V_2、V_3 一直处于关断状态,而让 V_1 一直保持导通,晶体管 V_4 交替通断。当 V_1 和 V_4 都导通时,负载上所加的电压为直流电源电压 U_d。当 V_1 导通而使 V_4 关断时,由于电感性负载中的电流不能突变,负载电流将通过二极管 VD_3 续流,忽略晶体管和二极管的导通压降,负载上所加电压为 0。如负载电流较大,那么直到使 V_4 再一次导通之前,VD_3 都持续导通。如负载电流较快地衰减到 0,在 V_4 再次导通之前,负载电压也一直为 0。这样输出到负载上的电压 u_o 就有 0 和 U_d 两种电平。同样在负半周期,让晶体管 V_1、V_4 一直处于关断状态,而让 V_2 保持导通,V_3 交替通断。当 V_2、V_3 都导通时,负载上加有 $-U_d$,当 V_3 关断时,VD_4 续流,负载电压为 0。因此在负载上可得到 $\pm U_d$ 和 0 三种电平。

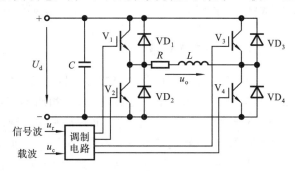

图 9-31　单相桥式 SPWM 逆变电路

控制 V_1 或 V_3 通断的方法如图 9-32 所示。

载波 u_c 在调制信号波 u_r 的正半周为正极性的三角波,在负半周为负极性的三角波。调制信号波 u_r 为正弦波。在 u_r 和 u_c 的交点时刻控制 IGBT 管 V_4 或 V_3 的通断。在 u_r 的正半周,V_1 保持导通,当 $u_r > u_c$ 时使 V_4 导通,负载电压 $u_o = U_d$,当 $u_r < u_c$ 时使 V_4 关断,$u_o =$

0;在 u_r 的负半周,V_1 关断,V_2 保持导通,当 $u_r < u_c$ 时使 V_3 导通,$u_o = -U_d$,当 $u_r > u_c$ 时使 V_3 关断,$u_o = 0$。这样,就得到了 u_o 的 SPWM 波形。图中虚线 u_{of} 表示 u_o 中的基波分量。像这种在 u_r 的半个周期内三角波载波只在一个方向变化,所得到输出电压的 PWM 波形也只在一个方向上变化的控制方式称为单极性 PWM 控制方式。

与单极性 PWM 控制方式不同的是双极性 PWM 控制方式。图 9-31 所示的单相桥式 SPWM 逆变电路在采用双极性控制方式后的波形如图 9-33 所示。在双极性方式中 u_r 的半个周期内,三角波载波是在正、负两个方向上变化的,所得到的 PWM 波也是在正、负两个方向上变化的。在 u_c 的一个周期内,输出的 PWM 波只有 $\pm U_d$ 两种电平,仍然在调制信号波 u_r 和载波 u_c 的交点时刻控制各开关器件的通断。

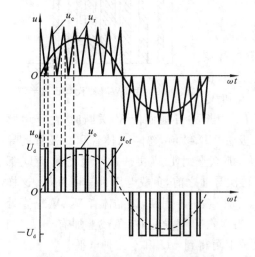 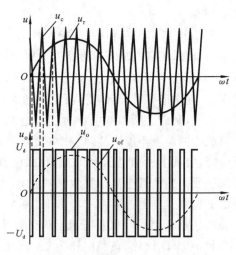

图 9-32　单极性 SPWM 控制原理　　　　图 9-33　双极性 SPWM 控制原理

9.5.2　三相桥式 SPWM 逆变电路

图 9-34 所示为三相桥式 SPWM 逆变电路,其控制采用双极性方式。

U、V 和 W 三相的 PWM 控制共用一个三角载波 u_c,三相调制信号 u_{rU}、u_{rV}、u_{rW} 的相位依次相差 120°,U、V 和 W 各相电力开关器件的控制规律相同。现以 U 相为例说明如下:当 $u_{rU} > u_c$ 时,给电力晶体管 V_1 以导通信号,给 V_4 以关断信号,则 U 相相对于直流电源假想中点 N' 的输出电压 $U_{UN'} = U_d/2$。当 $u_{rU} < u_c$ 时,给 V_4 以导通信号,给 V_1 以关断信号,则 $U_{UN'} = -U_d/2$。V_1 和 V_4 的驱动信号始终是互补的。由于电感性负载电流的方向和大小的影响,在控制过程中,当给 V_1 加导通信号时,可能是 V_1 导通,也可能是二极管 VD_1 续流导通。V 相、W 相和 U 相类似,$U_{UN'}$、$U_{VN'}$ 和 $U_{WN'}$ 的波形如图 9-35 所示。

在双极性 PWM 控制方式中,同一相中上、下两个臂的驱动信号都是互补的。但实际上为了防止上、下两个臂直通而造成短路,在给一个臂施加关断信号后,再延迟 Δt 时间,

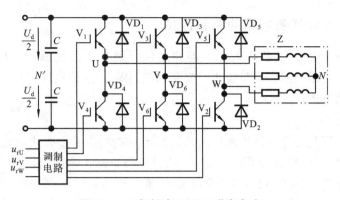

图 9-34 三相桥式 SPWM 逆变电路

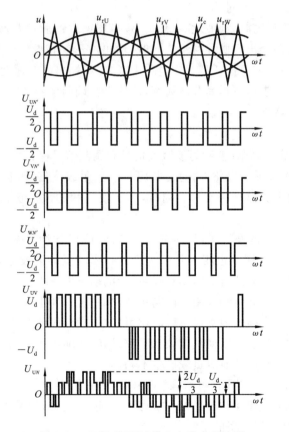

图 9-35 三相 SPWM 逆变电路电压波形

才给另一个臂施加导通信号。延迟时间的长短取决于开关器件的关断时间。但这个延迟时间将给输出的 PWM 波带来不良影响,使其与正弦波产生偏离。

9.5.3 PWM 逆变电路的控制方式

在 PWM 逆变电路中,载波频率 f_c 与调制信号频率 f_r 之比 $m(f_c/f_r)$ 称为载波比。根据载波和信号波是否同步及载波比的变化情况,PWM 逆变电路可以有异步调制和同步调制两种控制方式。

1. 异步调制

载波信号和调制信号不保持同步关系的调制方式称为异步方式。如图 9-35 所示的波形就是异步调制时的三相 SPWM 波形。在异步调制方式中,调制信号频率 f_r 变化时,通常保持载波频率 f_c 固定不变,因而载波比 m 是变化的。这样,在调制信号的半个周期内,输出脉冲的个数不固定,脉冲相位也不固定,正、负半周期的脉冲不对称,同时,半周期内前后 1/4 周期的脉冲也不对称。

当调制信号频率增高时,载波比 m 就减小,半周期内的脉冲数减少。输出脉冲的不对称性影响就变大,还会出现脉冲跳动。同时,输出波形和正弦波之间的差异也变大,电路输出特性变坏。对三相 PWM 型逆变电路来说,三相输出的对称性也变差。因此,在采用异步调制方式时,要求尽量提高载波频率,以使得在调制信号频率较高时仍能保持较大的载波比,改善输出特性。

2. 同步调制

载波比 m 等于常数,并在变频时使载波信号和调制信号保持同步的调制方式称为同步调制。在三相 PWM 逆变电路中,通常共用一个三角载波信号,且取载波比 m 为 3 的整数倍,以使三相输出波形严格对称。同时,为了使一相的波形正、负半周对称,m 应取为奇数。

当逆变电路输出频率很低时,因为在半周期内输出脉冲的数目是固定的,所以由 PWM 调制而产生的谐波频率也相应降低。这种频率较低的谐波通常不易滤除,如果负载为电动机,就会产生较大的转矩脉动和噪声,给电动机的正常工作带来不利影响。

为了克服上述缺点,通常都采用分段同步调制的方法,即把逆变电路的输出频率范围划分成若干个频段,每个频段内都保持载波比恒定,不同频段的载波比不同。在输出频率的高频段采用较低的载波比,以使载波频率不致过高;在输出频率的低频段采用较高的载波比,以使载波频率不致过低而对负载产生不利影响。

分段同步调制时,在不同的频率段内,载波频率的变化范围应该保持一致,f_c 在 2 kHz 以上。提高载波频率可以使输出波形更接近正弦波形,但载波频率的提高受到电力开关器件允许最高工作频率的限制。

9.5.4 SPWM 波的产生方法

采用计算机可方便地计算出 PWM 或 SPWM 波形的各个脉冲宽度,并由计算机输出

PWM 或 SPWM(计算机也可用查表法直接生成 PWM 或 SPWM 信号),但是应用计算机产生 PWM 或 SPWM 波,其效果受指令功能、运算速度、存储容量和兼顾系统控制算法的限制,难以很好地实现实时控制。随着微电子技术的发展,已开发出专门用于产生 PWM 或 SPWM 控制信号的高级专用集成芯片,如 Mullard 公司生产的 HEF4752、Philips 公司生产的 MK-Ⅱ、Siemens 公司生产的 SLE4520、Sanken 公司生产的 MB63H110 及我国生产的 ZPS-101、THP-4752 等型号的芯片。利用这些芯片可以很方便地控制如图 9-34 所示的 SPWM 主电路,从而达到产生 SPWM 变压变频波的目的。再利用计算机进行系统控制,可以在中、小功率异步电动机的变频调速中得到满意的效果。

另外,有些单片机本身就带有直接输出 SPWM 信号的端口,如 Intel8098、Intel SXC196MC 等。

思考题与习题

9-1　晶闸管的导通条件是什么? 晶闸管由导通转变为关断的条件为何?

9-2　晶闸管有哪些主要参数?

9-3　为什么晶闸管的触发脉冲必须与主电路电压同步?

9-4　GTO 门极控制电路的基本结构是什么样的? 关断控制受到哪些电路参数的影响?

9-5　什么是有源逆变? 什么是无源逆变?

9-6　一台 220 V/10 kW 的电炉,采用单相晶闸管交流调压,现使其工作在功率为 5 kW 的电路中,试求电路的触发延迟角 α、工作电流以及电源侧功率因数。

9-7　采用双向晶闸管组成的单相调功电路采用过零触发方式,$U=220$ V,负载电阻 $R=1\Omega$,在控制的设定周期 T_c 内,使晶闸管导通 0.3 s,断开 0.2 s。试计算:

(1) 输出电压的有效值;

(2) 负载上所得的平均功率与假定晶闸管一直导通时输出的功率。

9-8　同步调制时,载波比的确定原则有哪些?

9-9　换相方式有哪几种? 各有什么特点?

第10章　直流调速控制系统

通过本章的学习,要求学生掌握直流调速系统的控制规律,了解用数字控制器实现系统调速的方法。

直流调速系统分为开环调速和闭环调速系统,闭环调速系统又可分为单闭环和双闭环直流调速系统。当生产负载对运行时的静差率要求不高时,可以通过开环调速控制实现一定范围内的无级调速。单闭环直流调速系统可以在保证系统稳定的前提下实现转速无静差,但不能随意控制电流和转矩的动态过程。双闭环直流调速系统具有比较满意的动态性能和稳态性能,应用广泛。模拟控制器的物理意义清晰,控制信号流向直观,控制规律容易掌握。从物理概念和设计方法上看,模拟控制是直流调速控制的基础,而实际生产中主要应用数字控制系统。因此本章从模拟控制器入手,介绍直流调速系统的基本概念和基本方法,在此基础上阐述直流调速的数字控制。

10.1　直流调速系统性能指标

1. 调速范围

调速范围是指系统在额定负载下时,电动机的最高转速与最低转速之比 D,即

$$D = \frac{n_{\max}}{n_{\min}}$$

在调压调速系统中,通常认为 $n_{\max}$ 为电动机的额定转速 n_e。

2. 静差率

静差率用额定负载时的转速降 Δn_e 与理想空载转速 n_0 之比来表示,即

$$s = \frac{n_0 - n_e}{n_0} = \frac{\Delta n_e}{n_0}$$

或

$$s\% = \frac{\Delta n_e}{n_0}\%$$

静差率用来衡量调速系统在负载变化时的转速稳定度。系统静差率大,当负载增加时,电动机转速会下降很多,就会降低设备的生产能力,也会影响产品质量。对数控机床加工而言,就会使产品表面质量下降。系统要求的静差率是根据生产机械工艺要求确定的,因为对于调速系统,静差率要求越高,系统的调速范围 D 越窄,即静差率的高要求限制了调速范围。

在调压调速中,不同的电枢电压,对应不同的理想空载转速 n_0,而转速降 Δn_e 却是常数。可见,高速时静差率 s 小,低速时静差率 s 大。所以,一般提到的静差率 s 均以系统最低转速时的 $n_{0\min}$ 为准,低速时达到了要求,高速时就不成问题。

3. 跟随性能

跟随性能是控制系统一个动态指标,它是在给定信号作用下,系统输出量变化的反映。当给定输入信号不同时,输出响应不同。对于一个闭环控制系统,通常先输入单位阶跃信号,然后观察它的响应过程,从而来评价其动态性能的好坏。图 10-1 所示为输入 $R(t)$ 的动态跟随过程曲线。

(1)上升时间 t_r　上升时间 t_r 是输出响应曲线第一次上升到稳态 $C(\infty)$ 所需要的时间。

(2)超调量 $M_p\%$　系统输出量超出稳态值的最大偏差与稳态值之比的百分数,称为超调量。

$$M_p\% = \frac{C(t_p) - C(\infty)}{C(\infty)}\%$$

(3)调节时间 t_s　输出响应 $C(t)$ 与 $C(\infty)$ 的差值小于等于稳态值的 $\pm(2\%\sim5\%)$,且不再超出所需要的时间。

(4)振荡次数 N　N 为响应曲线在 t_s 时刻之前发生振荡的次数。

以上指标中:调节时间 t_s 越小,表明系统的快速跟随性能越好;超调量 $M_p\%$ 小,表明系统在跟随过程中比较平稳,但往往也比较迟钝。显然,对于数控机床的伺服系统,上述性能都做到越小越好,然而,在实际控制中,快速性要求经常与平稳性要求相矛盾,故要做出合理选择。

4. 抗干扰性能

控制系统在稳态运行中,由于电动机负载的变化,电网电压的波动等干扰因素的影响,都会引起输出量的变化,经历一段动态过程后,系统总能达到新的稳态。所以抗干扰性能也是一个动态性能,它反映的是系统受到干扰后,克服扰动的影响而自行恢复的能力。常用最大动态降落和恢复时间指标来衡量系统的抗干扰能力。图 10-2 所示为一个调速系统在突加负载后转速的动态响应曲线。

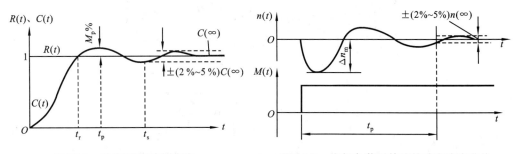

图 10-1　动态跟随过程曲线　　　　图 10-2　突加负载后转速的动态响应曲线

（1）最大动态速度 Δn_{m}　表明系统在突加负载后及时做出反应的能力,常以原稳态值的百分数表示,即

$$\Delta n_{\mathrm{m}}\% = \frac{\Delta n_{\mathrm{m}}}{n(\infty)}\%$$

（2）恢复时间 t_{p}　由扰动作用瞬间至输出量恢复到允许范围内（一般取稳态值的 $\pm 2\% \sim \pm 5\%$）所经历的时间。

扰动负载输入后,同时要做到动态降落与恢复时间两项指标最小有时会存在矛盾。一方面,系统的时间常数越大,输出响应的最大动态降落越小,而恢复时间越长,反之,时间常数越小,动态降落越大,但恢复时间越短;另一方面,伺服系统在给定输入作用下输出响应的超调量越大,上升时间越短,它的抗干扰性能就越好,而超调量较小、上升时间较长的系统,恢复时间就长。

10.2　有静差调速系统

10.2.1　闭环调速系统的组成及其静特性

对于开环调速系统,只调节控制电压就可以改变电动机的转速。如果生产工艺对运行时的静差率要求不高,可以应用开环调速系统实现一定范围内的无级调速,但是,对静差率要求比较高的生产工艺,使用开环调速系统往往不能满足要求。

反馈闭环控制系统是用被调量的偏差进行控制的,只要被调量出现偏差,它就会自动产生纠偏作用。显然,在调速系统中引入转速反馈能够大大减小转速降落。图 10-3 所示为一种反馈控制的闭环直流调速系统原理框图。图中 UPE 为电力电子变换器。目前,UPE 的组成有如下几种方案。

（1）对于中、小容量系统,多采用由 IGBT 或 P-MOSFET 组成的 PWM 变换器;

（2）对于较大容量的系统,可采用其他电力电子开关器件,如 GTO、IGCT 等;

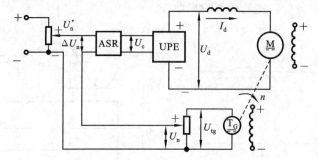

图 10-3　反馈控制的闭环直流调速系统原理框图

（3）对于特大容量的系统，则常用晶闸管触发与整流装置。

T_G 为与电动机同轴安装的一台测速发电机，由它引出与被调量转速成正比的负反馈电压 U_n，与给定电压 U_n^* 相比较后，得到转速偏差电压 ΔU_n，经调节器调节后产生电力电子变换器 UPE 所需要的控制电压 U_c，用以控制电动机的转速。转速调节器 ASR 可分为比例（P）、比例微分（PD）、比例积分（PI）和比例积分微分（PID）四种类型。由 PD 调节器实现的超前校正，可提高系统的稳定裕度，并获得足够的快速性，但稳态精度可能受到影响；由 PI 调节器实现的滞后校正，可以保证稳态精度，但它是以对快速性的限制来换取系统稳定性的；由 PID 调节器实现的滞后-超前校正则兼有二者的优点，可以全面提高系统的控制性能，但具体实现与调节要复杂一些。一般调速系统以要求动态稳定性和动态精度为主，对快速性要求可能会差一些，所以主要采用 PI 调节器；在随动系统中，快速性是主要要求，须用 PD 或 PID 调节器。

下面分析比例调节器闭环调速系统的稳态性能，以证明闭环调速系统的变化规律。为突出主要矛盾，首先假定：

（1）忽略各种非线性因素，假定系统中各环节的输入-输出关系是线性的，或者取其线性工作段；

（2）忽略控制电源和电位器的内阻；

（3）图 10-3 中调节器为放大器，且放大系数为 K_p。

则调速系统中各环节的稳态关系如下：

电压比较环节　　　　　　　　$\Delta U_n = U_n^* - U_n$

放大器　　　　　　　　　　　$U_c = K_p \Delta U_n$

电力电子变换器　　　　　　　$U_{d0} = K_s U_c$

调速系统开环机械特性　　　　$n = \dfrac{U_{d0} - I_d R}{K_e}$

测速反馈环节　　　　　　　　$U_n = \alpha n$

式中：K_p 为放大器的电压放大系数；K_s 为电力电子变换器的电压放大系数；α 为转速反馈系数（V·min/r）；U_{d0} 为电力电子变换器理想空载输出电压（V）（变换器内阻已并入电枢回路总电阻 R 中）。

整理后，有

$$n = \frac{K_p K_s U_n^* - I_d R}{K_e(1 + K_p K_s \alpha / K_e)} = \frac{K_p K_s U_n^*}{K_e(1 + K)} - \frac{I_d R}{K_e(1 + K)} \tag{10-1}$$

式中：$K = \dfrac{K_p K_s \alpha}{K_e}$ 称为闭环系统的开环放大系数。

式（10-1）表示的是闭环调速系统中电动机转速与负载电流（或转矩）间的稳态关系，即闭环调速系统的静特性。它在形式上与电动机的机械特性相似，但在本质上却有很大不同，故命名为"静特性"，以示区别。

10. 2. 2　闭环系统的优势

下面通过对开环系统的机械特性和闭环系统的静特性进行比较,来分析闭环系统的优势。

如果断开反馈回路,则上述系统的开环机械特性为

$$n = \frac{U_{d0} - I_d R}{K_e} = \frac{K_p K_s U_n^*}{K_e} - \frac{R I_d}{K_e} = n_{0op} - \Delta n_{op} \tag{10-2}$$

而闭环时的静特性可写成

$$n = \frac{K_p K_s U_n^*}{K_e(1+K)} - \frac{R I_d}{K_e(1+K)} = n_{0cl} - \Delta n_{cl} \tag{10-3}$$

式中:n_{0op} 和 n_{0cl} 分别为开环和闭环系统的理想空载转速;Δn_{op} 和 Δn_{cl} 分别为开环和闭环系统的稳态转速降落。比较式(10-2)、式(10-3)不难得出以下结论。

(1) 闭环系统静特性可以比开环系统机械特性硬得多。在同样的负载扰动下,开环系统和闭环系统的转速降落分别为

$$\Delta n_{op} = \frac{R I_d}{K_e}$$

$$\Delta n_{cl} = \frac{R I_d}{K_e(1+K)}$$

它们的关系是

$$\Delta n_{cl} = \frac{\Delta n_{op}}{1+K} \tag{10-4}$$

显然,当 K 值比较大时,Δn_{cl} 比 Δn_{op} 小得多,也就是说,闭环系统的特性要硬得多。

(2) 闭环系统的静差率要比开环系统小得多。闭环系统和开环系统的静差率分别为

$$s_{cl} = \frac{\Delta n_{cl}}{n_{0cl}}, \quad s_{op} = \frac{\Delta n_{op}}{n_{0op}}$$

按理想空载转速相同的情况比较,则 $n_{0op} = n_{0cl}$ 时,有

$$s_{cl} = \frac{s_{op}}{1+K} \tag{10-5}$$

(3) 如果所要求的静差率一定,则闭环系统可以大大提高调速范围。如果电动机的最高转速都是 n_N,而对最低转速静差率的要求相同,那么,由 $D = \dfrac{n_N s}{\Delta n_N (1-s)}$,有

开环时

$$D_{op} = \frac{n_N s}{\Delta n_{op}(1-s)}$$

闭环时

$$D_{cl} = \frac{n_N s}{\Delta n_{cl}(1-s)}$$

再考虑式(10-4),得

$$D_{cl} = (1+K)D_{op} \tag{10-6}$$

需要指出的是,式(10-6)成立的条件是开环和闭环系统的 n_N 相同,而式(10-5)成立的条件是 n_0 相同,两式成立的条件不一样。若在同一条件下计算,其结果在数值上会略有差别,但结论(2)、(3)仍然是正确的。

闭环调速系统比开环调速系统有着更强的优越性,闭环调速系统可以获得比开环调速系统硬得多的稳态特性,从而在保证一定静差率的要求下,能够提高调速范围,为此所需付出的代价是,须增设电压放大器及检测与反馈装置。

上述三项优势的显现,需要 K 值足够大,即在闭环系统中需设置放大器。如在上述的速度反馈闭环系统中引入转速反馈电压 U_n 后,若要使转速偏差小,就必须使 $\Delta U_n = U_n^* - U_n$ 很小,所以必须设置放大器,才能获得足够大的控制电压 U_c。在开环系统中,由于 U_n^* 和 U_c 是属于同一数量级的电压,可以把 U_n^* 直接当做 U_c 来进行控制。

因此闭环系统能够减少稳态速降,能随着负载的变化自动改变电枢电压,以补偿电枢回路的电阻压降,达到自动调节的目的。

10.2.3　闭环控制系统的特征

转速反馈闭环调速系统是一种基本的反馈控制系统。它具有下列三个基本特征。

(1) 它是只用比例放大器的反馈系统,其被调量仍是有静差的。因为闭环系统的稳态速降为

$$\Delta n_{cl} = \frac{RI_d}{K_e(1+K)}$$

所以 K 越大,系统的稳态性能越好。只有 $K=\infty$,才能使 $\Delta n_{cl}=0$,K 又不可能为无穷大,所以稳态误差只能减小,却不能消除。这种只用比例放大器的调速系统为有静差调速系统。

(2) 抵抗扰动,服从给定。反馈控制系统具有良好的抗干扰性能,它能有效地抑制一切被负反馈环所包围的前向通道上的扰动作用,但完全服从给定作用。也就是说,对于反馈外的给定作用,它的微小差别都会使被调量随之变化。对于被包围在负反馈环内前向通道上的扰动,例如交流电源电压的波动,放大器输出电压的波动,以及由温升引起的主电路电阻的增加等都会得到很好的抑制。

(3) 如果给定电压的电源发生波动,反馈控制系统将无法鉴别是对给定电压的正常调节还是不应有的电压波动。因此,高精度的调速系统必须有更高精度的给定稳压电源。

(4) 反馈检测装置的误差是反馈控制系统无法避免的。采用高精度光电编码盘进行

数字测速,可以大大提高调速系统的精度。

10.2.4 比例调节器突加负载的动态过程

在采用比例调节器的调速系统中,调节器的输出是电力电子变换器的控制电压 $U_c = K_p \Delta U_n$。只要电动机在运行,就必须有控制电压 U_c,因而也必须有转速偏差电压 ΔU_n,这是此类调速系统有静差的根本原因。当负载转矩由 T_{L1} 突增到 T_{L2} 时,有静差调速系统的转速 n、偏差电压 ΔU_n 和控制电压 U_c 的动态过程曲线如图 10-4 所示。

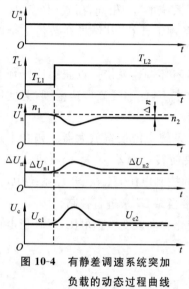

图 10-4 有静差调速系统突加
负载的动态过程曲线

由图 10-4 可知,在比例调速系统中,负载的突增扰动会使电动机转速下降,即 U_n 降低。根据 $\Delta U_n = U_n^* - U_n$ 可知,偏差电压 ΔU_n 将跟随转速增加。控制电压 $U_c = K_p \Delta U_n$ 也随之增加,从而使电动机转速升高,达到一种新的稳态。整个过程只要电动机运行就必须有控制电压 U_c,因而也必须有转速偏差电压 ΔU_n,只要偏差电压发生变化,就会影响比例调节器的输出,从而影响转速的变化。

10.3 无静差调速系统

10.3.1 积分调节器

在放大系数足够大时,比例反馈控制系统可以满足系统的稳定性能的要求,然而,放大系数太大又可能引起闭环系统的不稳定。用 PI 调节器代替比例放大器,可使系统稳定,并有足够的稳定裕度,同时还能满足对稳态精度指标的要求。采用 PI 调节器还可以进一步提高稳态性能,消除稳态偏差。

为了弄清楚比例积分控制规律,首先分析积分控制的作用。

图 10-5(a)所示为用运算放大器构成的积分调节器的原理图,由图可知

$$U_{ex} = \frac{1}{C}\int i\,dt = \frac{1}{R_0 C}\int U_i\,dt = \frac{1}{\tau}\int U_i\,dt \tag{10-7}$$

式中:τ 为积分时间常数,$\tau = R_0 C$。

当 U_{ex} 的初始值为零时,在阶跃输入作用下,对式(10-7)进行积分运算,得积分调节器的输出特性,如图 10-5(b)所示,即

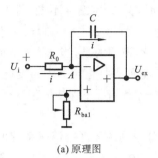

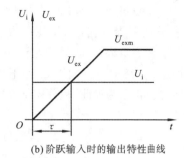

(a) 原理图　　　　　　　　　　　　　(b) 阶跃输入时的输出特性曲线

图 10-5　积分调节器原理图与输出特性曲线

$$U_{ex} = \frac{U_i}{\tau} t$$

因而积分调节器的传递函数为

$$W_i(s) = \frac{U_{ex}(s)}{U_i(s)} = \frac{1}{\tau s}$$

如果直流调速系统采用积分调节器,则电力电子变换器的控制电压 U_c 就是转速偏差电压 ΔU_n 的积分,按照式(10-7)应有

$$U_c = \frac{1}{\tau} \int_0^t \Delta U_n dt$$

如果 ΔU_n 是阶跃函数,则 U_c 按线性规律增长,每一时刻 U_c 的大小和 ΔU_n 与横轴所包围的面积成正比,如图 10-6(a)所示。

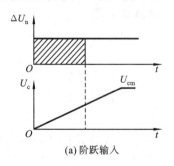

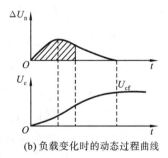

(a) 阶跃输入　　　　　　　　　　(b) 负载变化时的动态过程曲线

图 10-6　积分调节器的输入和输出动态过程曲线

如图 10-6(b)所示的 ΔU_n-t 曲线是负载变化时的偏差电压波形。按照 ΔU_n 与横轴所包围面积的正比关系,可得相应的 U_c-t 曲线,图中 ΔU_n 的最大值对应于 $U_c(t)$ 的拐点。以上都是 U_c 的初值为零时的情况,若初值不是零,还应加上初始电压 U_{c0},则有

$$U_c = \frac{1}{\tau} \int_0^t \Delta U_n(t) dt + U_{c0}$$

动态过程曲线也有相应的变化。

由图 10-6（b）可见，在动态过程中：当 ΔU_n 变化时，只要其极性不变，即只要仍是 $U_n^* > U_n$，积分调节器的输出 U_c 便一直增长；只有当 $U_n^* = U_n$，$\Delta U_n = 0$ 时，U_c 才停止上升；不到 ΔU_n 变为负向电压，U_c 不会下降。这里值得特别强调的是，当 $\Delta U_n = 0$ 时，U_c 并不是零，而是一个终值 U_{cf}；如果 ΔU_n 不再变化，这个终值便保持恒定而不再变化，这是积分控制的特点。正因为如此，积分控制可以使系统在无静差的情况下保持恒速运行，实现无静差调速。

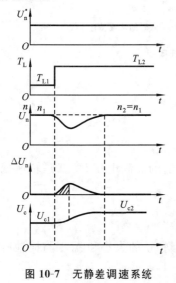

图 10-7　无静差调速系统
动态控制曲线

当负载突增时，积分控制的无静差调速系统的动态控制曲线如图 10-7 所示。在稳态运行时，转速偏差电压 ΔU_n 必为零。如果 ΔU_n 不为零，则 U_c 继续变化，系统就不再处于稳态了。在突加负载引起动态降速，产生 ΔU_n，达到新的稳态时，ΔU_n 又恢复为零，但 U_c 已从 U_{c1} 上升到 U_{c2}，使电枢电压由 U_{d1} 上升到 U_{d2}，以克服负载电流增加的压降。这里 U_c 的改变并非仅仅依靠 ΔU_n 本身，而是依靠 ΔU_n 在一段时间内的积累。

将以上的分析归纳起来，可得出以下结论：比例调节器的输出只取决于输入偏差量的现状，而积分调节器的输出则包含了输入偏差量的全部历史。虽然最后 $\Delta U_n = 0$，但是只要 ΔU_n 曾经不为零，其积分就有一定数值，足以产生稳态运行所需要的控制电压 U_c。积分控制规律和比例控制规律的根本区别就在于此。

10.3.2　PI 调节器

从前面分析的结论可知：积分控制可以使系统在无静差的情况下保持恒速运行，实现无静差调速，而比例控制的被调量仍有静差。这是积分控制优于比例控制的地方。但从快速性来看，积分控制却不如比例控制。同样在阶跃输入的作用下，比例调节器可以立即响应，而积分调节器的输出只能逐渐变化。为了使调速系统既具有稳态精度高又具有动态响应快的优点，就要将比例控制和积分控制结合起来，即采用 PI 控制。图 10-8 所示为 PI 调节器原理图。

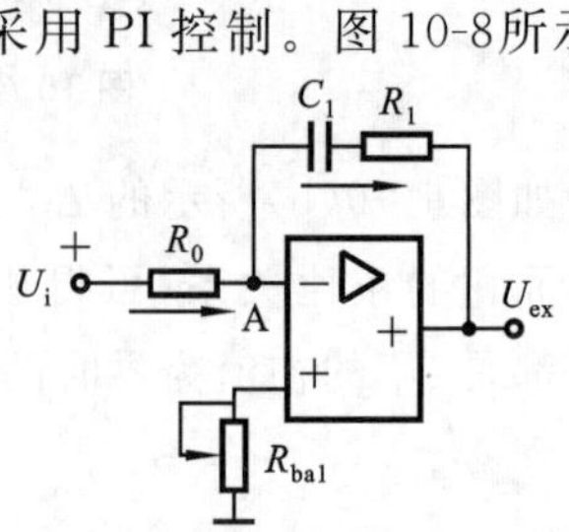

从图 10-8 所示的 PI 调节器原理图上可以看出，突加输入信号时，由于电容 C_1 两端电压不能突变，相当于两端瞬间短路，在运算放大器反馈回路中只剩下电阻 R_1，等效于一个放大系数为 K_{pi} 的比例调节器，在输出端立即呈现电压 $K_{pi}U_i$，实现快速控制，发挥比例控制的长处。此后，随着电容 C_1 被充电，输出电压 U_{ex} 开始积分，

图 10-8　PI 调节器原理图

其数值不断增长,直至达到稳态。稳态下,C_1 两端电压等于 U_{ex},R_1 已不起作用,又与积分调节器一样了,这时又能发挥积分控制的优点,实现稳态无静差。

由此可见,PI 控制综合了比例控制和积分控制两种控制方法的优点,又克服了各自的缺点,实现了两者的扬长避短,互相补充。比例部分能迅速响应控制作用,积分部分则能最终消除稳态偏差。

图 10-9(a)所示为 PI 调节器输入为阶跃函数时的输出特性曲线。PI 调节器的输出应是比例和积分两部分的叠加。假设输入偏差电压 ΔU_n 的波形如图 10-9(b)所示,则输出波形中比例部分①和 ΔU_n 成正比,积分部分②是 ΔU_n 的积分曲线,而 PI 调节器的输出电压 U_c 是这两部分之和,即①＋②。可见,U_c 既具有快速响应性能,又足以消除调速系统的静差。除此以外,比例积分调节器还是提高系统稳定性的校正装置。因此,它在调速系统和其他控制系统中获得了广泛的应用。

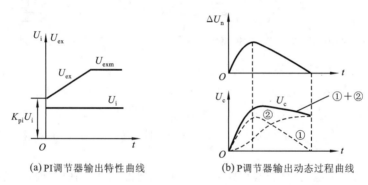

(a) PI 调节器输出特性曲线　　(b) P 调节器输出动态过程曲线

图 10-9　PI 调节器输入与输出特性曲线

10.3.3　无静差直流调速系统

采用 PI 调节器的闭环调速系统即为无静差调速系统。图 10-10 所示为一个带电流截止负反馈的比例积分控制直流调速系统,可以实现无静差。TA 为检测电流的交流互感器,经整流后得到电流反馈信号 U_i。当电流超过截止电流临界值 I_{dcr} 时,U_i 高于稳压管 VS 的击穿电压,使晶体三极管 VBT 导通,则 PI 调节器的输出电压 U_c 接近于零,电力电子变换器的输出电压 U_d 急剧下降,达到限制电流的目的。电动机电流低于截止电流临界值时切除截止电流反馈环节,上述系统就是一个无静差的 PI 调节系统,严格地说,"无静差"只是理论上的,实际系统在稳态时,PI 调节器积分电容 C_1 两端电压不变,相当于运算放大器的反馈回路开路,其放大系数等于运算放大器本身的开环放大系数,数值虽大,但并不是无穷大。因此其输入端仍存在很小的 ΔU_n,而不是零。这就是说,实际上仍有很小的静差,只是在一般精度要求下可以忽略不计而已。

在实际系统中,为了避免运算放大器长期工作产生零点漂移,常常在 R_1C_1 通路两端再并联一个几兆欧的电阻 R_1'，以便把放大系数降低一些。这样就成为一个近似的 PI 调节器，或称"准 PI 调节器"，如图 10-11 所示。

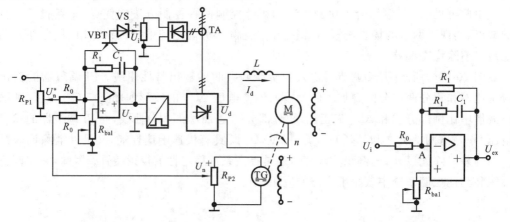

图 10-10　无静差直流调速系统示例　　　　图 10-11　准 PI 调节器线路

图 10-10 中的转速反馈装置采用的是测速发电机，也可以采用数字测速用的光电编码盘、电磁脉冲测速器等，它们的安装和维护都比较麻烦，常常是系统装置中可靠性差的薄弱环节。因此，人们自然会想到，对于测速指标要求不高的系统，能不能采用其他更方便的反馈方式来代替测速反馈呢？电压反馈和电流补偿控制正是用来解决这个问题的。

电压反馈利用了电动机转速近似与端电压成正比的关系。在电动机两端并联一个起分压作用的电位器（或用其他电压检测装置），取得合适的电压信号作为反馈信号。在电压反馈系统中再增加一个电流正反馈，即可使系统的性能接近转速负反馈系统的性能。

10.4　转速、电流双闭环调速系统

10.4.1　转速、电流双闭环直流调速系统的组成

10.3 节介绍的是采用 PI 调节的单个转速闭环直流调速系统，该系统中的电流截止负反馈只能在超过截止临界电流 I_{dcr} 以后，靠强烈的负反馈作用限制电流的冲击，并不能很理想地控制电流的动态波形。该系统在启动过程中的电流和转速波形如图 10-12(a) 所示。启动电流突破 I_{dcr} 后，受电流负反馈作用，电流只能再大一点，经过某一最大值 I_{dm} 后就降下来，电动机的电磁转矩也随之减小，因而加速过程长。

为了缩短启、制动过程的时间，提高生产率，最好在过渡过程中始终保持电流（转矩）为电动机允许的最大值，使电力拖动系统以最大的加速度启动，到达稳态转速时，立即让

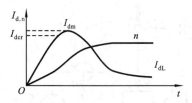
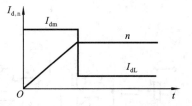

(a) 直流调速系统启动过程的电流和转速波形　　　　(b) 理想的快速启动过程的电流和转速波形

图 10-12　单个转速闭环直流调速系统的电流和转速波形

电流降下来,使转矩与负载相平衡,从而转入稳态运行。理想的快速启动过程中电流和转速波形如图 10-12(b)所示。当然,由于主电路电感的作用,电流不能突跳,只能得到逼近的波形。按照反馈控制规律,采用电流负反馈应该能够得到近似的恒流过程。根据前面的快速启动过程的要求,在启动过程中如果只有电流负反馈,没有转速负反馈,达到稳态转速后,只有转速负反馈,不再让电流负反馈起作用即可实现理想的快速启动过程。为此,直流调速系统可以采用转速调节器和电流调节器两个调节器,并在两者之间实行嵌套(或称串级)连接,如图 10-13 所示,把转速调节器的输出当做电流调节器的输入,再用电流调节器的输出去控制电力电子变换器。从闭环结构上看:电流环在里面,称为内环;转速环在外面,称为外环。这就形成了转速、电流双闭环调速系统。

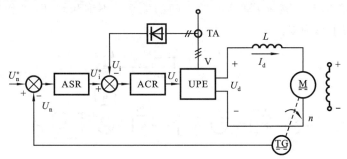

图 10-13　转速、电流双闭环直流调速系统结构

ASR—转速调节器;ACR—电流调节器;TG—测速发电机;

TA—电流互感器;UPE—电力电子变换器

为了获得良好的静、动态性能,转速和电流两个调节器一般都采用 PI 调节器,这样构成的双闭环直流调速系统的电路如图 10-14 所示。

图 10-14 中标出了两个调节器输入/输出电压的实际极性,它们是按照电力电子变换器的控制电压 U_c 为正电压的情况标出的,并考虑了运算放大器的倒相作用。图中还表示出了两个调节器的输出都是带限幅作用的,转速调节器(ASR)的输出限幅电压 U_{im}^* 决定了电流给定电压的最大值,电流调节器(ACR)的输出限幅电压 U_{cm} 限制了电力电子变换器的最大输出电压 U_{dm}。

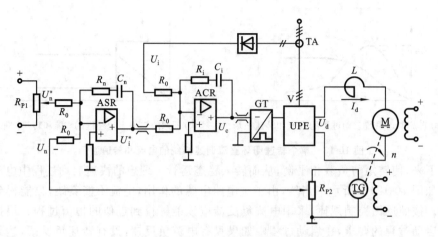

图 10-14　双闭环直流调速系统的电路原理图

10.4.2　双闭环直流调速系统的静特性和稳态参数计算

图 10-15 所示为根据原理图 10-14 画出来的稳态结构图。PI 调节器的稳态特征，一般存在两种状况：饱和——输出达到限幅值；不饱和——输出未达到限幅值。饱和时，相当于该调节器开环，暂时隔断了输入和输出间的关系。不饱和时，PI 的作用使输入偏差电压 ΔU 在稳态下总为零。

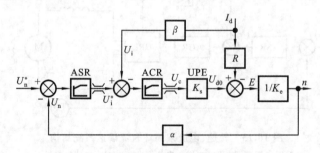

图 10-15　双闭环直流调速系统的稳态结构图

α—转速反馈系数；β—电流反馈系数

实际应用的调速系统中，在正常运行时，电流调节器是不会达到饱和的的，因此，分析静特性时，按转速调节器饱和与不饱和两种情况进行分析。

1. 转速调节器不饱和

转速调节器不饱和，即两个调节器都不饱和时，在稳态下，它们的输入偏差电压都为零。因此稳态下

$$U_n^* = U_n = \alpha n = \alpha n_0$$
$$U_i^* = U_i = \beta I_d$$

则

$$n = n_0 = \frac{U_n^*}{\alpha}$$

$$I_d = \frac{U_i^*}{\beta}$$

从而得到双闭环直流调速系统的特性曲线,它是一条水平的直线,如图 10-16 所示的 AB 段,即在 $I_d < I_{dm}$ 时转速为恒值。

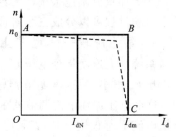

图 10-16　双闭环直流调速系统的特性曲线

2. 转速调节器饱和

转速调节器输出达到限幅值 U_{im}^* 时,转速外环呈开环状态,转速的变化对系统不再产生影响,这时双闭环系统变成一个电流无静差的单电流闭环调节系统。在稳态下

$$I_d = I_{dm} = \frac{U_{im}^*}{\beta} \tag{10-8}$$

其中最大电流 I_{dm} 是由设计者选定的,取决于电动机的容许过载能力和拖动系统允许的最大加速度。式(10-8)所描述的静特性对应于图 10-17 中的 BC 段,它是一条竖直线。这样的下垂特性只适合于 $n < n_0$ 的情况,因为如果 $n > n_0$,则 $U_n > U_n^*$,转速调节器将退出饱和状态。

在双闭环调速系统中,当负载电流小于 I_{dm} 时,转速负反馈起主要调节作用。负载电流达到 I_{dm} 时,对应于转速调节器的饱和输出 U_{im}^*,这时,电流调节器起主要调节作用,得到过电流的自动保护。这就是采用两个 PI 调节器分别形成内、外两个闭环的效果。这样的静特性显然比带电流截止负反馈的单闭环系统静特性好。实际上,为了避免零点漂移,比例积分调节器多采用如图 10-11 所示的准 PI 调节器。

又由于

$$U_c = \frac{U_{d0}}{K_s} = \frac{K_e n + I_d R}{K_s} = \frac{K_e U_n^* / \alpha + I_{dL} R}{K_s}$$

在稳态工作点上,转速 n 是由给定电压 U_n^* 决定的,转速调节器的输出量 U_i^* 是由负载电流 I_{dL} 决定的,控制电压的大小同时取决于 n 和 I_d,或者说,同时取决于 U_n^* 和 I_{dL},达到稳态时,输入为零,输出的稳态值与输入无关,而应由后面环节的需要决定,反馈系数由各调节器的给定与反馈值计算。

转速反馈系数为

$$\alpha = \frac{U_{nm}^*}{n_{max}}$$

电流反馈系数为

$$\beta = \frac{U_{im}^*}{I_{dm}}$$

U_{nm}^* 和 U_{im}^* 由设计者选定,受运算放大器允许输入电压和稳态电源的限制。

10.4.3 双闭环直流调速系统的动态分析

下面通过分析系统的大给定启动过程来理解控制系统的工作原理。

双闭环直流调速系统在大给定阶跃信号电压 U_n^* 作用下,电动机由静止开始启动时,整个启动过程可以分成三个阶段。

1. 第 I 阶段——电流上升阶段

系统加上速度指令电压 U_n^* 以后,由于电动机的机电惯性较大,转速增长较慢,即反馈电压 U_n 很小,使速度调节器输入偏差 $\Delta U_n = U_n^* - U_n$ 数值很大,很快到达饱和限幅值 U_{im}^*,这个电压加在电流调节器的输入端,使 U_{ct} 上升,因而电力电子变换器输出电压 U_d、电枢电流 I_d 都很快上升,直到电流上升到设计时所选的最大值 I_{dm} 为止。

2. 第 II 阶段——恒流升速阶段

这一阶段是从电流上升到最大值 I_{dm} 开始到转速上升到指令值为止。它是启动的主要阶段。在这个阶段中速度调节器一直处于饱和状态,速度环相当于开环状态,系统表现为在恒值电流给定 U_{im}^* 作用下的电流调节系统,基本上保持电流 $I_d = I_{dm}$ 恒定,电流超调或不超调取决于电流环的结构和参数。电动机在恒定最大允许电流 I_{dm} 作用下,以最大恒定加速度使转速线性上升。同时,电动机的反电动势 E_a 也线性上升。对电流调节系统而言,这个反电动势是一个线性增长的斜坡输入扰动量。为了克服这个扰动,U_{ct} 和 U_d 也必须基本上按线性增长,才能保持 I_{dm} 恒定。这也就要求电流调节器的输入电压 $\Delta U_n = U_n^* - U_n$ 为恒值。同时,实际电枢电流 I_d 略小于 I_{dm}。这样要求在整个启动过程中,电流调节器不应该饱和。

3. 第 III 阶段——转速调节阶段

当转速上升到指令值时,转速输入偏差 ΔU_n 为零,但速度调节器的输出却由于积分作用仍维持在限幅值 U_{im}^* 上,因此,电动机仍在最大电流作用下加速,使电动机转速出现"超调"。超调后,速度调节器的输入信号 $\Delta U_n = U_n^* - U_n < 0$,出现负偏差电压,使速度调节器退出饱和状态,其输出电压也从最大限幅值 U_{im}^* 降下来,主电路电流也会从最大值下降。但由于 I_d 仍大于负载电流 I_{dL},在一段时间内,转速仍会继续上升,只是上升的加速度逐渐减小。当电枢电流 I_d 下降到与负载电流 I_{dL} 相平衡时,加速度为零,转速达到最大峰值,此后电动机才开始在负载作用下减速。与此相应,电流 I_d 也出现一小段小于 I_{dL} 的过程,直到稳定。在这个阶段中,速度调节器和电流调节器同时起调节作用:速度环处于主导地位,最终实现转速无静差;电流环的作用是力图尽快地跟随速度调节器输出量,即电流环是一个电流随动子系统。

具体启动过程的电压、电流和转速的波形如图 10-17 所示。

在上述启动过程中,如果指令信号只是在小范围内变化,则速度调节器来不及饱和,整个过渡过程只有第Ⅰ、Ⅲ阶段,没有第Ⅱ阶段。对于转速、电流双闭环调速系统,在其运行过程,整个系统表现为两个调节器的线性串级调节。如果干扰作用在电流环以内,如电网电压的波动引起电枢电流 I_d 变化时,这个变化可以立即通过电流反馈环节使电流环产生对电网电压波动的抑制作用,以减少转速的变化。如果干扰作用在电流环之外,如负载突然增加,转速要下降,形成动态速降。ΔU_n 的产生,使系统处于自动调节状态,只要不是太大的负载干扰,速度调节器和电流调节器均不会饱和,由于它们的调节作用,转速下降到一定值后即开始回升,形成抗扰动的恢复过程,最终使转速回升到干扰发生前的指令值,仍然实现稳态无静差的抗扰过程。

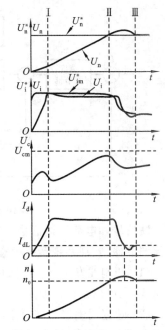

图 10-17　转速、电流双闭环调速系统的动态响应曲线

综上所述,转速调节器和电流调节器在双闭环调速系统中的作用可归纳如下。

1) 转速调节器的作用

(1) 使转速 n 跟随给定电压 U_n^* 变化,保证转速稳态无静差。

(2) 对负载变化起抗干扰作用。

(3) 其输出限幅值决定了电枢主回路的最大允许电流值 I_{dm}。

2) 电流调节器的作用

(1) 对电网电压波动起及时抗干扰作用。

(2) 启动时保证获得允许的最大电枢电流 I_{dm}。

(3) 在转速调节过程中,使电枢电流跟随其给定电压值变化。

(4) 当电动机过载或堵转时,即有很大的负载干扰时,可以限制电枢电流的最大值,从而快速起到过流安全保护作用。如果故障消失,系统能自动恢复正常工作。

10.5　直流脉宽调制调速装置

1. PWM 控制电路

PWM 控制电路的作用是把速度信号 U_n^* 变成方波信号,方波的脉宽与速度信号 U_n^* 的大小成比例。脉宽不同时可获得不同的电枢电压,从而实现转速的调节。图 10-18 所示为转速、电流双闭环 PWM 控制电路。

电路中,速度调节器和电流调节器的作用与前几节所介绍直流调速系统中的相同,速

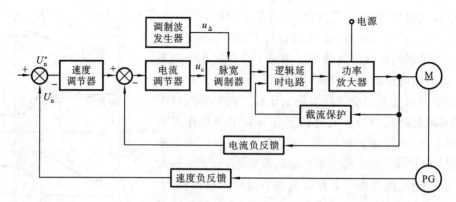

图 10-18　转速、电流双闭环 PWM 控制电路

度反馈信号和电流反馈信号分别将电动机的实际转速与主电路电流反馈给速度调节器和电流调节器,实现系统转速稳态的无静差。

(1)调制波发生器　它的作用是产生作为比较基准的恒定频率振荡源。它可以是三角波,也可以是锯齿波。

(2)脉宽调制器　它实际上是一种电压-脉宽转换电路。它为功率开关器件提供一个宽度可由速度控制信号调节且与之成比例的脉冲电压。图 10-19 所示为脉宽调制波形。

从图示波形可知,当控制信号 $u_c=0$ 时,经脉宽调制器调制后,正、负脉冲宽度相同,如图 10-19(a)所示,电枢电压为零,电动机静止不动。

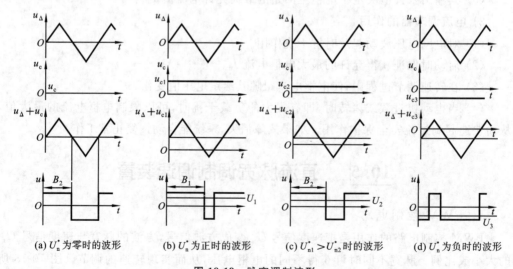

(a) U_n^* 为零时的波形　(b) U_n^* 为正时的波形　(c) $U_{n1}^* > U_{n2}^*$ 时的波形　(d) U_n^* 为负时的波形

图 10-19　脉宽调制波形

当控制信号 $u_c>0$ 时,经脉宽调制器调制后,脉冲正向宽度大于负向宽度,电枢电压为正,电动机正转。将图 10-19(b)、(c)两图进行比较可以看出,当控制信号 $u_{c1}>u_{c2}$ 时,脉冲的宽度 $B_1>B_2$,电枢电压 $U_{d1}>U_{d2}$,对应的电动机转速 $n_1>n_2$。

当控制信号 $u_c<0$ 时,脉冲是负向宽度大于正向宽度,如图 10-19(d)所示,电枢电压为负,电动机反转。

上述控制信号 u_c 是由速度给定信号 U_n^* 经速度调节器和电流调节器得到的,其大小与速度给定信号 U_n^* 成比例,其正、负随速度给定信号 U_n^* 的正、负而变化。最终使电动机的转速 n 与速度给定信号 U_n^* 呈线性关系,电动机的转向由速度给定信号 U_n^* 的正负所决定。

(3)逻辑延时电路　逻辑延时电路是保证在向一个晶体管发出关断脉冲后,延时一段时间,再向另一个晶体管发出导通脉冲。其目的是防止晶体管处在交替工作状态时,关断的晶体管并未完全关断,另一个晶体管又导通,造成两个晶体管直通而使电源短路。

(4)截流保护　截流保护的作用是防止电动机过载时流过功率晶体管或电枢的电流过大。

2. 直流脉宽调制电动机状态控制

直流脉宽调制调速主电路有 T 形可逆与不可逆电路、H 形可逆电路。在电动机驱动中常采用 H 形可逆电路,图 10-20 所示为晶体管直流脉宽调制 H 形倍频 PWM 主电路。所谓倍频是指功率放大器输出电压的频率比开关频率高一倍。

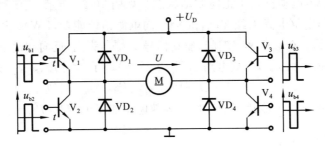

图 10-20　H 形倍频 PWM 主电路

晶体管 V_1、V_2、V_3、V_4 驱动信号 u_{b1}、u_{b2}、u_{b3}、u_{b4} 的波形如图 10-21 所示。

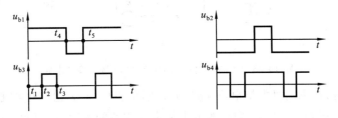

图 10-21　晶体管驱动信号波形

当速度控制电压 U_n^* 为正时,电枢电压 U_d 大于电枢感应电动势 E,电动机处于正向电动状态。如图 10-21 所示:在 $t_1 \leqslant t < t_2$ 期间,驱动信号 u_{b1}、u_{b4} 为正,晶体管 V_1 和 V_4 饱和导通,驱动信号 u_{b2}、u_{b3} 为负,晶体管 V_2 和 V_3 关断,PWM 主电路的等效电路如图 10-22(a)所示,电源 U_D 经 V_1 和 V_4 向电动机提供能量,即 $U_d = U_D$,电枢电流为 I_a。在 $t_2 \leqslant t < t_3$ 期间,驱动信号 u_{b1}、u_{b3} 为正,但 V_3 并不能导通,因为电枢电感的作用,电枢电流 I_a 经 V_1 和 VD_3 继续流通,等效电路如图 10-22(b)所示。在 $t_3 \leqslant t < t_4$ 期间,驱动信号 u_{b1}、u_{b4} 为正,同 $t_1 \leqslant t < t_2$。在 $t_4 \leqslant t < t_5$ 期间,驱动信号 u_{b2}、u_{b4} 为正,电枢电流 I_a 经 V_4 和 VD_2 继续流通,等效电路如图 10-22(c)所示。

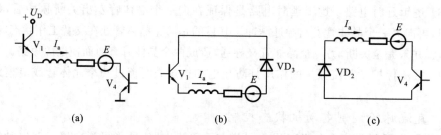

图 10-22　正向电动状态 PWM 主电路的等效电路

当速度控制电压 U_n^* 减小时,电枢电压 U_d 小于电枢感应电动势 E,电枢电流为 I_a,流向与电动状态相反,电动机处于正向制动状态。如图 10-21 所示,在 $t_1 \leqslant t < t_2$ 期间,驱动信号 u_{b1}、u_{b4} 为正,电枢电流 I_a 经 VD_4 和 VD_1 向电源回馈能量,PWM 主电路的等效电路如图 10-23(a)所示。在 $t_2 \leqslant t < t_3$ 期间,驱动信号 u_{b1}、u_{b3} 为正,反向制动电流 I_a 经 V_3、电动机、VD_1 产生能耗制动作用,等效电路如图 10-23(b)所示。在 $t_3 \leqslant t < t_4$ 期间,PWM 主电路工作状况同 $t_1 \leqslant t < t_2$。在 $t_4 \leqslant t < t_5$ 期间,驱动信号 u_{b2}、u_{b4} 为正,反向制动电流 I_a 经 VD_4、电动机、V_2 继续产生能耗制动作用。等效电路如图 10-23(c)所示。

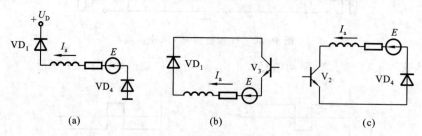

图 10-23　正向制动状态 PWM 主电路的等效电路

根据上述分析,电动机电枢电压波形为方波,电枢电压 U_d 由速度控制电压 U_n^* 控制。改变速度控制电压 U_n^* 的大小,即可改变电枢电压方波的宽度,从而改变电枢电压的平均值 U_d,达到调速的目的。电动机的正、反转由速度控制电压 U_n^* 的正、负所决定。

10.6　数字控制直流调速系统

　　直流调速模拟控制系统物理概念清晰,控制信号流向直观,便于学习,但其控制规律体现在硬件电路及所用的器件上,因而线路复杂,通用性较差,控制效果受到器件性能、温度等因素的影响。计算机数字控制系统的稳定性好,可靠性高,此外还拥有信息存储、数据通信及故障诊断等模拟控制系统无法实现的功能。计算机数字控制是目前直流调速控制的主要手段。

10.6.1　计算机数字控制双闭环直流调速系统的硬件结构

　　图 10-24 所示为计算机数字控制双闭环直流调速系统原理图。就控制规律而言,计算机数字控制双闭环直流调速系统与模拟器件组成的双闭环直流调速系统完全相同,只是将原来用电压量表示的给定量和反馈量,改为数字量,用下标"dig"表示,例如 n_{dig}、$I_{d\mathrm{dig}}$ 等。图中虚线框中的部分由计算机实现。

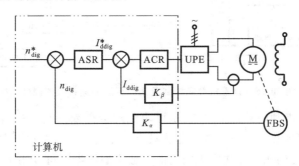

图 10-24　计算机数字控制双闭环直流调速系统原理图

FBS—测速反馈环节

　　图 10-25 所示为采用 PWM 功率变换器的计算机数字控制双闭环直流调速系统的硬件结构。其主电路电力电子变换器的控制部分 PWM 波由计算机生成。如果电力电子变换器采用晶闸管可控整流器,只要采用不同的控制方式控制晶闸管的触发角即可。

1. 主电路

　　三相交流电源经不可控整流器变换为电压恒定的直流电源,再经过 PWM 变换器的变换得到可调的直流电压,给直流电动机供电。

2. 检测回路

　　检测回路包括电压、电流、温度和转速检测,其中电压、电流和温度的检测由 A/D 转换通道变为数字量送入计算机,转速检测可采用数字测速方式。数字测速具有测速精度高、分辨能力强、受器件影响小等优点,广泛应用于调速要求高、调速范围大的调速系统和

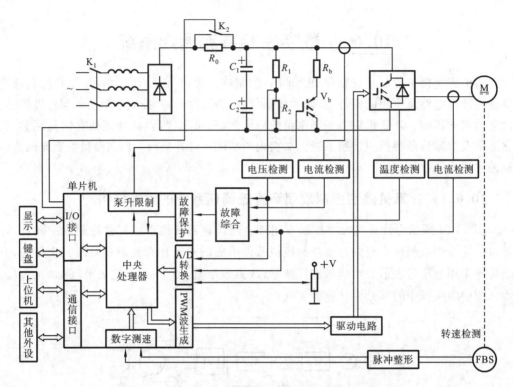

图 10-25　计算机数字控制双闭环直流调速系统的硬件结构

伺服系统。在检测得到的转速信号中,不可避免地会混入一些干扰信号,在数字测速中,可以采用软件来实现数字滤波。数字滤波具有使用灵活、修改方便等优点,不但能代替硬件滤波,还能实现硬件滤波无法实现的功能。数字滤波器既可以用于测速滤波,也可以用于电压、电流检测信号的滤波。

3. 数字控制器

数字控制器是系统的核心,选用专为电动机控制设计的 Intel 8X196MC 系列或 TMS320X240 系列单片机,配以显示、键盘等外围电路,通过通信接口与上位机或其他外设交换数据。这种计算机芯片本身都带有 A/D 转换器、通用 I/O 接口和通信接口,还带有一般计算机并不具备的故障保护、数字测速和 PWM 波生成功能,可大大简化数字控制系统的硬件电路。

4. 故障检测

数字控制系统除了控制手段灵活、可靠性高等优点外,在故障检测、保护与自诊断方面也有模拟系统无法比拟的优势。利用计算机的逻辑判断和数值运算功能,可对实时采样的数据进行必要的处理和分析,利用故障诊断模型或专家知识库进行推理,对故障类型或故障发生位置做出正确的判断。

如图 10-25 所示，经 R_1、R_2 分压，主电器得到与供电电压幅值成正比的直流电压，经 D/A 转换输入计算机，数字控制系统定时采样该电压，并与上、下限值进行比较，即可判断是否出现过电压或欠电压现象。过电流、过载是电力拖动控制系统较易出现的故障，检测电力电子变换器的输入/输出电流可判别是否出现故障及故障类型。当 I_{in} 或 I_{out} 大于或等于设定故障电流值 I_{GZ} 时，认为出现过电流故障；当 I_{in} 或 I_{out} 大于过载电流值 I_{GL}，且持续时间 $t > t_{GL}$ 时，认为出现过载故障。

如果仅需检测过电流或过载故障，只要检测 I_{in} 或 I_{out} 即可。同时检测 I_{in} 或 I_{out}，还可以判别故障点。若 $I_{in} \geqslant I_{GZ}$，而 $I_{out} \approx 0$，则表明故障出现在电力电子变换器内部；若 $I_{in} \geqslant I_{GZ}$，$I_{out} \geqslant I_{GZ}$，则表明故障出现在负载回路。

系统中还可以设置失磁检测、超速检测及主回路故障自诊断功能。发生故障时，必须进行保护，以免故障进一步扩大。一般系统具有硬件保护和软件保护功能。

（1）硬件保护　快速封锁功率变换器的驱动信号，并将电力电子变换器与供电电源断开。

（2）软件保护　进入故障保护中断程序，锁存故障信号，禁止电力电子变换器驱动信号输出，通过外围电路显示故障类型，并同时产生声、光等报警信号。

保护功能起作用后，必须待故障消除后才能够重新启动系统。

10.6.2　旋转编码器

旋转编码器有增量式和绝对式两种类型。它通常安装在被测轴上，随被测轴一起转动，将被测轴的位移转换成增量脉冲形式或绝对脉冲形式的代码。

1. 增量式旋转编码器

常用的增量式旋转编码器为增量式光电编码器，如图 10-26 所示。光电编码器由带聚光镜的发光二极管 LED、光阐板、光电码盘、光敏元件及信号处理电路组成。其中，光电码盘是在一块玻璃圆盘上镀上一层不透光的金属薄膜，然后在上面做出圆周等距的透光和不透光相间的条纹而制成。光阐板具有和光电码盘相同的透光条纹。光电码盘也可由不锈钢薄片制成。当光电码盘旋转时，光线通过光阐板和光电码盘产生明暗相间的变化，由光敏元件接收。光敏元件将光电信号转换成电脉冲信号。光电编码器的测量精度取决于它所能分辨的最小角度，即分辨角。光电编码器的分辨角与码盘圆周的条纹数的关系为

$$\alpha = \frac{360°}{条纹}$$

如条纹数为 1024，则分辨角

$$\alpha = \frac{360°}{1024} = 0.352°$$

通常需要驱动电动机正反转来满足运动需要。为判断电动机转向，光电编码器的光阐板上有三组条纹：A 和 $\overline{A}$，B 和 $\overline{B}$ 及 C 和 $\overline{C}$，如图 10-27 所示。A 组和 B 组的条纹彼此错开

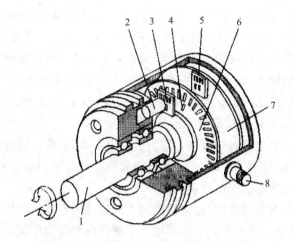

图 10-26　增量式光电编码器结构示意图

1—转轴;2—发光二极管;3—光阐板;4—零标志;5—光敏元件;
6—光电码盘;7—印制电路板;8—电源及信号连接座

1/4 节距,两组条纹相对应的光敏元件所产生的信号彼此相差 90°。当光电码盘正转时,A 信号超前 B 信号 90°;当光电码盘反转时,B 信号超前 A 信号 90°。利用这一相位关系即可判断电动机转向。另外,在光电码盘里圈中还有一条透光条纹 C,用以产生每转信号——光电码盘每转一圈产生一个脉冲,该脉冲称为一转信号或零标志脉冲,用来作为测量基准。

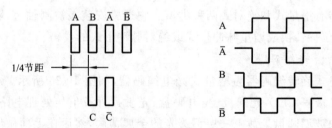

图 10-27　A、B 条纹位置及信号

光电编码器的输出信号 A、$\overline{A}$,B、$\overline{B}$ 及 C、$\overline{C}$ 为差动信号。采用差动信号大大提高了传输的抗干扰能力。分辨率是指一个脉冲所代表的基本长度单位。为进一步提高分辨率,常对上述 A、B 信号进行倍频处理。例如,配置 2000 脉冲/转的光电编码器的伺服电动机直接驱动螺距为 8 mm 的滚珠丝杠,经四倍频处理后,相当于角度分辨率为 8000 脉冲/转,对应工作台的直线分辨率由倍频前的 0.004 mm 提高到 0.001 mm。

2. 绝对式旋转编码器

绝对式旋转编码器可直接将被测角度用数字代码表示出来,且每一个角度位置均有对应的测量代码,因此这种编码器即使断电,只要再通电就能读出被测轴的角度位置,即具有断电记忆力功能。

绝对式旋转编码器码盘可分为接触式码盘和光电式码盘两种。

(1) 接触式码盘 图 10-28 所示为接触式码盘示意图。图 10-28(b)为 4 位 BCD 码盘。它是在一个不导电基体上做出许多金属区而形成的,其中涂黑部分为导电区,用"1"表示,其他部分为绝缘区,用"0"表示。这样,在每一个径向上,都有由"1""0"组成的二进制代码。最里面一圈是公用的,它和各码道所有导电部分连在一起,经电刷和电阻接电源正极。除公用圈以外,4 位 BCD 码盘的 4 圈码道上也都装有电刷,电刷经电阻接地。电刷布置如图 10-28(a)所示。由于码盘与被测轴连在一起,而电刷位置是固定的,当码盘随被测轴一起转动时,电刷和码盘的位置将发生相对变化,若电刷接触的是导电区域,则经电刷、码盘、电阻和电源形成回路,该回路中的电阻上有电流流过,其代码为"1";反之,若电刷接触的是绝缘区域,则不能形成回路,电阻上无电流流过,其代码为"0"。由此可根据电刷的位置得到由"1""0"组成的 4 位 BCD 码。通过图 10-28(b)可看到电刷位置与输出代码的对应关系。码盘码道的圈数就是二进制的位数,且高位在内,低位在外。由此可以推断出,若是 n 位二进制码盘,就有 n 圈码道,且圆周均为 2^n 等分,即共有 2^n 个数可用来表示其不同位置,所能分辨的角度为

$$\alpha = \frac{360°}{2^n}$$

$$\text{分辨力} = \frac{1}{2^n}$$

显然,位数 n 越大,所能分辨的角度越小,测量精度就越高。

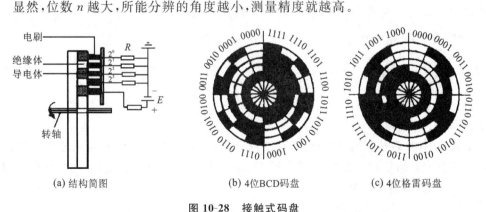

(a) 结构简图   (b) 4位BCD码盘   (c) 4位格雷码盘

图 10-28 接触式码盘

图 10-28(c)为 4 位格雷码盘,其特点是任意两个相邻数码间只有一位是变化的,可消除非单值性误差。

(2) 光电式码盘 光电式码盘与接触式码盘结构相似,只是其中的黑白区域不表示导电区和绝缘区,而是表示透光区和不透光区。其中黑的区域指不透光区,用"0"表示;白

图 10-29　光电式码盘(1/4)

的区域指透光区,用"1"表示。这样,对应任意角度都有由"1""0"组成的二进制代码。另外,在每一码道上都有一组光电元件,这样,不论码盘转到哪一角度位置,与之对应的各光电元件受光的输出均为"1",不受光的输出均为"0",由此组成 n 位二进制编码。图 10-29 为 8 码道光电码盘示意图。

10.6.3　数字 PI 调节器

数字 PI 调节器可以通过模拟调节器的数字化来实现,即可以先按模拟系统的设计方法设计调节器,然后再离散化,其采样频率足够高时,就可以得到数字控制器。下面以图 10-8 所示 PI 调节器为例进行分析。

当输入是误差函数 $e(t)$,输出函数是 $u(t)$ 时,PI 调节器的传递函数为

$$W_{\text{PI}}(s) = \frac{U(s)}{E(s)} = \frac{K_{\text{PI}}\tau s + 1}{\tau s} \tag{10-8}$$

式中:$K_{\text{PI}} = \dfrac{R_1}{R_0}$,为 PI 调节器比例部分的放大系数;$\tau = R_0 C_1$,为 PI 调节器的积分时间常数。

PI 调节器的时域表达式为

$$u(t) = K_{\text{PI}}e(t) + \frac{1}{\tau}\int e(t)\mathrm{d}t = K_{\text{P}}e(t) + K_{\text{I}}\int e(t)\mathrm{d}t \tag{10-9}$$

式中:$K_{\text{P}} = K_{\text{PI}}$ 为比例系数;$K_{\text{I}} = \dfrac{1}{\tau}$ 为积分系数。

将式(10-9)离散化成差分方程,其第 k 拍输出为

$$u(k) = K_{\text{P}}e(k) + K_{\text{I}}T_{\text{sam}}\sum_{i=1}^{k}e(i) = K_{\text{P}}e(k) + u_{\text{I}}(k) = K_{\text{P}}e(k) + K_{\text{I}}T_{\text{sam}}e(k) + u_{\text{I}}(k-1) \tag{10-10}$$

式中:T_{sam} 为采样周期。

由式(10-10)等号右侧可以看出,比例部分只与当前的偏差有关,而积分部分则是系统过去所有偏差的累积。此差分方程为位置式算法,这种算法结构清晰,比例部分和积分部分作用分明,参数调整简单明了。

由式(10-10)可知,PI 调节器的第 $k-1$ 拍输出为

$$u(k-1) = K_{\text{P}}e(k-1) + K_{\text{I}}T_{\text{sam}}\sum_{i=1}^{k-1}e(i) \tag{10-11}$$

式(10-10)减去式(10-11),可得

$$\Delta u(k) = u(k) - u(k-1) = K_{\text{P}}[e(k) - e(k-1)] + K_{\text{I}}T_{\text{sam}}e(k) \tag{10-12}$$

式(10-12)所示是增量式算法。可以看出,用增量式算法只需要当前和上一拍的偏差

即可计算输出的偏差量,即

$$u(k) = u(k-1) + \Delta u(k)$$

只要在计算机中保存上一拍的输出值就可以了。

在控制系统中,为安全起见,常常需设置限幅保护。采用增量式算法时只需设输出限幅,而采用位置式算法时必须同时设积分限幅和输出限幅,若没有积分限幅,当反馈大于给定,使调节器退出饱和时,积分项可能仍很大,将产生较大的退饱和超调。不考虑限幅时采用位置式算法和采用增量式算法完全相同。

采用模拟 PI 调节时,由于受到物理条件的限制,对于不同指标只能进行折中处理,在高性能的调速系统中,有时仅仅靠调整 PI 参数难以同时满足各项静、动态性能指标。而计算机数字控制系统具有很强的逻辑判断和数值运算能力,充分利用这些能力,可以衍生多种 PI 算法,提高系统的控制性能。

1. 积分分离法

在 PI 调节器中,比例部分能快速响应控制作用,而积分部分是偏差的积累,能最终消除稳态误差。在模拟 PI 调节器中,只要有偏差存在,比例部分和积分部分就同时起作用。因此,在满足快速调节功能的同时,会不可避免地带来过大的退饱和超调,严重时将导致系统的振荡。

在计算机数字控制系统中,很容易把比例部分和积分部分分开。当偏差大时,只让比例部分起作用,以快速减小偏差,当偏差减小到一定程度后,再将积分作用投入,这样既可最终消除稳态偏差,又能避免较大的退饱和超调。这就是积分分离算法的基本思想。

积分分离算法的表达式为

$$u(k) = K_P e(k) + C_1 K_I T_{sam} \sum_{i=1}^{k} e(i) \tag{10-13}$$

其中

$$C_1 = \begin{cases} 1, & |e(i)| \leqslant \delta \\ 0, & |e(i)| > \delta \end{cases} \quad (\delta \text{ 为常值})$$

积分分离法能有效抑制振荡或减小超调,常用于转速调节器。

2. 分段 PI 算法

在双闭环直流调速系统中,电流调节作用之一是克服反电动势的扰动。在转速变化过程中,必须依靠积分作用抑制反电动势,使电枢电流快速跟随给定值,以保证最大的启、制动电流。因此,在转速偏差大时,电流调节器应选用较大的 K_P 和 K_I 参数,使实际电流能迅速跟随给定值。在转速偏差较小时,过大的 K_P 和 K_I 又将导致输出电流的振荡,增加转速调节器的负担,严重时还将导致转速的振荡。

分段 PI 算法可以解决动态跟随性和稳定性的矛盾,分段 PI 算法的表达式与式(10-8)完全一样,但有两套或两套以上 PI 参数,可根据转速或(和)电流偏差的大小,在多套参数间进行切换。

3. 积分量化误差的消除

积分部分是偏差的积累,当采样周期 T_{sam} 较小,且偏差 $e(k)$ 也较小时,当前的积分项 $K_1 T_{sam} e(k)$ 可能很小,在运算时会被计算机整量化而舍掉,从而产生积分量化误差。

扩大运算变量的字长,提高计算精度和分辨率,都能有效地减小积分量化误差,但这会使存储空间和运算复杂程度成倍地增加。为了解决这个矛盾,可以只增加积分项的有效字长,并将它分为整数与尾数两部分,整数与比例部分构成调节器输出,尾数保留下来作为下一拍累加的基数值。这样做的好处是,可以减小积分量化误差,而存储空间和运算复杂程度增加得不多。

利用计算机丰富的逻辑判断和数值运算能力,还产生了多种智能型 PI 调节器,其控制算法不依赖或不完全依赖于对象模型。如专家系统算法、模糊控制算法、神经网络控制算法、遗传算法,等等,都是通过模拟 PI 调节器的数字化得到的数字控制算法。在直流高速系统中,电流调节器一般都可以采用这种方法设计,至于转速环,由于采样频率不能很高,应根据离散控制理论来设计其控制系统的数字转速调节器。

10.6.4　产品化的数字直流调速装置简介

当前市场上以及企业中,直流调速系统多数采用产品化的设备,而非自行研制的系统,这与交流调速系统普遍采用商品化的变频调速器完全相同。由于制造厂家、产品型号不同,装置的外形、尺寸、配置、内部参数等均会有所不同,这里只能就其共同之处进行一些简单的介绍。

通常的数字直流调速装置,无论在硬件还是软件上,都为系统设计人员提供了很大的灵活性。

在硬件上,除了标准配置之外,通常还提供了多种可选件和附件,以实现多种驱动功能和最优的系统性价比。例如:通过订购不同型号的模块,可实现直流电动机的第二象限、第四象限运行;通过配置通信模块可实现现场总线通信功能;针对不同性质的负载可选择不同形式的变流模块,多种型号的励磁单元;等等。

在软件方面,数字直流调速装置如同商业化的交流变频调速器一样,面向用户提供了大量可调整、可设定的参数。这些参数一般被分成若干组,每一组对应一个功能块,例如转速调节模块、转矩/电流调节模块等。在模块内部和模块之间,通过参数的彼此传递实现特定的控制、驱动功能。而参数的传递路径在多数情况下,是允许设计人员调整和修改的,也就是说,设计人员在参数设定的过程中,实际上是完成了一次针对装置内部参数的编程工作,这就意味着利用同一台数字直流调速装置,通过不同的参数组态,可以完成不同的驱动任务,例如速度链控制、主从控制、加工材料的张力控制,等等。

1. 装置的接口单元

数字直流调速装置的硬件接口通常提供如下五类信号通道。

（1）开关量输入通道　用于装置的启动/停止、风机连锁、主合闸连锁、紧急停车等。

（2）开关量输出通道　用于输出控制信号和状态信号,如主接触器合闸信号、风机启动信号、允许启动信号、励磁单元信号等。

（3）模拟量输入通道　多路模拟量输入,允许 $0\sim10$ mA、$0\sim10$ V 等多种形式的模拟量。通过内部参数的组态,可实现不同形式的速度给定、转矩/电流给定等功能。

（4）模拟量输出通道　多路模拟量输出,允许 $0\sim10$ mA、$0\sim10$ V 等多种形式的模拟量。通过参数组态,可实现电动机运行状态(如转速、电流等)的外部仪表显示。也可将其连接至其他装置上,能够轻易实现速度链控制、主从控制等功能。

（5）通信接口　通常需要订购专用通信模块,可实现数字给定、远程数据传输和监控。也可用于分布式系统的组网。

无论输入和输出,每一个信号通道都分配有特定的内部数据缓冲单元,并指定特定的地址,这些数据与内部参数的传递路径可以由技术人员组态来确定。通常情况下,装置出厂时都有默认设置,若无特殊要求,一般可以直接利用,但在进行外围硬件电路的设计时,应当参考厂家提供的技术文件。

2. 内部参数组成

数字直流调速装置的内部参数以模块的形式给出,每一个模块对应一个组别,每一个参数都有固定编号。模块的划分主要以功能为依据,一般的数字直流调速装置大都具有如下几种功能模块。

（1）电动机数据模块　这一模块中的参数包括了主要的设备数据,例如电动机额定电压、额定转速、额定励磁电流、供电电压等。由于其他模块需要使用这些参数,因此在系统运行之前,需要首先正确设置这些数据。

（2）速度给定模块　允许通过不同组态,实现多种形式的速度给定。

（3）斜坡发生器模块　用于设置升、降速时的过渡时间。

（4）速度控制器模块　速度控制器即速度调节器。通常将转速偏差的计算独立出来,构成一个子模块,以利于构成不同的控制结构。调节器模块主要部分是一个 PID 调节器,提供可设定的比例、积分、微分参数,以及正、负限幅等,通常允许在线实时调整。

（5）转矩/电流控制器模块　转矩/电流控制器即电流调节器。依据厂家的不同,这一模块的形式也有所不同,但通常会将这一功能模块进一步细分成若干子模块。例如转矩/电流给定选择模块(允许通过组态实现多种形式、多个通道的转矩给定)、转矩给定处理模块(对多路给定进行求和运算以及限幅)、转矩/电流调节器模块(实现 PID 调节,参数可实时在线调整,以及相应的限幅)。

（6）转速反馈模块　应用该模块时需要对转速测量装置进行选择和设定。可选项通常包括测速发电机(需设定额定输出电压)、旋转编码器(需设定编码器的分辨率)等。

(7) 励磁控制模块　厂家不同,具体形式有所不同。通常将该模块细分成电枢电压(电动势)控制模块和励磁电流控制模块,两者用于实现电枢电压的检测、计算及 PID 调节,后者用于实现励磁电流的 PID 调节。

(8) 监控及报警模块　该模块用于实时检测电动机的运行数据,例如电动机转速、电枢电压、电枢电流(转矩)、励磁电流、风机状态、主合闸状态、设备温度等。模块根据检测数据,可输出报警信号,例如超速报警、励磁丢失报警、风机故障报警、温度超限报警、直流母线过压报警、过流报警等信号。通常,这些报警信号可通过组态实现不同的控制输出功能。比如将过流、超速报警等设置成一旦发生就立即停机(急停),也可设置成输出信号驱动声光报警设备,但不自动停机等。此外,大部分报警信号的阈值可设定和调整。但也有一些关键参数(例如失磁报警参数)的默认组态通常不允许修改。

(9) 驱动逻辑模块　该模块相关参数均为数字量,用于实现输入/输出开关量信号之间的逻辑关系。例如主合闸信号与启动/停止控制信号的互锁、风机启动与启动/停止之间的互锁等。

以上对各个功能模块的划分只是一个大致的概括,不同厂家的产品,无论是在具体的模块划分上,还是在称呼上,都有所不同。但是万变不离其宗,它们所实现的基本功能都是建立在双闭环调速理论基础上的。显然,相对于采用模拟电路搭建的双闭环控制器来说,基于微处理器的数字直流调速装置所具有的功能要强大得多,例如数字逻辑功能、监测报警功能、多路给定功能、PID 在线调整功能等,这些功能是很难用模拟电路实现的。

3. 参数组态

所谓参数组态包含了两个方面的内容,其一是参数值的设定,其二是参数传递路径的设置。每个模块都有输入参数和输出参数,每个参数编号都对应一个特定地址,将模块 A 的输出参数地址与模块 B 的输入参数地址连接,就可将模块 A 和 B 连接起来,从而实现某种特定功能。

如图 10-30 所示,某型号数字直流调速装置转速调节模块的两个输出限幅出厂设置均为 100%(正负),在实际生产过程中,如果需要限制转速,则可将参数 P1 和 P2 调出进行修改,P1、P2 的绝对值可以不同。图中"1715"、"1716"分别是速度调节模块中的转速正、负限幅参数的地址(通常为参数编号)。也可以通过组态将其变为图 10-31 所示的结构。

图 10-28 中,将正限幅引到模拟量输入 AI1 的输入缓存器,"10104"为该模拟量输入缓存地址(参数编号)。通过这样的连接,即可以实现外部电位器对速度正限幅的控制。

图 10-30　某型号数字直流调速装置的部分出厂组态

图 10-31　组态的变化

思考题与习题

10-1　调速范围和静差率的定义是什么？调速范围、静态速降和最小静差率之间有什么关系？

10-2　某一调速系统，测得的最高转速为 $n_{0\max} = 1\,500$ r/min，最低转速为 $n_{0\min} = 150$ r/min，带额定负载时的速度降 $\Delta n_{\mathrm{N}} = 15$ r/min，且在不同转速下额定速度降 Δn_{N} 不变，试问系统能够达到的调速范围有多大？系统允许的静差率是多少？

10-3　转速单闭环调速系统有哪些特点？改变给定电压能否改变电动机的转速，为什么？如果给定电压不变，调节测速反馈电压的分压比能否改变转速，为什么？如果测速发电机的励磁发生了变化，系统有无克服这种干扰的能力？

10-4　在转速负反馈调速系统中，当电网电压、负载转矩、电动机励磁电流、电枢电阻、测速发电机励磁各量发生变化时，都会引起转速的变化，试问：系统对上述各量有无调节能力？为什么？

10-5　转速、电流双闭环调速系统稳态运行时，两个调节器的输入偏差电压和输出电压各是多少？为什么？

10-6　在转速、电流双闭环调速系统中，两个调节器均采用 PI 调节器。当系统带额定负载运行时，转速反馈线忽然断线，系统重新进入稳态后，电流调节器的输入偏差电压 ΔU_i 是否为零？为什么？

10-7　在转速、电流双闭环调速系统中，转速给定信号 U_n^* 未改变，若增大转速反馈系数 α，系统稳定后转速反馈电压 U_n 是增加还是减少？为什么？

第 11 章　交流调速控制系统

本章要求掌握异步电动机变压调速闭环控制系统的特性,了解变频调速的特点和类型,以及正确使用交流电动机的调速方法。

直流电动机具有很好的启动、制动性能和优越的调速性能,因此,在 20 世纪上半叶,直流电动机调速获得了大量的应用。但是,直流电动机具有换向困难,容量有限,造价高,换向器寿命短等缺点,而交流电动机结构简单、价格便宜、运行可靠,因此,随着电力电子技术、大规模集成电路技术、计算机控制技术的发展及现代控制理论的应用,高性能交流调速系统应运而生,其在调速性、可靠性及造价等方面,都能与直流调速系统相媲美,特别是最近一二十年,其应用范围不断扩大。

三相电动机速度调节有以下几种方式:

(1) 转子电路串电阻调速,即改变转差率 s 调速;

(2) 改变电机定子绕组极对数 p 调速,即变极调速;

(3) 改变电动机电源频率 f_1 调速;

(4) 变压调速。

其中,转子电路串电阻调速、变极调速比较简单,在第 4 章中已介绍,这里不再赘述。电磁转差离合器调速系统的应用已日渐减少,其闭环控制原理与高压调速系统相似。所以,本章着重分析交流异步电动机变压调速系统的闭环控制及变压变频调速系统。

11.1　异步电动机闭环控制变压调速系统

11.1.1　闭环控制变压调速系统的组成

变压调速是异步电动机调速方法中比较简便的一种,也是非常常用的一种,由第 4 章异步电动机有关知识可知,在忽略电动机定子漏阻抗的情况下,电磁转矩为

$$T = \frac{3U_1^2 p \dfrac{R_2'}{s}}{2\pi f_1 \left[\left(\dfrac{R_2'}{s} \right)^2 + (x_2')^2 \right]}$$

最大转矩和相应的临界转差率分别为

$$T_{\max} = \frac{1}{2} \frac{3pU_1^2}{2\pi f_1 X_2'}$$

$$s_{\mathrm{m}} = \frac{R_2'}{X_2'}$$

分析可知,当异步电动机电路的参数不变时,在相同转速下,电磁转矩 T 与定子电压 U_1 的平方成正比,因此,改变定子外加电压,就可以改变电动机的机械特性,从而改变电动机在一定负载下的转速。对于恒转矩负载,这种方式调速范围小,容易使系统不稳定。如果带风机类负载运行,调速范围可以稍大一些。为了能在恒转矩负载下扩大调速范围,并使电动机在较低转速下运行时不至于过热,要求电动机转子具有较高的电阻值,这样的电动机在变压时的机械特性曲线如图 11-1 所示。显然,带恒转矩负载时的调压范围增大了,即使发生堵转也不致烧坏电动机,这种电动机又称交流力矩电动机。

过去改变交流电压多采用自耦变压器或带直流磁化绕组的饱和电抗器,自从电力电子技术发展后,这些比较笨重的电磁装置就被晶闸管等大功率电力电子器件所组成的交流调压器取代了。交流调压器一般用三对晶闸管反并联或三个双向晶闸管分别串接在三相电路中,用相位控制来改变输出电压。

采用交流力矩电动机可以增大调速范围,但电动机的机械特性又会变软,因而当负载变化时转差率很大,开环控制很难解决这个矛盾,为此,对于恒转性质的负载,要求调速范围大于 2 时,往往采用带转速反馈的闭环系统,如图 11-2 所示。

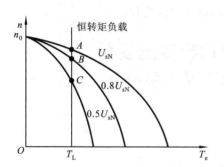

图 11-1　交流力矩电动机在不同
电压下的机械特性曲线

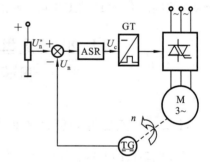

图 11-2　带转速负反馈的闭环控制
变压调速系统

11.1.2　闭环控制变压调速系统的静特性

图 11-3 所示为闭环控制变压调速系统的静特性曲线。当系统带负载 T_{L} 在点 A 运行时,如果负载增大引起转速下降,在反馈控制作用下定子电压将提高,从而使系统在点 A 右侧的一条特性曲线上找到新的工作点 A'。同理,当负载降低时,系统会在点 A 左侧的一条特性曲线上得到定子电压低一些的工作点 A''。按照反馈控制规律,将 A''、A、A' 连接起来便是闭环系统的静特性曲线。尽管异步电动机的开环机械特性和直流电动机的开环机械特性差别很大,但是在不同电压的开环机械特性曲线上各取一个相应的工作点,连

接起来便得到闭环系统静特性,这样的分析方法对两种电动机的闭环系统均适用。尽管异步力矩电动机的机械特性很软,但由系统放大系数决定的闭环系统静特性却可以很硬。如果采用 PI 调节器,照样可以做到无静差。改变给定信号 U_n^*,静特性曲线将平行地上下移动,可达到调速的目的。

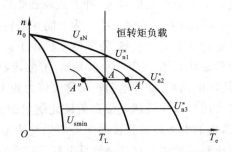

图 11-3　闭环控制变压调速系统的静特性曲线

异步电动机闭环控制变压调速系统不同于直流电动机闭环调速系统的地方是:静特性曲线左右两边都有极限,不能无限延长,它们是额定电压 U_{sN} 下的机械特性曲线和最小输出电压 U_{smin} 下的机械特性曲线。当负载变化时,如果电压调节到极限值,闭环系统便会失去控制能力,系统的工作点只能沿着极限开环特性曲线变化。

11.2　笼型异步电动机变压变频调速系统(VVVF 系统)

11.2.1　变压变频调速的特点

异步电动机的变压变频调速系统一般简称为变频调速系统。

我们从第 4 章的知识可知,变频调速的调速范围宽,无论高速还是低速效率都较高,通过变频控制可以得到和直流他励电动机机械特性相似的线性硬特性,能够实现高动态性能。变频调速时,可以从基频向下或向上调节。从基频向下调时,希望维持气隙磁通不变。因为电动机的主磁通在额定点时就已有点饱和,当电动机的端电压一定,降低频率时,电动机的主磁通要增大,使得主磁路过饱和,励磁电流猛增,这是不允许的。因而变频时须按比例同时控制电压,保持电动势频率比为恒值或以恒压频的控制方式,来维持气隙磁通不变。磁通恒定时转矩也恒定,因此这种调速方式属于恒转矩调速。从基频向上调时,由于电压无法再升高,只好仅提高频率而使磁通减弱。弱磁调速属于恒功率调速。需要注意的是,低频时,定子相电压和电动势都较小,定子漏磁阻抗压降所占的分量就比较显著,不能忽略。这时可以人为地把定子相电压抬高一些,以便近似地补偿定子压降。在实际应用中,由于负载不同,需要补偿的定子压降值也不一样,在控制软件中,须备有不同斜率的补偿特性,以供用户选择。

11.2.2　电力电子变压变频器的主要类型

由于电网提供的是恒压恒频的电源,而异步电动机的变频调速系统又必须具备能够同时控制电压幅值和频率的交流电源,因此应该配置变压变频器,从整体结构上看,电力电子变压变频器可分为交-直-交和交-交两大类。

1. 交-直-交变压变频器

交-直-交变压变频器先将工频交流电源通过整流器变成可控频率和电压的交流,其结构如图 11-4 所示。由于这类变压变频器在恒频交流电源和变频交流输出之间有一个中间直流环节,所以又称间接变压变频器。

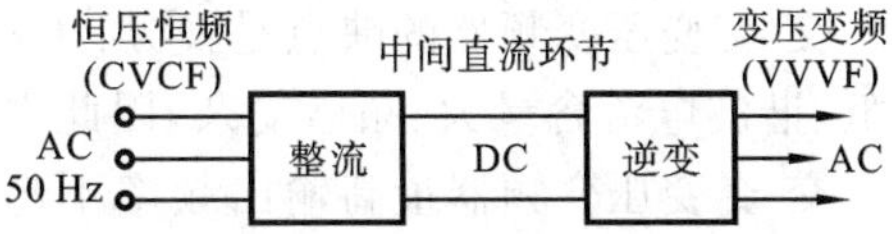

整流和逆变电路种类很多,当前应用最广

图 11-4　交-直-交变压变频器的结构

的是由二极管组成的不可控整流器和由全控型功率开关器件组成的 PWM 逆变器。常用的全控型功率开关器件有 P-MOSFET(小容量)、IGBT(中小容量)、GTO(大中容量)及代替 GTO 的电压控制器件,如 IGCT、IEGT 等。对于特大容量电动机,变压变频时,受到开关器件额定电压和电流的限制,常采用半控型晶闸管来实现逆变。

PWM 变压变频器具有如下优点。

(1)在主电路整流和逆变两个单元中,只有逆变单元是可控的,通过它同时调节电压和频率,结构十分简单。采用全控型的功率开关器件,通过驱动电压脉冲进行控制,驱动电路简单,效率高。

(2)输出电压波形虽是一系列的 PWM 波,但由于采用了恰当的 PWM 控制技术,正弦基波的比重较大,影响电动机运行的低次谐波受到很大的抑制,因而转矩脉动小,系统的调速范围大,稳态性能高。

(3)逆变器同时实现调压和调频,系统的动态响应不受中间直流环节滤波器参数的影响,使动态性能得以提高。

(4)采用不可控的二极管整流器,电源侧功率因数较高,且不受逆变器输出电压大小的影响。

2. 交-交变压变频器

交-交变压变频器的结构如图 11-5 所示。它是把恒压恒频(CVCF)的交流电源直接变换成变压变频(VVVF)输出,因此又称直接变压变频器,也称周波变频器。

常用的交-交变压变频器输出的每一相都是一个由正、反两组晶闸管可控整流装置反并联的可逆线路,如图 11-6 所示。

正、反两组按一定周期相互切换,在负载上就获得交变的输出电压 u_o,u_o 的幅值取决

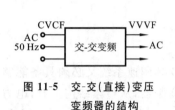

图 11-5　交-交(直接)变压
变频器的结构

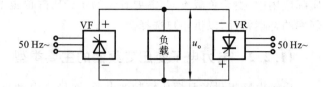

图 11-6　交-交变压变频器每相可逆线路

于各组可控整流装置的控制角 α，u_o 的频率取决于正、反两组整流装置的切换频率。当 α 角按正弦规律变化时，正向组和反向组的平均输出电压分别为正弦波的正半周和负半周。

交-交变压变频器的缺点是：①所用器件数量很多，总体设备相当庞大；②输入功率因数低、谐波电流含量大、频谱复杂，因此需配置滤波和无功补偿设备。

交-交变压变频器最高输出频率不超过电网频率的 1/2，主要用于大容量、低转速的调速系统，如轧机主传动系统、球磨机、水泥回转窑等，可以省去庞大的齿轮减速箱。

11.2.3　电压源型和电流源型逆变器

交-直-交逆变器按照中间直流环节滤波器的不同，可以分成电压源型和电流源型两类。

直流环节采用大电容滤波式电压源型逆变器(VSI)，其直流电压波形比较平直，如图 11-7(a)所示，简称电压型逆变器。图 11-7(b)所示是电流源型逆变器(CSI)，简称电流型逆变器，其直流环节采用大电感滤波，直流电流波形比较平直。

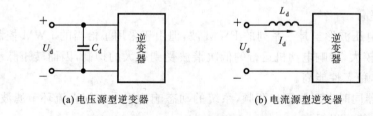

(a)电压源型逆变器　　　　　(b)电流源型逆变器

图 11-7　电压源型和电流源型逆变器示意图

这两类逆变器在主电路上虽然只是滤波环节不同，在性能上却有明显的差异，主要表现如下。

(1)无功能量的缓冲　在调速系统中，逆变器的负载是异步电动机，属电感性负载。在中间直流环节与负载电动机之间，除了有功功率的传送外，还存在无功功率的交换。滤波器除滤波外还起着对无功功率的缓冲作用，使它不致影响到交流电网。因此也可以说，两类逆变器的区别还表现在采用什么储能元件(电容器或电感器)来缓冲无功能量。

(2)能量的回馈　用电流源型逆变器给异步电动机供电的电流源型变压变频调速系统有一个显著的特征，就是容易实现能量的回馈，从而便于四象限运行，适用于需要回馈制动和经常正、反转的生产机械。与此相反,采用电压源型逆变器的交-直-交变压变频调速系统要实现回馈制动和四象限运行却很困难,因为其中间直流环节有大电容钳制着电压的极性,不可能迅速反向,而电流受到器件单向导电性的制约也不能反向,所以在原装置上无法实现回馈制动。必须制动时,只得在直流环节中并联电阻实现能耗制动,或者与可控整流器反并联一组反向的可控整流器,用以通过反向的制动电流,而保持电压极性不变,实现回馈制动。这样做导致设备要复杂得多。

(3) 动态响应 交-直-交电流源型变压变频调速系统的直流电压极性可以迅速改变,所以动态响应比较快,而电压源型的动态响应则要差一些。

(4) 应用场合 电压源型逆变器属恒压源,电压控制响应慢,不易波动,适于多台电动机同步运行时的供电电源,或单台电动机调速但不要求快速启动、制动和快速减速的场合。电流源型逆变器则相反,不适用于多电动机传动的场合,但可以满足电动机快速启动、制动和可逆运行的要求。

11.2.4 180°导通型和120°导通型逆变器

交-直-交变压变频器中的逆变器一般接成三相桥式电路,在三相桥式逆变器中,根据各控制开关轮流导通和关断的顺序不同可有180°导通型和120°导通型两种换流方式。同一桥臂上、下两管之间互相换流的逆变器称为180°导通型逆变器。如图11-8所示,当VT_1关断后,使VT_4导通,而当VT_4关断后,又使VT_1导通,这时每个开关器件在一个周期内导通的区间是180°,其他各相也均如此。不难看出,在180°导通型逆变器中,除换流期间外,每一时刻总有三个开关器件同时导通。但须注意,必须防止同一桥臂的上、下两管同时导通,否则将造成直流电源短路,称为直通。为此,在换流时,必须采取"先断后通"的原则,即先给应该关断的器件发出关断信号,待其关断后经过一定的时间裕量,再给应该导通的器件发出开通信号。该时间裕量称为死区时间。死区时间的长短视器件的开关速度而定,对于开关速度较快的器件,所留的死区时间可以短一些。为安全起见,设置死区时间是非常必要的,但它会造成电压波形的畸变。

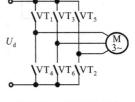

图11-8 三相桥式逆变器主电路

120°导通型逆变器的换流是在同一排不同桥臂的左右两管之间进行的,例如,VT_1关断后使VT_3导通,VT_3关断后使VT_5导通,VT_4关断后使VT_6导通等。这时,每个开关器件一次连续导通120°,在同一时刻只有两个器件导通,如果负载电机绕组采用的是Y连接,则只有两相电,另一相悬空。

11.2.5 变压变频调速系统

异步电动机变压变频调速系统可以分为他控变频调速系统和自控变频调速系统两大

类。他控变频调速系统用独立的变频装置给电动机提供变压变频电源。自控变频调速系统则用电动机轴上所带的转子位置检测器来控制变频。

1. 他控变频调速系统

SPWM变频器属于交-直-交静止变频装置,它先将50 Hz交流市电经整流变压器变到所需电压,经二极管不可控整流和滤波,形成直流电压信号,再将其送入采用六个大功率管构成的逆变器主电路,输出三相频率和电压均可调整的等效于正弦波的脉宽调制波(SPWM波),即可拖动三相异步电动机运转。这种变频器结构简单,电网功率因数接近1,且不受逆变器负载大小的影响,系统动态响应快,输出波形好,使电动机在近似正弦波的交变电压下运行,脉动转矩小,扩展了调速范围,提高了调速性能,因此在交流驱动中得到了广泛应用。

图11-9所示为SPWM变频器控制电路。正弦波发生器接收经过电压、电流反馈调节的信号,输出一个具有与输入信号相对应频率与幅值的正弦波信号。此信号为调制信号。三角波发生器输出的三角波信号称为载波信号。调制信号与载波信号相比较后输出的信号为逆变器功率管的输入信号。

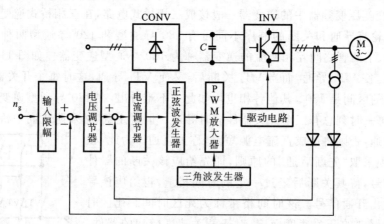

图 11-9 SPWM 变频器控制电路

2. 永磁同步电动机的自控变频控制

图11-10所示为自控变频同步电动机控制框图。该系统通过电动机轴端上的转子位置检测器BQ(如霍尔元件、接近开关等)发出的信号来控制逆变器的换流,从而改变同步电动机的供电频率,调速时由外部控制逆变器的直流输入电压。

自控变频同步电动机在原理上和直流电动机相似,其励磁环节采用永磁转子,三相电枢绕组与V_1、V_2、V_3、V_4、V_5、V_6等六个大功率晶体管组成的逆变器相连,逆变电源为直流电压。其电枢绕组电流的换向由转子位置控制,取代了直流电动机通过换向器和电刷使电枢绕组电流换向的机械换向,避免了电刷和换向器因接触产生火花的问题,同时可用

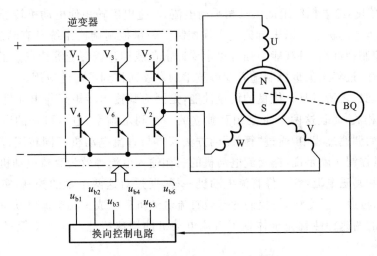

图 11-10　自控变频同步电动机控制框图

交流电动机的控制方式,获得与直流电动机一样优良的调速性能。与直流电动机不同的是,这里磁极在转子上是旋转的,电枢绕组却是静止的,不过这两种情况显然并没有本质的区别。

图 11-11 所示为一个四极的位置检测器安装位置和逻辑图。

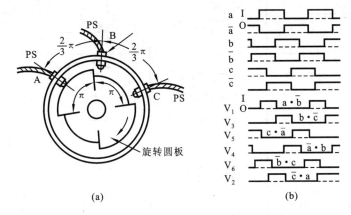

(a)　　　　　　　　　　　　(b)

图 11-11　位置检测器安装位置和逻辑图

在金属圆板上,每隔 180° 空间电角度就有凸部和凹部与 N 极和 S 极对应,如图 11-11(a)所示。间隔 120° 空间电角度设置三个检测元件 A、B、C,转子旋转时,检测元件 A、B、C 输出如图 11-11(b)所示的 a、b、c 方波。利用信号 a、b、c 及其反向信号等六个信号,经逻辑运算得到晶体管 V_1、V_2、V_3、V_4、V_5、V_6 基极的控制脉冲。

转子通过控制电路,顺序地使功率晶体管导通。如按图 11-10 所示的编号,则六个功率晶体管按 $V_6 \rightarrow V_1 \rightarrow V_2 \rightarrow V_3 \rightarrow V_4 \rightarrow V_5 \rightarrow V_6 \rightarrow V_1$ 顺序循环导通,每个功率晶体管导通

120°空间电角度,给电枢绕组提供三相平衡电流,产生电磁转矩使电动机转子连续旋转。

永磁同步电动机还可以进行矢量变频控制。矢量控制调速系统具有动态特性好、调速范围宽、控制精度高、过载能力强且可承受冲击负载和转速突变等特点。正是由于具有这些优良特性,近年来矢量控制随着变频技术的发展而得到了广泛应用。

直流电动机之所以具有优良的调速性能,是因为其输出转矩只与电动机的磁场 Φ 和电枢电流 I_a 相关,而且这两个量是相互独立的。在利用频率、电压可调的变频器来实现交流电动机的调速过程中,通过"等效"的方法获得与直流电动机相同转矩特性的控制方式,称为矢量控制。就是说,把交流电动机的三相输入电流等效为直流电动机中彼此独立的电枢电流和励磁电流,然后像直流电动机一样,通过对这两个量的控制,实现对电动机的转矩控制,再通过反变换,将控制的等效直流电动机还原成三相交流电动机,这样,三相交流电动机的调速特性就完全体现了直流电动机的调速特性。等效变换过程如表 11-1 所示。

表 11-1　三相交流电动机的矢量等效变换过程

序　号	1	2	3	4
等效矢量图				
符号	—			
表达式	—	$i_\alpha = i_U - \dfrac{1}{2} i_V - \dfrac{1}{2} i_W$ $i_\beta = \dfrac{\sqrt{3}}{2} i_V - \dfrac{\sqrt{3}}{2} i_W$	$i_d = i_\alpha \cos\varphi + i_\beta \sin\varphi$ $i_q = -i_\alpha \sin\varphi + i_\beta \cos\varphi$	$|i_1| = \sqrt{i_d^2 + i_q^2}$ $\tan\theta = \dfrac{i_q}{i_d}$
说明	U、V、W——三相绕组 Φ——定子磁通 ω_1——定子旋转磁通角频率 θ_1——相位角	α、β——等效后二相绕组	i_d——励磁电流 i_q——电枢电流 Φ_2——转子磁通 φ——转子磁通相位角 θ——负载角	

(1) 三/二相变换(U、V、W→α、β)　如表中序号 1 和 2 对应的列所示,在三相定子绕组 U、V、W 中通过正弦电流 i_U、i_V、i_W,形成定子旋转磁通 Φ,它的旋转方向和角频率 ω_1 分

别取决于电流的相序和频率。通过等效变换，就可以用固定的、对称的两相绕组 α、β 的异步电动机来代替，即同样产生角频率为 ω_1 的定子旋转磁通 Φ。

（2）矢量旋转变换（VR）　如表中序号 2 和 3 对应的列所示，将两相绕组 α、β 中的交流电流 i_α、i_β 变换成以转子磁通 Φ_2 定向的直流电动机的励磁绕组 d 和电枢绕组 q，分别通以励磁电流 i_d 和电枢电流 i_q。在确保旋转磁通 Φ 恒定的前提下，实现两相交流电动机与直流电动机的等效变换。由于励磁电流 i_d 与转矩成正比，电枢电流 i_q 与转子磁通 Φ_2 成正比，所以在实际的调速控制系统中，i_d 和 i_q 可通过转矩指令和磁通量来确定。

在 VR 变换中，转子磁场的相位角 φ 和磁通 Φ_2 的幅值检测有直接测量法和间接测量法。从理论上讲，直接测量应该较为准确，但在实际操作层面会遇到不少工艺和技术方面的困难。而且由于磁槽的影响，测量信号中含有较大成分的脉动分量，转速越低这种情况越严重。因此，现在实用的系统中，多采用间接计算的方法，即利用容易测量的电压、电流、转速等信号，来实时计算转子磁场的相位角 φ 和磁通 Φ_2 的幅值。其计算式为

$$|\Phi_2| = K_1 i_d$$
$$\omega_1 = K_2 i_q / K_1 i_d + \omega = \omega_s + \omega$$

式中：K_1、K_2 为与电动机相关的常数；ω_s 为转差角频率，其值等于 $K_2 i_q / K_1 i_d$；ω 为转子实际旋转角频率。

等效后转子旋转磁场的角频率与原定子旋转磁场的角频率是相同的，因此对 ω_1 进行积分就可以获得转子磁场的相位角 φ。

（3）直角坐标/极坐标变换（K/P）　把直角坐标系中的 i_q、i_d 通过极坐标变换，即可求得定子电流 i_1 和负载角 θ。而负载角 θ 与转子磁场的相位角 φ 的和即为三相交流电动机的旋转磁通 Φ 的相位角 θ_1，它的大小决定了三相定子电流的角频率。

总之，矢量控制调速系统就是通过上述的矢量变换获得幅值和频率可调的正弦波，经过 SPWM 调制，驱动主电路中的三组共六个开关元件，输出电压到三相交流电动机，使电动机的输出转速和转矩随之而改变，从而适应系统的要求，实现对系统的有效控制。

3．通用变频器

通用变频器的"通用"是指它具有多种可供选择的功能，可与各种不同性质负载的异步电动机配套使用。

通用变频器控制正弦波的产生是以恒电压频率比（U/f）保持磁通不变为基础的，再经 SPWM 调制驱动主电路，产生 U、V、W 三相交流电驱动三相交流异步电动机。图 11-12 所示为通用变频器的组成框图。

图中整流电路采用三相桥式二极管整流电路，属于电容滤波的电压源型直流母线。在图 11-12 中，是利用 R_0 来抑制浪涌电流的。合上电源后，R_0 接入，以限制启动电流。经延时，触点 KA 闭合或晶闸管 VT 导通（图中虚线部分），将 R_0 短路，避免造成附加损耗。

控制电路是变频器的核心部件，分为主控制电路、主电路驱动电路、信号检测电路、保

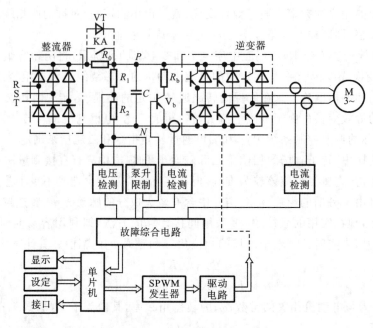

图 11-12　通用变频器的组成框图

护电路、外部接口电路、操作显示电路等。

（1）主控制电路　其作用包括：处理运行频率及运行、停止、正反转等输入信号；加减速速率调节；根据频率要求，按照不同的控制算法得到相应的电压值，以及进行保护功能的运算和逻辑判断等；进行 PWM 波形演算。

（2）主电路驱动电路　即逆变电路门极（基极）的驱动电路。

（3）信号检测电路　包括直流电压检测、电流检测、输出电压检测、转速检测、温度检测电路等。

（4）保护电路　主要包括瞬时过电流保护、对地短路保护、过电压保护、欠电压保护、过载保护、散热器过热保护、快熔点流保护、电路异常（例如操作盒连接错误、存储器读写异常、通信异常、CPU 异常等）保护等功能。

例如：制动时，异步电动机进入发电状态，通过逆变器的续流二极管向电容 C 反向充电。当中间直流回路电压（P、N 点之间的电压，通称泵升电压）升高到一定限制值时，通过泵升限制电路使开关器件 V_b 导通，电容 C 向 R_b 放电，这样将电动机释放的动能消耗在制动中，异步电动机进入发电状态，通过逆变器的续流二极管向电容 C 反向充电。当中间直流回路电压（P、N 点之间电压，通称泵升电压）升高到一定限制值时，通过泵升限制电路使开关器件 V_b 导通，电容 C 向 R_b 放电，这样将电动机释放的动能消耗在制动电阻 R_b 上。为便于散热，制动电阻常作为附件单独装在变频器外。变频器中的定子电流的检测和直流回路电流检测一方面用于实现在不同频率下的定子电压的补偿,另一方面用于过载保护。

(5) 外部接口电路　主要包括顺序控制指令输入电路、频率指令输入电路、监测信号输出电路、数字 I/O 电路等。

(6) 操作显示电路　其作用在于给用户提供一个简易的人机界面。通常具备如下功能:

① 运行操作,如启动、停止、正转、反转等;

② 设定内部参数,如频率、S 曲线、U-f 曲线、电动机铭牌数据等;

③ 监测运行状态,包括运行中的电压、电流、频率、转速等;

④ 记录和显示故障内容。

一方面,控制电路中的单片机根据设定的数据,经运算后输出控制正弦波信号,经 SPWM 调制,由驱动电路(SPWM 的调制和驱动电路可采用 PWM 大规模集成电路和集成化驱动模块)驱动六个大功率管,产生 U、V、W 三相交流电压驱动三相交流电动机运转,另一方面,单片机通过对各种信号进行处理,在显示器中显示变频器的运行状态,必要时可通过接口将信号取出做进一步处理。

采用通用变频器进行驱动的变频调速系统属于他控变频调速。通用型变频器 U/f 控制保证定子每极气隙磁通恒定,从而保证电动机能够按照设计能力输出其最大转矩。转速较低时,频率低,电压也低,需要对电压进行补偿,以弥补定子漏阻抗带来的电压损失。

思考题与习题

11-1　简述交流变压调速系统的优缺点和使用场合。

11-2　如何区别交-直-交变压变频器是电压源型变频器还是电流源型变频器? 它们在性能上有什么差异?

11-3　采用二极管不控整流器和功率开关器件脉宽调制(PWM)逆变器组成的交-直-交变频器有什么优点?

11-4　交流 PWM 变换器和直流 PWM 变换器有什么异同?

附　　录

附录 A　常用电气图形符号

为使读者学习方便,本附录根据最新国家标准 GB/T 4728—2005 列出常用的电气图形符号,同时将 GB 312—1964 所规定的旧符号列出供参考。

名　称	新　符　号	旧　符　号	名　称	新　符　号	旧　符　号
导线的连接点	●	同新符号	可调电容器		同新符号
端子	○	同新符号	电感器		同新符号
端子板		同新符号	带磁芯的电感器		同新符号
导线的 T 形连接		同新符号	带固定抽头的电感器		同新符号
导线的双 T 形连接		同新符号	原电池或蓄电池		同新符号
直流		—	加热元件		
交流	~	同新符号	直流发电机	Ⓖ	Ⓕ
具有交流分量的整流电流			直流电动机	Ⓜ	Ⓓ
接地		同新符号	交流电动机	Ⓜ	Ⓓ
接机壳或接底板		同新符号	直线电动机	Ⓜ	同新符号
电阻器		同新符号	步进电动机	Ⓜ	同新符号
可调电阻器		同新符号	电机的换向绕组或补偿绕组		同新符号
压敏电阻器		同新符号	串励绕组		同新符号
带滑动触点的电位器		同新符号	并励或他励绕组		同新符号
电容器		同新符号	三相笼型异步电动机	Ⓜ 3~	

242

续表

名　称	新　符　号	旧　符　号	名　称	新　符　号	旧　符　号
极性电容器			三相绕线异步电动机		
自耦变压器		同新符号	电抗器		
			双线组变压器		
电流互感器		同新符号	延时闭合的动合触点		
三相变压器（星形-三角形连接）		同新符号	延时断开的动合触点		
三相自耦变压器（星形连接）		同新符号	延时闭合的动断触点		
整流器			延时断开的动断触点		
桥式全波整流器			手动开关		
逆变器			启动按钮		
动合（常开）触点			停止按钮		
动断（常闭）触点			复合按钮		
先断后合的转换触点			旋转开关		或
中间断开的双向触点			行程开关、限位开关的动合触点		
自动空气断路器（自动开关）			行程开关、限位开关的动断触点		

续表

名　称	新符号	旧符号	名　称	新符号	旧符号
接触器（常开主触点）			复合行程开关		
接触器（常闭主触点）			热继电器的驱动器件		
热继电器的触点					
速度继电器的动合触点			可关断晶闸管（阴极侧受控）		—
多位置开关		同新符号	发光二极管		
接近开关的动合触点		同新符号	光电管		
接近开关的动断触点		同新符号	光电半导体管（PNP 型）		同新符号
接触器、继电器线圈		同新符号			
失电延时（延时释放）继电器线圈		同新符号	PNP 型半导体管		
得电延时（延时吸合）继电器线圈		同新符号	NPN 型半导体管		
过电流继电器线圈		同新符号	单结晶体管		
欠电压继电器线圈		同新符号	与门		
电磁铁线圈		同新符号	或门		
熔断器		同新符号	非门		

续表

名　称	新　符　号	旧　符　号	名　称	新　符　号	旧　符　号
半导体二极管			与非门	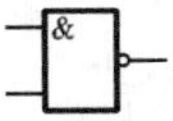	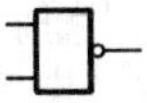
稳压管（齐纳管）			或非门	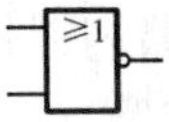	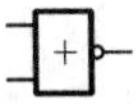
晶闸管（反向关断、阴极侧受控）	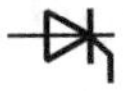		高增益差分放大器（运算放大器）	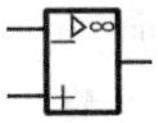	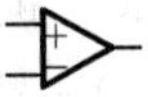

附录 B　电气技术文字符号

依据国家标准,常用电气文字符号采用拉丁字母大写正体,它又分为基本文字符号和辅助文字符号。基本文字符号有单字母符号和双字母符号。每一大类用一个专用单字母符号表示。双字母符号是由一个表示种类的单字母符号与另一字母组成,其组合形式应当以单字母在前,另一字母在后。第二个字母通常选用该类设备装置和器件的英文单词的首字母,或者常用缩略语或约定俗成的习惯用字母。辅助文字符号一般放在基本文字符号单字母的后边,合成双字母符号,例如,"Y"表示电气操作的机械器件类的基本文字符号,B表示制动的辅助文字符号,两者组合成"YB",则成为电磁制动器的文字符号。辅助文字符号也可单独使用。电气文字符号组合种类繁多,常用电气文字符号列举如下。

A　放大器、调节器;电枢绕组、A相绕组

AB　电桥

ACR　电流调节器

AD　晶体管放大器

ADR　电流变化率调节器

AE　电动势运算器

AER　电动势调节器

AFR　励磁电流调节器

AJ　集成电路放大器

AM　磁放大器

AP　脉冲放大器

APR　位置调节器

AR　反号器

ASR　速度调节器

ATR　转矩调节器

AVR　电压调节器

AΨR　磁链调节器

B　非电量-电量变换器、光电管、自整角机

BIS　感应同步器

BQ　位置变换器

BR　测速发电机、旋转变压器

BRR　旋转变压器接收器

BRT　转速传感器、旋转变压器发送器

BS　自整角机

BSR　自整角机接收机

BST　自整角机发送机

C　电容器

CD　电流微分环节

D　数字集成电路和器件

DHC　滞环比较器

DLC　逻辑控制器

DLD　逻辑延时环节

DPI　极性鉴别器

DPT　转矩极性鉴别器

DPZ　零电流检测器

DRC　环形分配器

E　其他元器件

EL　照明灯

F　直接动作式保护器件

FA　瞬时动作限流保护器件

FB　反馈环节

FBS　测速反馈环节

FR　延时动作限流保护器件、热继电器

FU　熔断保险器

FV　限电压保护器件

G　旋转发电机;信号发生器;给定积分器

GA　电机放大机、交流发电机

GAB　绝对值变换器

GB　蓄电池

GD　驱动器、直流发电机

GE　励磁发电机

GF　旋转式或静止式变频机;函数发生器

GFC　频率给定动态校正器

GM　调制波发生器

GS　同步发电机、电源装置

GT　触发装置

GTF　正组触发装置

GTR　反组触发装置

GVF　压频变换器

H　信号器件

HA　音响信号器件

HL　信号灯

K　接触器、继电器

KA　瞬时通断继电器、交流继电器

KC　控制继电器

KF　正向继电器

KL　双稳态继电器

KM　中间继电器、接触器(用在二次回路中)

KMF　正向接触器

KMR　反向接触器

KOC　过电流继电器

KP　压力继电器

KR　反向继电器

KS　速度继电器

KT　时间继电器

KUC　欠电流继电器

KUV　欠电压继电器

KV　电压继电器

L　电感器、电抗器

LF　平波电抗器

M　电动机

MA　异步电动机

MD　直流电动机

MS　同步电动机、伺服电动机

MT　力矩电动机

N　模拟器件、运算放大器

P　测量设备、试验设备

PA(A)　安培表

PG　速度传感器

PV(V)　电压表

Q 电力电路的开关

QB 转换开关

QC 离心开关

QF 自动开关

QG 电源开关

R 电阻、电阻器

RP 电位器

RS 分流器

RT 热敏电阻

RV 压敏电阻

S 控制、记忆、信号电路的开关

SA 选择开关

SB 按钮开关

SL 主令控制器

SM 微动开关

SO 万能转换开关

SQ 接近开关

SR 调速器、硒（硅）整流器

ST 行程开关

STL 极限（终端）开关

T 变压器

TA 电流互感器

TC 控制电路电源变压器

TI 照明变压器

TP 脉冲变压器

TR 整流变压器

TS 同步变压器

TV 电压互感器

U 变频器、逆变器、变流器

V 开关器件、晶闸管整流装置

V（VD） 二极管

VC 控制电路电源的整流桥

VS 晶闸管

VT 晶体管

VU 单结晶体管

VZ 稳压管

W 绕组

WC 控制绕组

WF 励磁绕组

XP 插头

XS 插座

XT 接线端子

Y 电气操作的机械器件

YA 电磁铁

YB 电磁制动器

YC 电磁离合器

YH 电磁卡盘、电磁吸盘

YV 电磁阀

Z 滤波器、限幅器

附录 C 常用符号

C.1 常用缩写符号

ACR 自动电流调节器（automatic current regulator）

ASR 自动速度调节器（automatic speed regulator）

BJT 双极结型晶体管（bipolar junction transistor）

CSI 电流源（型）逆变器（current source inverter）

CVCF　恒压恒频(constant voltage constant frequency)

DSP　数字信号处理器(digital signal processor)

GTO　门极可关断晶闸管(gate turn-off thyristor)

GTR　电力晶体管(giant transistor)

IGBT　绝缘栅双极型晶体管(insulated gate bipolar transistor)

IGCT　集成门极换流晶闸管(integrated gate commutated thyristor)

PLC　可编程控制器(programmable logic controller)

P-MOSFET　场效应晶闸管(power MOS field effect transistor)

PWM　脉宽调制(pulse width modulation)

SITH　静电感应晶闸管(static induction thyristor)

SCR　可控硅(silicon controlled rectifier)

SOA　安全工作区(safe operation area)

SPWM　正弦波脉宽调制(sinusoidal PWM)

VCO　压控振荡器(voltage-controlled oscillator)

VR　矢量旋转变换器(vector rotator)

VSI　电压源(型)逆变器(voltage source inverter)

VVVF　变压变频(variable voltage variable frequency)

C.2　常用参数和物理量文字符号

A　面积

a　加速度

B　磁通密度

C　电容

E,e　反电动势,感应电动势(大写为平均值或有效值,小写为瞬时值,下同),误差

F　磁动势

f　频率

G　重力

g　重力加速度

GD^2　飞轮转矩

I,i　电流,电枢电流

i　减速比

I_d,i_d　整流电流

I_f　励磁电流

J　转动惯量

K_{bs}　自整角机放大系数

K_e　电动机电动势常数

K_m　电动机转矩常数

k_N　绕组系数

L　电感,自感

L_1　漏感

L_m　互感

m　旋转变压器绕组有效匝数比

N　匝数

n　转速

n_N　额定转速

n_0　理想空载转速;同步转速

p　极对数

$P、p$　功率

$P=(d/dt)$　微分算子

P_0　空载损耗

P_e　电磁功率

P_m　机械损耗

P_N　额定功率

P_{Fe}　铁耗

P_{Cu}　铜耗

P_s　转差功率

Q　无功功率

R　电阻；电枢回路总电阻；交流电动机绕组电阻

R_a　直流电动机电枢电阻

R_{rec}　整流装置内阻

S　视在功率

s　转差率；静差率

T　电磁转矩；时间常数；开关周期；感应同步器绕组节距

t　时间

T_c　脉宽调制载波的周期

T_h　电动机发热时间常数

T'_h　电动机散热时间常数

T_i　电枢回路电磁时间常数

T_L　负载转矩

T_m　电动机电磁转矩、机电时间常数

T_N　额定转矩

T_o　滤波时间常数

T_{off}　关断时间

T_{ph}　相敏整流器滤波时间常数

T_s　晶闸管装置平均失控时间

T_{st}　电动机的启动转矩

U,u　电压，电枢供电电压

U_b　基极驱动电压

U_{bs}　自整角机输出电压

U_{ct}　触发装置控制电压

$U_d、u_a$　整流电压

U_{d_0},u_{d_0}　理想空载整流电压

U_f,u_f　励磁电压

U_{ph}　相敏整流放大器输出电压

V　体积

v　速度、线速度

W_m　磁场储能

X　电抗

x　机械位移

Z　电阻抗

α　转速反馈系数；可控整流器的控制角

β　电流反馈系数；可控整流器的逆变角

γ　电压反馈系数；相角裕度；(同步电动机反电动势换流时的)换流提前角

γ_0　空载换流提前角

ε　暂载率

δ　转速微分时间常数相对值；磁链反馈系数；脉冲宽度；换流剩余角

Δn　转速降落

ΔU　偏差电压

ΔU_D　正向管压降

$\Delta \theta$　失调角，角差

η　效率

θ　电角位移；可控整流器的导通角；电动机温度

θ_a　电动机绝缘材料所允许的最高温度

θ_m　机械角位移

θ_{max}　电动机在运行时的实际最高温度

$\lambda_m、\lambda_i$　电动机过载能力系数

λ_{st}　电动机启动能力系数

μ　磁导率，换流重叠角

ρ　占空比；电位器的分压系数

σ　漏磁系数

$\sigma\%$　超调量

τ　时间常数；积分时间常数；电动机温升

Φ　磁通

Φ_m　每极气隙磁通量

φ　相位角，阻抗角；相频

Ψ,ϕ　磁链

Ω　机械角转速

ω　角转速，角频率

ω_s　转差角转速

附录 D   部分思考题与习题参考答案

2-3   (a)匀速;(b)减速;(c)减速;(d)加速;(e)减速;(f)匀速。

2-4   5.4 kg·m^2。

2-6   (a)是;(b)是;(c)是;(d)不是;(e)是。

3-4   电枢电流基本不变。因为负载转矩与电枢电流几乎成正比。

3-5   电动势增大,电枢电流减小,电磁转矩减小,转速减小。

3-6   ①818 A;②302 V。

3-7   ①50.5 A;②63.7 N·m。

3-12   3 251 r/min。

3-13   998 r/min。

3-15   ①1 072 r/min;②0.996 Ω;③0.445 Ω。

3-16   ①160 A;②952 r/min。

3-17   ①17.6 kW;②15 kW;③512 W;④2.13 kW;⑤2.64 kW。

4-3 $n=1\ 500$ r/min,$n=1\ 470$ r/min,$f_2=3$ Hz。

4-5   会,因为旋转磁场的旋转方向发生了变化。

4-10   启动电流及启动转矩与负载无关。

4-12   ②$T_N=29.8$ N·m;③$P_1=3.61$ kW。

4-17   三相异步电动机断了一根电源线后,实际上变成了单相异步电动机。

4-23   三相绕线异步电动机反接制动时转子电路中的电流比启动时的电流还要大。

7-11

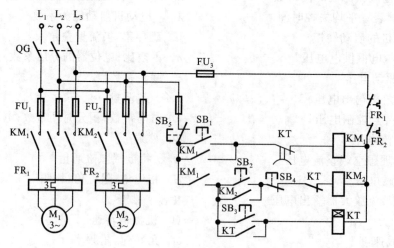

题 7-11 图解

7-14

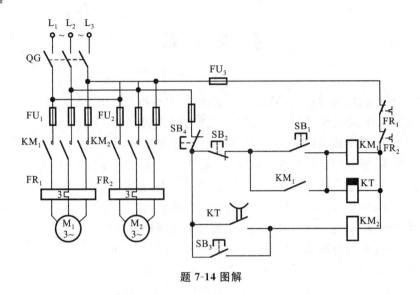

题 **7-14 图解**

7-16

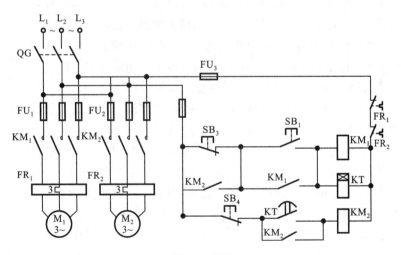

题 **7-16 图解**

参 考 文 献

[1] 邓星钟.机电传动控制[M].4 版.武汉:华中科技大学出版社,2007.

[2] 张海根.机电传动控制[M].北京:高等教育出版社,2001.

[3] 赵永成.机电传动控制[M].北京:中国计量出版社,2003.

[4] 程宪平.机电传动与控制[M].2 版.武汉:华中科技大学出版社,2003.

[5] 周宏普.机电传动与控制[M].北京:化学工业出版社,2008.

[6] 杨天明.电机与拖动[M].北京:北京大学出版社,2006.

[7] 孙建忠.电机与拖动[M].北京:机械工业出版社,2007.

[8] 康晓明.电机与拖动[M].北京:国防工业出版社,2005.

[9] 刘启新.电机与拖动基础[M].2 版.北京:中国电力出版社,2005.

[10] 赵影.电机与电力拖动[M].北京:国防工业出版社,2006.

[11] 朱耀忠.电机与电力拖动[M].北京:北京航空航天大学出版社,2005.

[12] 芮延年.机电传动控制[M].北京:机械工业出版社,2006.

[13] 李光友,王建民,孙雨萍.控制电机[M].北京:机械工业出版社,2009.

[14] 汤天浩.电机及拖动基础[M].北京:机械工业出版社,2008.

[15] 钱平.伺服系统[M].北京:机械工业出版社,2005.

[16] 刘金琪.机床电气自动控制[M].哈尔滨:哈尔滨工业大学出版社,1999.

[17] 廖兆荣.机床电气自动控制[M].北京:化学工业出版社,2001.

[18] 王广仁,韩晓东,王长辉.机床电气维修技术[M].北京:中国电力出版社,2004.

[19] 丁学恭.电器控制与 PLC[M].杭州:浙江大学出版社,2004.

[20] 齐占庆.机床电气控制技术[M].北京:机械工业出版社,2000.

[21] 许大中,贺益康.电机控制[M].杭州:浙江大学出版社,2002.

[22] 金钰.伺服系统设计指导[M].北京:北京理工大学出版社,2000.

[23] 余永权.单片机在控制系统中的应用[M].北京:电子工业出版社,2003.

[24] 曾庆波.微型计算机控制技术[M].成都:电子科技大学出版社,2007.

[25] 刘志刚.电力电子学[M].北京:清华大学出版社,2004.

[26] 陈坚.电力电子学[M].北京:高等教育出版社,2002.

[27] 张一工.现代电力电子技术原理与应用[M].北京:科学出版社,1999.

[28] 黄家善.电力电子技术[M].北京:机械工业出版社,2007.

[29] 李序葆,赵永健.电力电子器件及其应用[M].北京:机械工业出版社,1996.

［30］陈伯时.电力拖动自动控制系统［M］.3 版.北京:机械工业出版社,2003.

［31］黄俊,王兆安.电力电子变流技术［M］.3 版.北京:机械工业出版社,1999.

［32］王侃夫.数控机床控制技术与系统［M］.北京:机械工业出版社,2002.

［33］杜国臣.机床数控技术［M］.北京:北京大学出版社,2006.

［34］李发海,朱东起.电机学［M］.3 版.北京:科学出版社,2007.